职业教育无人机应用技术专业活页式创新教材

无人机航空测绘及后期制作

主编　王靖超　李发财

参编　杨倩倩　于洪达

机械工业出版社

本书共分 7 个模块，分别介绍了摄影测量的发展及应用、航空摄影测量相关基础知识、航迹规划的原理及无人机航迹规划的流程、飞马 D2000 无人机及大疆 M300 RTK 无人机倾斜摄影测量作业流程，以及像片控制点的分类、布设方法及原则，像片控制测量的基本流程，RTK 的基本知识及用 RTK 进行像片控制测量的具体操作，ContextCapture、Mirauge3D 及大疆智图软件倾斜摄影测量数据处理流程，使用 MapMatrix 进行 DEM 及 DOM 制作，技术设计及总结的编写等内容。

本书可作为职业院校航空摄影测量及相关专业的教材和参考书，也可作为测绘工作者的参考读物。

图书在版编目（CIP）数据

无人机航空测绘及后期制作 / 王靖超，李发财主编. — 北京：机械工业出版社，2023.12（2025.1重印）

职业教育无人机应用技术专业活页式创新教材

ISBN 978-7-111-74305-7

Ⅰ.①无… Ⅱ.①王… ②李… Ⅲ.①无人驾驶飞机 – 航空摄影测量 – 职业教育 – 教材 ②视频编辑软件 – 职业教育 – 教材 Ⅳ.①P231 ②TP317.53

中国国家版本馆CIP数据核字（2023）第225177号

机械工业出版社（北京市百万庄大街22号　邮政编码100037）
策划编辑：谢　元　　　　　　责任编辑：谢　元
责任校对：高凯月　梁　静　　责任印制：邬　敏
中煤（北京）印务有限公司印刷
2025年1月第1版第2次印刷
184mm×260mm·20印张·435千字
标准书号：ISBN 978-7-111-74305-7
定价：59.90元

电话服务　　　　　　　　　网络服务
客服电话：010–88361066　机 工 官 网：www.cmpbook.com
　　　　　010–88379833　机 工 官 博：weibo.com/cmp1952
　　　　　010–68326294　金 书 网：www.golden-book.com
封底无防伪标均为盗版　机工教育服务网：www.cmpedu.com

职业教育无人机应用技术专业活页式创新教材
编审委员会

前　言

　　一直以来，测绘对于国家与行业的发展都非常重要，传统的测绘方式需要测绘人员克服地形、天气、环境等难题，常年在外奔波，这种测绘方式不仅强度大、时间长而且成本高、效率低，因此完全无法适应当代的测绘需求。在此背景下，行业亟须借助科技之力加速转型。当前测绘面临的主要技术瓶颈是测绘生产、服务与应用如何做到数据保障实时化、信息处理自动化和服务应用知识化，简而言之就是如何实现智能化。而近年来，无人机和倾斜摄影测量技术的迅速发展和应用使航空测绘智能化变得更易实现。

　　无人机航测是传统航空摄影测量手段的有力补充，具有机动灵活、高效快速、精细准确、作业成本低、适用范围广、生产周期短等特点，在小区域和飞行困难地区高分辨率影像快速获取方面具有明显优势。随着无人机与数码相机技术的发展，基于无人机平台的数字航摄技术已显示出其独特的优势，无人机与航空摄影测量相结合使得无人机数字低空遥感成为航空遥感领域的一个崭新发展方向。由于倾斜摄影测量技术能够获取建筑物、树木等地理实体的纹理细节，不但丰富了影像数据源信息，同时，高冗余度的航摄影像重叠，为高精度的影像匹配提供了条件，使基于人工智能的三维实体重建成为可能，因此无人机倾斜摄影测量已经成为未来航空摄影测量的重要手段和国家航空遥感监测体系的重要补充，逐步从研究开发阶段发展到了实际应用阶段。无人机倾斜摄影测量目前广泛应用于国家重大工程建设、灾害应急与处理、国土监察、资源开发、新农村和小城镇建设等方面，尤其在基础测绘、土地资源调查监测、土地利用动态监测、数字城市建设和应急救灾测绘数据获取等方面具有广阔前景。

　　本书在阐述基础理论知识的同时更侧重仪器、设备、软件的实践操作，从摄影测量的基础知识开始，以无人机倾斜摄影测量的实际工作流程为主线，介绍了无人机倾斜摄影测量从航迹规划的基本知识与操作，无人机的组装，外业飞行到影像及 POS 数据的下载及预处理，像控点的布设及 RTK 像片控制测量，ContextCapture、Mirauge3D、大疆智图软件倾斜摄影测量数据处理，最后到 DEM、DOM 等产品生产制作的全流程操作。希望本书能对您学习无人机倾斜摄影测量有所帮助。

　　另外，本教材在编写过程中，参考了许多无人机倾斜摄影测量相关的教材和论著，吸收了许多专家同仁的观点，在此，特向相关教材、专著、文章的作者表示诚挚的谢意。

　　本教材虽几经修改，但受编者能力所限，不足之处在所难免，敬请专家读者批评指正。

编　者

目　录

01
模块一

摄影测量基础

本模块首先介绍了摄影测量的概念、特点、任务、分类，以及摄影测量的发展历程，然后介绍了倾斜摄影测量关键技术及应用、倾斜摄影测量的流程及主要产品、无人机倾斜摄影测量技术，最后重点介绍了摄影测量相关的基础知识，包括航空摄影测量相关参数、摄影测量中常用的坐标系统、航摄像片的内外方位元素。通过对本模块的学习，你应该了解摄影测量、倾斜摄影测量及无人机倾斜摄影测量的区别与联系，掌握倾斜摄影测量主要流程、关键技术及主要产品，掌握摄影测量的相关基础知识，为后面的学习奠定理论基础。

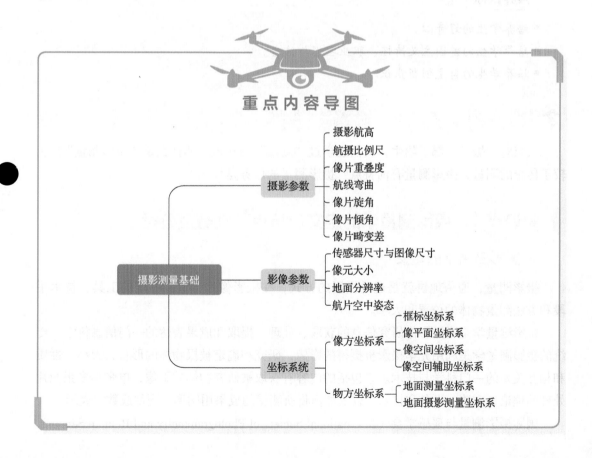

重点内容导图

摄影测量基础
- 摄影参数
  - 摄影航高
  - 航摄比例尺
  - 像片重叠度
  - 航线弯曲
  - 像片旋角
  - 像片倾角
  - 像片畸变差
- 影像参数
  - 传感器尺寸与图像尺寸
  - 像元大小
  - 地面分辨率
  - 航片空中姿态
- 坐标系统
  - 像方坐标系
    - 框标坐标系
    - 像平面坐标系
    - 像空间坐标系
    - 像空间辅助坐标系
  - 物方坐标系
    - 地面测量坐标系
    - 地面摄影测量坐标系

学习任务 1   摄影测量

摄影测量学有着悠久的历史，从 1839 年尼埃普斯和达盖尔发明摄影术算起，至今已经有 180 多年的历史了。摄影测量从模拟摄影测量开始，现在已经进入了数字摄影测量阶段。传统的摄影测量学和遥感是相互结合的，它们的共同特点是在像片上进行量测和解译，无需接触物体本身。但是，随着科学技术的发展，遥感和摄影测量学已经成为测绘科学研究的两个不同方向。当代的摄影测量是传统摄影测量与计算机视觉相结合的产物，基于数字摄影测量理论建立的数字摄影测量工作站和数字摄影测量系统成为摄影测量学发展的主流。

知识目标

- 了解摄影测量的概念、特点、任务及分类。
- 了解摄影测量发展历程。

素养目标

- 培养学生的好奇心。
- 培养学生的爱国主义情怀、职业理想与信念。
- 培养学生的自主创新意识。

? 引导问题 1

大家对"摄影"都不陌生，我们也学过"测量"的知识，那么什么是"摄影测量"？相较于传统的测量，摄影测量有何特点？摄影测量的任务是什么？

知识点 1   摄影测量学的定义、特点、任务及分类

1. 摄影测量学的定义

摄影测量，通俗地讲就是通过摄影的方式，在摄影像片上借助一定的工具、技术手段和方法测量物体的位置和大小。

摄影测量学是通过影像研究信息的获取、处理、提取和成果表达的一门信息科学。传统的摄影测量学是利用光学摄影机摄得的影像，研究和确定被摄物体的形状、大小、性质和相互关系的一门科学与技术。它包括的内容有获取被研究物体的影像，单张和多张像片处理的理论、方法、设备和技术，以及如何将所测得的成果用图形、图像或数字表示。

国际摄影测量与遥感学会（International Society of Photogrammetry and Remote Sensing,

ISPRS）1998 年在日本京都召开第 16 届国际会议，给出"摄影测量与遥感"的定义：摄影测量与遥感是从非接触成像和其他传感器系统，通过记录、量测、分析与表达等处理，获取地球以及环境和其他物体可靠信息的工艺、科学与技术。其中，摄影测量侧重于提取几何信息，遥感侧重于提取物理信息。也就是说，摄影测量是从非接触成像系统，通过记录、量测、分析与表达等处理，获取地球及其环境和其他物体的几何、属性等可靠信息的工艺、科学与技术。

2. 摄影测量学的特点

在影像上进行量测和解译，主要工作在室内进行，无需接触物体本身，因而很少受气候、地理等条件的限制；所摄影像是客观物体或目标的真实反映，信息丰富、形象直观，人们可以从中获得所研究物体的大量几何信息和物理信息；可以拍摄动态物体的瞬间影像，完成常规方法难以实现的测量工作；适用于大范围地形测绘，成图快、效率高；产品形式多样，可以生产纸质地形图、数字线划图（DLG）、数字高程模型（DEM）、数字正射影像（DOM）等。

3. 摄影测量学的任务及分类

摄影测量学是测绘学的分支学科，它的主要任务是测绘各种比例尺的地形图、建立数字地面模型，为各种地理信息系统和土地信息系统提供基础数据。摄影测量学要解决的两大问题是几何定位和影像解译。几何定位就是确定被摄物体的大小、形状和空间位置。几何定位的基本原理源于测量学的前方交会方法，它是根据两个已知的摄影站点和两条已知的摄影方向线，交会出构成这两条摄影光线的特定地面点的三维坐标。影像解译就是确定影像对应地物的性质。

根据摄影时摄影机所处位置的不同，摄影测量学可分为地面摄影测量、航空摄影测量与航天摄影测量、近景摄影测量、显微摄影测量。

1）航天摄影测量：传感器搭载在航天飞机或卫星上，摄影距离大于 100km，主要用于卫星遥感影像测绘地形图或专题图，或快速提取所需空间信息。

2）航空摄影测量：传感器搭载在航空飞机或航空器上，摄影距离在 1~10km，是当前摄影测量生产各种中小比例尺地形图的主要方法。

3）地面摄影测量：通常传感器搭载在无人机上，且摄影高度在 100~1000m，是生产各种大比例尺地形图的主要方法，也常用于小区域工程测图和补测航摄漏洞。

4）近景摄影测量：摄影距离小于 300m，主要用于特定的竖直目标，而非地形目标的测量。

5）显微摄影测量：利用扫描电子显微镜摄取的立体显微像片，用于对微观世界进行摄影测量。

根据应用领域的不同，摄影测量学又可分为地形摄影测量与非地形摄影测量两大类。

1）地形摄影测量：主要任务是测绘国家基本比例尺的地形图，以及城镇、农业、林业、地质、交通、工程、资源与规划等部门需要的各种专题图，建立地形数据库，为各种地理信息系统提供三维的基础数据。

2）非地形摄影测量：主要是将摄影测量方法用于解决资源调查、变形观测、环境监测、军事侦察、弹道轨道、爆破，以及工业、建筑、考古、地质工程、生物和医学等各方面的科学技术问题。其对象与任务千差万别，但其主要方法与地形摄影测量一样，即从二维影像重建三维模型，在重建的三维模型上提取所需的各种信息。

按照摄影瞬间光轴的方向不同可分为竖直摄影测量、水平摄影测量、倾斜摄影测量。

1）竖直摄影：也称为垂直摄影，要求航摄机在曝光的瞬间物镜主光轴保持垂直于地面。实际上，由于飞机的稳定性和摄影操作的技能限制，航摄机主光轴在曝光时总会有微小的倾斜，按规定要求像片倾角应小于2°~3°。对于无人机而言，通常要求像片倾角小于10%。以测绘地形图为目的的空中摄影多采用竖直摄影方式。

2）水平摄影：有些特殊情况下，需要将摄影机主光轴方向接近水平方向进行摄影测量。被摄影物体主要位于竖直面内，如陡岩、墙面等。通常用于近景摄影测量中。

3）倾斜摄影：摄影机主光轴方向与铅垂线夹角在0°~45°时的摄影，目的是获得更好的纹理效果。倾斜摄影是2000年后发展起来的一种摄影测量方法，目前主要用于生产三维实景模型。

? 引导问题2

任何技术都要经历从无到有，从弱到强的发展阶段，摄影测量也不例外，那么摄影测量是如何一步步发展起来的呢？

知识点2 摄影测量发展历程

摄影测量学发展至今，经历了模拟摄影测量、解析摄影测量和数字摄影测量三个发展阶段。

1. 模拟摄影测量

模拟摄影测量指的是用光学或机械方法模拟摄影过程，使两个投影器恢复摄影时的位置、姿态和相互关系，形成一个比实地缩小了的几何模型；即所谓摄影过程的几何反转，在此模型上的量测即相当于对原物体的量测。所得到的结果如地形图或各种专题图。模拟摄影测量过程如图1-1-1所示。

图1-1-1 模拟摄影测量过程

从 1839 年尼埃普斯和达盖尔发明摄影术算起，摄影测量已有 180 多年的历史。但将摄影术真正用于测量的是法国陆军上校劳赛达特，他在 1851—1859 年提出和进行了交会摄影测量。由于当时飞机尚未发明，摄影测量的几何交会原理仅限于处理地面的正直摄影，主要是用来进行建筑物摄影测量，而不是用来进行地形测量。但这被认为是摄影测量学的真正起点。

2. 解析摄影测量

解析摄影测量是以电子计算机为主要手段，通过对摄影像片进行量测和解析计算方法的交会方式来研究和确定被摄物体的形状、大小、位置、性质及其相互关系，即找到像点与物点之间的数学对应关系，如图 1-1-2 所示。该摄影测量方法能够快速、大面积地测定点位，是电子计算机用于摄影测量的第一项成果。它经历了航带法、独立模型法和光束法平差三种方法的发展。

图 1-1-2 解析摄影测量过程

20 世纪 70 年代中期，随着电子计算机技术的发展，解析测图仪进入了商用阶段。它是解析摄影测量的基本设备，是世界上首次实现测量成果数字化的仪器。解析测图仪在机助测图软件控制下，将在立体模型上测得的结果首先存在计算机上，然后再传送到数控绘图机上绘制图件。

3. 数字摄影测量

数字摄影测量基于摄影测量的基本原理，将从摄影测量和遥感所获取的数字化图形或数字影像/数字化影像，应用计算机技术进行各种数值、图形和影像处理，自动（半自动）提取研究目标用数字方式表达的几何与物理信息，从而获得各种形式的数字产品和可视化产品。这里的数字产品包括数字地图、数字高程模型（DEM）、数字正射影像、测量数据库、地理信息系统（GIS）和土地信息系统（LIS）等。这里的可视化产品包括地形图、专题图、纵横剖面图、透视图、正射影像图、电子地图、动画地图等。数字摄影测量过程如图 1-1-3 所示。

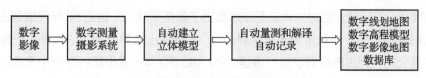

图 1-1-3 数字摄影测量过程

20 世纪 90 年代，数字摄影测量系统进入实用化阶段，并逐步代替传统的摄影测量仪器和作业方法。我国自行研制的数字摄影测量系统 VirtuoZo、JX-4 以及 MapMatrix 已在我国大规模用于摄影测量生产作业，并在国际上得到应用。

随着科学技术的飞速发展，特别是计算机和航空航天技术的飞速发展，摄影测量从早期的低效率模拟摄影测量发展到现代快速成图的数字摄影测量阶段。模拟摄影测量阶段是摄影测量发展的起步阶段，仪器昂贵笨重、生产率低等因素大大制约了摄影测量的发展。20世纪70年代计算机技术的出现，使得解析摄影测量逐渐取代模拟摄影测量，这一时期不但为摄影测量的发展打下了坚实的理论基础，也出现了关于全数字摄影测量的构想，是摄影测量发展的重要阶段。20世纪90年代计算机软硬件技术飞速发展，航空航天科技快速崛起，数字摄影测量迅速发展起来，并成为摄影测量发展的主流。数字摄影测量彻底摆脱了模拟摄影测量笨重的仪器，以计算机软、硬件为核心，依托高效快捷的成图、半自动化的工作模式，使摄影测量在测绘行业中占有越来越重要的地位，目前是测绘成图的主要方式之一。

摄影测量学三个发展阶段的特点见表1-1-1。

表1-1-1　摄影测量学三个发展阶段的特点

发展阶段	原始资料	投影方式	仪器	操作方式	产品
模拟摄影测量	普通胶片	物理投影	模拟测图仪	作业员手工	模拟产品
解析摄影测量	普通胶片	数字投影	解析测图仪	机助作业员操作	模拟产品 数字产品
数字摄影测量	数字影像	数字投影	计算机 软件系统	自动化操作 + 作业员干预	数字产品 模拟产品

拓展课堂

航空摄影测量与遥感先驱——王之卓

王之卓（1909—2002），河北丰润人，航空摄影测量与遥感专家，中国科学院学部委员（院士），武汉大学教授、博士生导师，原武汉测绘科学技术大学名誉校长。

20世纪40年代，他对立体测图技术做出了重要贡献。20世纪50年代推导出"起伏地区航空摄影相片相对定向元素解算公式"，推演出航测成图方法和空中三角测量精度估算公式，为生产提供了理论根据。20世纪60年代提出解析法空中三角测量加密理论与方案。20世纪70年代提出"全数字自动化测图"构想，历时15年实现了摄影测量的根本性变革，达到20世纪90年代国际先进水平。

王之卓院士不仅是一位伟大的科学家，他的崇高品德在全国乃至全世界测绘界也有口皆碑。"似兰斯馨，如松之盛。"全世界的测绘学人以不同的语言、同样的心情，表达着他们对王之卓卓越成就与高尚人格的赞美。

王之卓是中国摄影测量与遥感学科的奠基人，在中国摄影测量发展的各个阶段，始终站在学科发展的前沿，领导学科的发展方向，奠定其理论基础，并以卓有成效的研究拓宽了学科的服务领域。

学习任务 2　倾斜摄影测量

知识目标

- 掌握倾斜摄影测量的关键技术及应用。
- 掌握倾斜摄影测量的流程及主要产品。
- 掌握无人机倾斜摄影测量的优缺点。

素养目标

- 培养学生的批判性思维能力。
- 培养学生对比分析问题并阐述观点的能力。
- 培养学生爱国主义情怀，自主创新意识。

? 引导问题 1

摄影测量从早期的低效率模拟摄影测量发展到现代快速成图的数字摄影测量阶段，近年又发展出一项高新技术——倾斜摄影测量。那么什么是倾斜摄影测量？相较于传统的摄影测量，倾斜摄影测量有何特点？

知识点 1　倾斜摄影测量概述

倾斜摄影测量技术是国际测绘遥感领域近年来发展起来的一项高新技术，它以大范围、高精度、高清晰的方式全面感知复杂场景，通过高效的数据采集设备及专业的数据处理流程生成的数据成果直观反映地物的外观、位置、高度等属性，为真实效果和测绘级精度提供保证，同时有效提升模型的生产效率。三维建模在测绘行业、城市规划行业、旅游业，甚至电商行业等的应用越来越广泛，越来越深入。

倾斜摄影技术通过在同一飞行平台上搭载多台传感器（目前常用的是五镜头相机），

同时从垂直、倾斜等不同角度采集影像，获取地面物体更为完整准确的信息。垂直地面角度拍摄获取的是垂直向下的一组影像，称为正片；镜头朝向与地面成一定夹角拍摄获取的四组影像分别指向东南西北，称为斜片。摄取范围如图 1-2-1 所示。

图 1-2-1　五镜头相机摄影范围图

　　由于倾斜航摄仪拍摄模式的特殊性，相机间的相对关系对于地物覆盖范围、倾斜影像分辨率变化范围、相邻曝光点影像重叠度、集成系统空间尺寸乃至后续数据处理算法都会产生影响，因此确定相机间排布模式是首要解决的问题之一。针对多种排布可能，通过对地物覆盖范围、倾斜影像分辨率等因素进行计算与仿真，确定较优的排布模式为下视影像长边跨航线，前视、后视影像长边跨航线，左视、右视影像短边跨航线。五相机观测视野如图 1-2-2 所示。

　　在建立建筑物表面模型的过程中，从图 1-2-3 可以看到，相比垂直影像，倾斜影像有着显著的优点，因为它能提供更好的视角去观察建筑物侧面，这一特点正好满足了建筑物表面纹理生成的需要。同一区域拍摄的垂直影像可被用来生成三维城市模型或是对生成的三维城市模型进行改善。

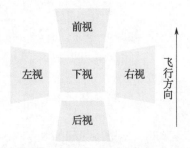

图 1-2-2　倾斜航空相机相对位置

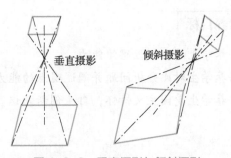

图 1-2-3　垂直摄影与倾斜摄影

1. 倾斜影像的定义

　　倾斜影像为相机主光轴在有一定的倾斜角时拍摄的影像。按照主光轴倾斜角（t）不同，可以将倾斜影像分为以下几类：

　　1）垂直影像：$t < 5°$。

　　2）轻度倾斜影像：$5° < t \leqslant 30°$。

　　3）高度倾斜影像：$30° < t \leqslant 90°$。

　　4）水平视角影像：$t > 90°$。

　　传统的下视影像可以很好地观测到地面和屋顶特征，但缺少侧面信息，整幅影像具有固定的比例尺；而倾斜影像可以观测到建筑物侧面纹理，但是存在更多的遮挡，影像不同地方的比例尺也不一样。

2. 倾斜摄影测量的特点

倾斜摄影测量具有如下特点：

（1）反映地物周边真实情况

相对于正射影像，倾斜影像能让用户从多个角度观察地物，更加真实地反映地物的实际情况，极大地弥补了基于正射影像应用的不足。

（2）倾斜影像可实现单张影像量测

通过配套软件的应用，可直接基于成果影像进行包括高度、长度、面积、角度、坡度等的量测，扩展了倾斜摄影技术在行业中的应用。

（3）建筑物侧面纹理可采集

针对各种三维数字城市应用，利用航空摄影大规模成图的特点，加上从倾斜影像批量提取及贴纹理的方式，能够有效地降低城市三维建模成本。

（4）数据量小，易于网络发布

相较于三维 GIS 技术应用庞大的三维数据，应用倾斜摄影技术获取的影像的数据量要小得多，其影像的数据格式可采用成熟的技术快速进行网络发布，实现共享应用。

3. 倾斜摄影测量的优势

倾斜摄影测量具有如下优势：

1）高分辨率。倾斜摄影平台搭载于低空飞行器，可获取厘米级高分辨率的垂直和倾斜影像。

2）丰富的地物纹理信息。倾斜摄影从多个不同的角度采集影像，能够获取地物侧面更加真实丰富的纹理信息，弥补了正射影像只能获取地物顶面纹理的不足。

3）高效自动化的三维模型生产。通过垂直与倾斜影像的全自动联合空中三角测量（简称"空三"）加密，无需人工干预，即可全自动化纹理映射，并构建三维模型。

4）逼真的三维空间场景。通过影像构建的真实三维场景，不仅拥有准确的地物地理位置坐标信息，并且可精细地表达地物的细节特征，包括突出的屋顶和外墙，以及地形地貌等精细特征。

❓ 引导问题 2

相较于传统的摄影测量，倾斜摄影测量作为一项高新技术有其独特的优势，可获取厘米级高分辨率的垂直和倾斜影像，获取丰富的地物纹理信息，高效自动化地生产三维模型。要实现这些，需要哪些关键技术？倾斜摄影测量又有哪些具体的应用？

知识点 2　倾斜摄影测量的关键技术及应用

1. 倾斜摄影测量的关键技术

（1）多视影像密集匹配

影像匹配是摄影测量的核心问题之一，多视影像具有分辨率高、时间周期短、覆盖范围大等特点，因此在匹配过程中要充分考虑如何快速准确地获取多视影像上的同名点坐标，并剔除冗余信息，进而获取地物的三维信息是匹配的关键。由于单独使用一种匹配策略或匹配基元很难获取建模需要的同名像点，鉴于近年来计算机视觉的快速发展，随之流行起来的多基元、多视影像匹配技术逐渐成为人们研究的重点。目前在该领域的研究已取得一定的进展，例如自动识别与提取建筑物的侧面信息。

（2）数字表面模型（DSM）生产

为了能得到高精度、高分辨率的数字表面模型（DSM），可以采用多视影像密集匹配技术，利用 DSM 可以充分表达地物地形的起伏特征，其在新一代空间数据占据着重要的地位。但由于不同角度倾斜摄影数据彼此之间的尺度差异比较大，又可能存在严重的遮挡和阴影等问题，基于倾斜影像的 DSM 自动获取存在新的难点。对于此问题，可以根据空三算法解算出来各影像 6 个外方位元素，引入并行算法，并分析与找出合适的影像单元进行特征匹配。并行算法可以有效地提高计算效率。在获取高密度 DSM 数据后，统一进行高通滤波处理，并将选择的数据进行融合，形成地理信息等各方面统一的 DSM 数据。

（3）正射影像纠正

影像正射校正的方法有很多，主要包含两大类：一类是严格的几何纠正模型，另一类是近似几何纠正模型。当遥感影像的成像模型和有关参数已知时，可以根据严格的成像模型来校正图像，这种方法属于严格几何纠正，最具代表性的是共线方程法。当传感器成像模型未知或者无法获取相关的辅助参数时，可以用假定的数学模型模拟成像模型，对影像实现校正，这种方法属于近似几何纠正，主要有几何多项式纠正、有理函数法、局部区域校正等模型。

（4）倾斜模型生产

数字正射影像（DOM）是利用 DEM 对经过扫描处理的数字化航空像片或遥感影像（单色或彩色），经逐像元进行辐射改正、微分纠正和镶嵌，并按规定图幅范围裁剪生成的影像数据，带有公里格网、图廓（内、外）整饰和注记的平面图。DOM 同时具有地图几何精度和影像特征，精度高、信息丰富、直观真实、制作周期短。它可作为背景控制信息，评价其他数据的精度、现实性和完整性，也可从中提取自然资源和社会经济发展信息，为防灾治害和公共设施建设规划等应用提供可靠依据。倾斜摄影模型通过设置出图范围、分辨率、相机高度即可生成对应的栅格、影像数据集（备注：使用平面场景出图）。通过生产的高精度栅格数据集，可以快速提取倾斜摄影模型、建筑物矢量底面；栅格数据打通了倾斜模型数据本身应用的难题，叠加二维栅格数据的分析功能，实现倾斜摄影模型的填挖方分析、不同时期建筑物对比分析等。

2. 倾斜摄影测量应用

应用倾斜摄影测量技术，能够快速地生成目标区域的实景三维，该实景三维在实际的应用中可以延伸到公众生活的方方面面。例如：政府方面的税收评估、公共安全、执法行动、规划发展、消防；公共事业方面的灾害评估、环保、紧急救助；企业方面的保险、房地产；公众方面的位置服务、互联网应用、旅游等，如图 1-2-4~ 图 1-2-6 所示。

同时，倾斜摄影技术对于发展智慧城市有很大的推动力，其提供的一系列地物信息，可以构建三维城市模型，为智能化的管理提供便利条件。

图 1-2-4 三维模型在城市规划建设中的应用

图 1-2-5 使用三维模型管理不动产信息

图 1-2-6　三维模型在交通导航服务方面的应用

（1）在城市规划方面的应用

随着经济的不断发展，城市发展越来越快，这就对政府部门规划城市发展提出了更高的要求。在城市规划过程中如城市现状图、交通专题地图等基础测绘成果往往是政府部门进行城市规划的基础数据。

这些地图数据是在一定的数学基础上对真实世界的抽象，通过点和线来描述真实世界，这种方式通常不是很直观。而三维模型则是通过倾斜摄影测量技术，将真实的世界借助计算机平台真真切切地反映在使用者面前，更加直观。通过三维数据，规划部门可以分析城市的建筑群、交通路线分布等信息，为城市规划提供有力的支撑。

（2）在棚户区改造方面的应用

倾斜摄影测量技术可以快速地采集目标区域的建筑物信息，并生成三维模型，借助三维 GIS 技术，可以将拆迁工作统一到一个平台上进行管理。鉴于三维模型数据采集的效率较高，可以很快地完成数据采集，大大有利于拆迁的调查取证工作。

（3）在不动产调查管理方面的应用

通过倾斜摄影测量技术制作每幢房屋的实景三维模型，通过 GIS 三维建模技术模拟真实场景，保留历史痕迹，了解每幢房屋的状态和数据信息。

除以上应用，实景三维技术在旅游宣传、文物保护、滑坡监测、电力巡检等方面都有极为广泛的应用。

？ 引导问题3

倾斜摄影测量能够快速地生成目标区域的实景三维，该实景三维在实际的应用中可以延伸到公众生活的方方面面。那么倾斜摄影测量如何生产实景三维？除实景三维外，倾斜摄影测量还有哪些主要产品？

知识点 3 倾斜摄影测量流程及主要产品

1. 倾斜摄影测量作业流程（图 1-2-7）

外业工作：主要有接收任务、技术设计、航线规划、像控测量、航摄、航摄质量检查等。

内业工作：数据整理、像片信息导入、像片控制测量、自动空三、三维模型数据生产、其他数据产品的生产（数字表面模型、正射影像数据、点云等）、其他衍生产品的生产（DLG 产品制作）等。

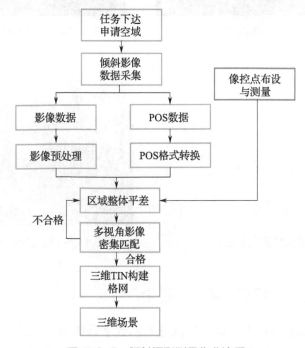

图 1-2-7 倾斜摄影测量作业流程

2. 倾斜摄影测量主要产品

倾斜摄影测量的主要产品有如下几种：

1）数字表面模型（DSM），如图 1-2-8 所示。

2）正射影像图（DOM），如图 1-2-9 所示。

3）数字线划图（DLG），如图 1-2-10 所示。

4）三维立体模型，如图 1-2-11 所示。

? 引导问题 4

无人机和各类小型倾斜摄影系统的涌现，使得倾斜影像数据的获取变得非常便捷。数据获取的瓶颈已经破解，成本也将逐步降低。那么无人机倾斜摄影测量有哪些特点？

图 1-2-8　数字表面模型（DSM）

图 1-2-9　正射影像图（DOM）

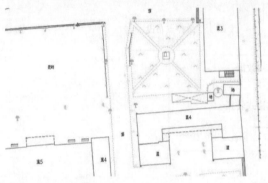

图 1-2-10　数字线划图（DLG）

图 1-2-11　三维立体模型

知识点 4　无人机倾斜摄影测量

　　无人机低空摄影测量技术，以获取高分辨率数字影像为应用目标，以无人驾驶飞机为飞行平台，以高分辨率数码相机为传感器，通过 3S 技术在系统中集成应用，最终获取小面积、真彩色、大比例尺、现势性强的航测遥感数据。

　　无人机低空摄影测量主要用于基础地理数据的快速获取和处理，为制作正射影像、地面模型或基于影像的区域测绘提供最简捷、最可靠、最直观的应用数据。

　　无人机和各类小型倾斜摄影系统的涌现，使得倾斜影像数据的获取变得非常便捷。数据获取的瓶颈已经破解，成本也将逐步降低。

　　计算机集群、图形处理器（GPU）、倾斜影像三维建模软件技术的进步，使得三维建模的效率大幅提升。

　　就目前情况来看，倾斜摄影三维建模工作所涉及的无人机、倾斜摄影系统、计算机集群、三维建模软件等，已可以满足批量化倾斜影像获取和三维建模处理工作的要求，基本具备了工程化和规模化的条件。无人机倾斜摄影测量已具备工程化条件。

1. 无人机低空摄影测量优点

作为卫星遥感与普通航空摄影不可缺少的补充，无人机低空摄影测量主要有以下优点：

（1）影像获取快捷方便

无需专业航测设备，普通民用单反相机即可作为影像获取的传感器，操控手经过短期培训学习即可操控整个系统。

（2）机动性、灵活性和安全性

无需专用起降场地、升空准备时间短、容易操控，特别适合应用在建筑物密集的城市地区和地形复杂地区以及南方丘陵、多云区域。

（3）低空作业，可获取分辨率高、多角度（视角）影像

由于是低航空摄影，一般在云下飞行，使用电荷耦合器件（CCD）数码相机作为传感器，具备垂直与倾斜摄影能力，搭载全球定位系统（GPS）定位装置，可获取比卫星遥感和普通航摄更高分辨率的影像。同时，可低空多角度摄影获取建筑物侧面的纹理信息，弥补了卫星遥感和普通航空摄影遇到的高层建筑遮挡问题。空间分辨率能达到分米甚至厘米级，可用于构建高精度数字地面模型及三维立体景观图的制作。

无人机为低空飞行，飞行高度在 50~1000m，属于近景航空摄影测量，摄影测量精度达到了亚米级，精度范围通常在 0.1~0.5m，符合 1:1000 的测图要求，能够满足城市建设精细测绘的需要。

（4）成本相对较低、操作简单

无人机低空航摄系统使用成本低、耗费低、对操作员的培养周期相对较短、系统的保养和维修简便、可以无需机场起降。它是将摄影与测量集为一体的航摄方式，可实现测绘单位按需开展航摄飞行作业这一理想生产模式。

（5）周期短、效率高

对于面积较小的大比例尺地形测量任务（10~100km²），受天气和空域管理的限制较多，大飞机航空摄影测量成本高；而采用全野外数据采集方法成图，作业量大，成本也比较高。将无人机遥感系统进行工程化、实用化开发，则可以利用它机动、快速、经济等优势，在阴天、轻雾天也能获取合格的影像，从而将大量的野外工作转入内业，既能减轻劳动强度，又能提高作业的效率和精度。

（6）能够在特殊环境下工作

能够在危险和恶劣环境下（如森林火灾、火山爆发等）直接获取影像，即便是设备出现故障，发生坠机也无人身伤害。

2. 无人机遥感影像存在的问题

无人机低空遥感系统凭借着众多的优势，在图像的实时获取、环境监测、地理国情

监测及应急指挥需求、土地利用动态监测、地质环境与灾害勘察、地籍测量、地图更新等领域得到充分的应用。但是，与传统的航天和航空影像相比，无人机遥感影像还存在以下问题。

（1）姿态稳定性差、旋偏角大

无人机在飞行时由飞控系统自动控制或操控手远程遥控控制，由于自身质量小、惯性小，受气流影响大，俯仰角、侧滚角和旋偏角较传统航测来说变化快，致使影像的倾角过大且倾斜方向没有规律，幅度远超传统航测规范要求。

由于姿态稳定性差、旋偏角大，比例尺差异大，降低了灰度匹配的成功率和可靠性。

（2）像幅小、数量多、基高比小

受顺风、逆风和侧风影响大，加上俯仰角和侧滚角的影响，航带的排列不整齐，主要表现在重叠度（包括航向和旁向重叠度）的变化幅度大，甚至可能出现漏拍的情况。为了保证测区没有漏拍，通常是通过提高航向和旁向重叠度的方法来避免，同时普通单反相机像幅相对专业数码航摄仪来说像幅小，在保证预定重叠度情况下，整个测区影像数量成倍数增多，基高比也相应变小。

像幅小、影像数量多，导致空三加密的工作量增多、效率降低，航向重叠度和旁向重叠度不规则，给连接点的提取和布设带来困难，基高比小无疑对高程的精度也造成一定的影响。

（3）影像畸变大

相比传统的航空摄影，无人机低航空摄影选取 CCD 数码相机作为成像系统。而较专业航摄仪来说，小数码影像（普通单反拍摄的）畸变大，边缘地方畸变可达 40 个像素以上。

若不考虑小数码影像的畸变差，直接使用将影响空三加密的精度。

拓展课堂

摄影测量与遥感先驱——刘先林

刘先林，1939 年 4 月 19 日出生于河北省无极县，摄影测量与遥感专家，被誉为测绘界的"工人师傅"，现任中国测绘科学研究院名誉院长、研究员，并受聘担任首都师范大学资源环境与旅游学院、山东科技大学测绘学院、河南理工大学测绘与国土信息工程学院博士生导师。

刘先林院士长期从事中国航测仪器的研制，取得多项重大成果，为中国测绘科技事业的发展做出了突出贡献。1963 年他提出的解析辐射三角测量方法，是写入规范的第一个中国人发明的方法。

刘先林和他的创新团队创造性地研制出具有中国特色的先进测绘仪器，为中国建立数字化测绘技术体系奠定了基础。其牵头研制的具有自主知识产权的测量仪器在全国测绘、水电、铁道、地质、冶金、煤炭、农林、城建等行业广泛应用，对中国测绘技术体系全面实现数字化起到了关键作用，极大地提高了中国测绘生产力水平。有的还出口美国、日本等发达国家，有力地促进了中国测绘科技实力跻身世界先进行列，为中国测绘赢得了国际声誉。

刘先林几十年来致力于摄影测量和航测仪器的研究，用很少的经费，却取得了一系列重大科研成果，多项成果填补国内空白，结束了中国先进测绘仪器全部依赖进口的历史，为国家节省资金近 2 亿元，创汇 1000 多万元；他研制的仪器有力地推动了整个行业的发展，大大加快了中国测绘从传统技术体系向数字化测绘技术体系的转变。他打破了中国数字航空测量仪器领域长期被国外垄断的局面，改写了中国航空摄影测量采用胶片的历史，推动中国测绘从传统技术体系向数字化测绘技术体系的跨越式发展。

学习任务 3　摄影测量基础知识

无人机倾斜摄影测量技术通过搭载多个相机获取研究对象不同角度的数字影像，实现大比例尺地形图的测绘、三维建模等工作，其核心理论是在传统摄影测量作业理论上发展的多基线摄影测量，因此，了解并掌握摄影测量基础知识是非常必要的。

知识目标

- 掌握摄影测量相关参数。
- 掌握摄影测量中常用的坐标系统。
- 掌握航摄像片的内外方位元素。

素养目标

- 培养学生的批判性思维能力。
- 培养学生独立思考、分析问题、解决问题的能力。
- 培养学生法治意识，懂法守法、依法办事。

要完成航空摄影测量作业，就需要考虑相机的选择、飞机的选取、航线的设计等诸多工作。那么选择相机时需要考虑哪些参数，想获得符合精度要求的像片，选择飞机时需要考虑哪些参数，设计航线时有哪些关键参数是我们必须考虑的，各参数之间又有怎样的关系？

知识点 1　航空摄影测量相关参数

1. 相机参数

（1）物镜构像公式

由初中物理知识可知

$$\frac{1}{D} + \frac{1}{d} = \frac{1}{f}$$

式中，D 为物距；d 为像距；f 为焦距。

当 $D > 2f$ 时，$f < d < 2f$，成倒立、缩小、实像，如照相机。

当 $D = 2f$ 时，$d = 2f$，成倒立、等大、实像。

当 $f < D < 2f$ 时，$d > 2f$，成倒立、放大、实像，如幻灯机、投影机、电影机。

当 $D = f$ 时，$d = $ 无穷大，此时无像。

当 $D < f$ 时，$d > f$，成正立、放大、虚像，如放大镜。

相机是人们经常接触的物品，相机的镜头相当于凸透镜，胶卷相当于光屏，机壳相当于暗室，被拍照的物体到镜头的距离要远远大于焦距才能在胶卷上得到倒立、缩小的实像。

相机摄影的基本原理就是根据凸透镜成像原理（图 1-3-1），用一个摄影物镜代替凸透镜，在像面处放置感光材料，物体的投射光线经摄影物镜后聚焦于感光材料上，感光材料受成像光线的光化学作用后生成潜像，再经过摄影处理得到光学影像。

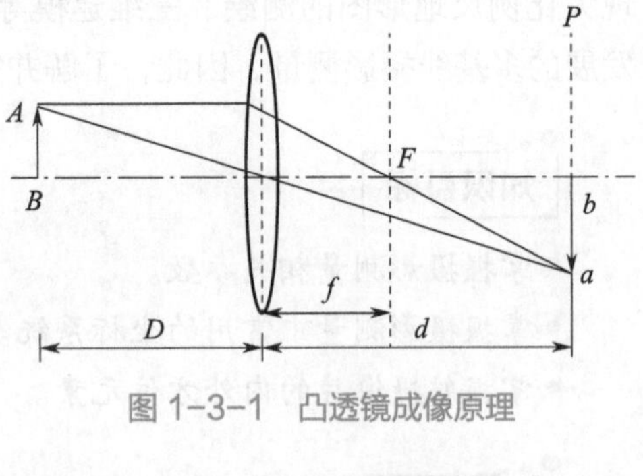

图 1-3-1　凸透镜成像原理

（2）透镜的像场、像场角

通过透镜的光线照射到焦面上的照度是不均匀的，由中心到边缘逐渐降低。光线通过物镜后，焦面上照度不均匀的光亮圆称为镜头的视场。摄影时，影像相当清晰的一部分视场内光亮圆称为像场。由物镜后节点向视场边缘射出的光线所张开的角称为视场角，用 2α 表示，由镜头后节点向场地边缘射出的光线所张开的角称为像角，用 2β 表示。像场内，圆内接正方形或矩形称为最大像幅，航摄像片的像幅均为圆内接正方形。为了充分利用像幅，也常用像场外切正方形作为像幅，虽然像幅的四个角落在像场以外，但是四角仅为航摄仪的标志，并不影响影像的质量。为了能获得全面清晰的构像，应取像场的内接正方形或矩形为最大像幅，像幅决定着物面或物空间有多大的范围可以被物镜成像于像平面。物镜的像角及像幅尺寸如图1-3-2所示。

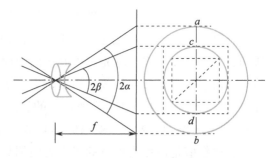

图1-3-2　像场与像场角

当像幅一定时，像场角与物镜焦距有关，即焦距愈大，像场角愈小；而当物距一定时，像场角愈大，摄取的物方范围就愈大，但构像的比例尺愈小。

在焦距相同的条件下，像角越大，摄影范围也越大；同样，在像幅尺寸相同条件下，上述结论也成立。按焦距或像场角分类的摄影机见表1-3-1。

表1-3-1　摄影机分类表

摄影机分类	焦距 /mm	像场角 /（°）
短焦距摄影机	<150	>100（特宽）
中焦距摄影机	150~300	70~100（宽角）
长焦距摄影机	>300	≤70（常角）

（3）物镜的分解力

物镜的分解力是摄影机物镜的又一重要特性，它是指摄影物镜对被摄物体微小细部的表达能力。分解力一般以1mm宽度内能清晰分辨的线条数来表示。

（4）物镜的光圈与光圈号数

实际使用的物镜都不是理想的，通过物镜边缘部分的投射光线都会引起较大的影像模糊和变形，为限制物镜边缘部分的使用，并控制和调节进入物镜的光量，通常在物镜筒中间设置一个光圈。现代摄影机都采用虹形光圈，它由多个镰形黑色金属薄片组成，中央形成一个圆孔。孔径的大小可用光圈环调节，它是一个可以改变的光栏。光圈开得越大，通过镜头进入的光量也就越多。当光圈完全张开时，进入物镜的光通量最大，反之最小。为使用方便，人们用光圈号数来表示光圈大小的状况，光圈号数 K 是光圈有效孔径 d 与物镜焦距 f 之比的倒数（$K=f/d$）。光圈号数越小，光圈光孔开启得越大，焦面上影像的亮度也越大；光圈号数越大，光圈光孔开启得越小，影像亮度也就越小。

光圈号数是一组以 $\sqrt{2}$ 为公比规律排列的等比级数，如：

$$1.4 \quad 2 \quad 2.8 \quad 4 \quad 5.6 \quad 8 \quad 11 \quad 16 \quad 22$$

（5）摄影机的快门

摄影机快门是控制曝光时间的机件装置，该装置是摄影机的重要部件之一。快门从打开到关闭所经历的时间称为曝光时间，或称为快门速度。常用的快门有中心快门和帘式快门。中心快门由2~5个金属叶片组成，中心快门位于物镜的透镜组之间，紧靠着光圈，起遮盖投射光线经物镜进入镜箱体内的作用。曝光时利用弹簧机件使快门叶片由中心向外打开，让投射光线经物镜进入镜箱体中，使感光材料曝光，到了预定的时间间隔，快门又自动关闭，终止曝光。中心快门的优点是打开快门之后，感光材料就能满幅同时感光。航空摄影机和一般普通摄影机大多采用中心快门。在摄影机物镜筒上有一个控制曝光时间的套环，上面刻有曝光时间的数据序列，如：

B 1 2 4 8 15 30 60 125 300 … 1000 … 2000

这些数值是以秒为单位的曝光时间倒数。例如，60 表示 1/60s。符号 B 是 1s 以上的短曝光标志，俗称 B 门。指标对准 B 门时，手按下快门按钮，快门就打开，手一松开按钮快门立即关闭。

摄影时只要选择适当的光圈号数和曝光时间的组合，就能得到恰当的曝光量，获得理想的影像。

根据光圈号数、曝光时间、曝光量三者之间的关系可知，如果保持原光圈号数不变而曝光时间改变一档，或者保持原曝光时间不变，而光圈号数改变一档，则曝光量将增加 1 倍。例如，原采用光圈号数为 5.6，曝光时间为 1/125s，可以得到正确的曝光量；若将光圈号数调至 8，仍要保持原正确的曝光量，就应将曝光时间增加至 1/60s。

（6）ISO

在数码相机中 ISO 表示 CCD 或者 CMOS 感光元件的感光速度。ISO 数值越高，说明该感光元器件的感光能力越强。ISO 的计算公式为 $HS=0.8$（S 为感光度，H 为曝光量）。从公式中我们可以看出，感光度越高，对曝光量的要求就越少。变形公式：$H=0.8/S$，相同曝光量的前提下，ISO50 时的曝光时间为 ISO100 时的曝光时间的 2 倍。常用的 ISO 值有 50、100、200、400、1000 等，ISO50、ISO100 在光线充足的情况下使用，而高 ISO 值在光线不足的情况下使用。

一般情况下，ISO 值越低，相片的质量越高，相片的细节表现越细腻，ISO 值越高，相片的亮度就越高，而相片的质量会随着 ISO 值的升高而降低，噪点会变得越来越严重，但高 ISO 值可以弥补光线的不足。

ISO 感光度的高低代表了在相同曝光值（EV）时，选择更高的 ISO 感光度，在光圈不变的情况下能够使用更快的快门速度获得同样的曝光量。反之，在快门不变的情况下能够使用更小的光圈而获得正确的曝光量。因此，在光线比较暗淡的情况下进行拍摄，往往可以选择较高的 ISO 感光度。当然，对于单反相机而言还可以选择使用较大口径的镜头，提高光通量。而对于一般数码相机因为采用的是固定镜头，唯有通过提高 ISO 感光度来适应暗淡光线情况下的拍摄，特别是在无法使用辅助光线的情况下。

（7）其他装置

为了满足摄影的需要，摄影机还有一些基本的附加装置，如自拍、闪光、拍摄计数等装置。随着科学技术的进步，摄影机已进入自动化、电子化、数字化时代，其附加装置及功能愈来愈先进，如自动曝光、自动调焦、自动闪光、自动记录拍摄日期、变焦镜头等在相机上已广泛使用。

实际工作中，相机光圈、快门和 ISO 的调节建议如下：

1）快门速度范围控制在 1/2000~1/1000s；根据不同厂家的飞机飞行速度，确保照片不会被拉花。

2）光圈大小范围建议 4~9，光圈过大，照片容易出现虚化；光圈过小，进光量不足，照片偏暗。

3）ISO 选择自动，可能会出现照片亮度偏亮、噪点较多的情况，影响内业精度；推荐使用固定 ISO（范围 160~640），噪点少；固定 ISO 在空中拍摄的亮度比在地面拍摄的亮度大概低一个等级，内业精度控制好。

使用固定 ISO 一定要在地面上把相机调节好，检查好照片拍照明暗度。

2. 摄影参数

航空摄影获取的航摄像片是航空摄影测量成图的原始依据，其质量关系到后期作业的难易和量测的精度，因此对航空像片质量及航空摄影的飞行质量均有严格的要求。航空像片的质量主要是指影像的构像质量和几何质量。航空摄影的飞行质量主要包括航摄像片的航向重叠度、旁向重叠度、像片倾斜角、旋偏角、航线弯曲度、实际航高与预定航高之差、摄区和摄影分区的边界覆盖等质量要求，涉及以下基础知识。

（1）摄影航高

摄影航高简称航高，通常用 H 表示，它是指航摄仪物镜中心 S 在摄影瞬间相对于某一基准面的高度。航高的计算是从该基准面起算，向上为正。根据所取基准面的不同，航高可以分为相对航高和绝对航高，如图 1-3-3 所示。

1）相对航高 H_T。相对航高是航摄仪物镜中心 S 在摄影瞬间相对于摄影区域地面平均高程基准面的高度。

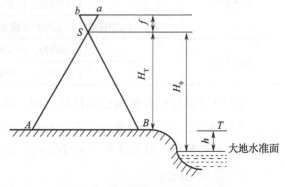

图 1-3-3 相对航高与绝对航高

2）绝对航高 H_0。绝对航高是航摄仪物镜中心 S 在摄影瞬间相对于大地水准面的高度。摄影区域地面平均高程 h、相对航高 H_T 与绝对航高 H_0 之间的关系为

$$H_0 = H_T + h \tag{1-1}$$

《低空数字航空摄影规范》（CH/T 3005—2021）规定同一航线上相邻像片的航高差不应大于 30m。最大航高与最小航高之差不应大于 50m。实际航高与设计航高之差不应大于 50m。对于达不到要求的要进行分区处理。

（2）航摄比例尺

航摄比例尺是航摄像片上的线段长度 l 与相应实地水平距离 L 之比，即

$$\frac{1}{m} = \frac{l}{L} = \frac{f}{H} \qquad (1\text{-}2)$$

式中，H 为相对航高，即相对于测区平均水平面的高度；f 为物镜中心至像面的垂距，称为航摄机主距；m 为比例尺分母。这是摄影测量中常用的重要公式之一。

它在平坦地区的水平像片上处处相同，但不平坦地区由于像片倾斜和地面起伏的影响，航摄像片上各处并不一致，通常仅表示其平均值或概略值。常以航摄仪的焦距与摄影时平均航高之比，作为航摄比例尺。航摄比例尺的选定取决于成图比例尺。

航摄比例尺越大，像片地面分辨率越高，有利于影像的解译与成图精度的提高，但航摄比例尺过大，将增加工作量及费用，所以航摄比例尺要根据测绘地形图的精度要求与获取地面信息的需要来确定。表 1-3-2 给出了航摄比例尺与成图比例尺的关系，具体要求按测图规范执行。

表 1-3-2 航摄比例尺与成图比例尺的关系

比例尺类别	航摄比例尺	成图比例尺
大比例尺	1:2000，1:3000	1:500
	1:4000，1:6000	1:1000
	1:8000，1:12000	1:2000
中比例尺	1:15000，1:20000（像幅 23m×23m）	1:5000
	1:10000，1:25000	1:10000
	1:25000，1:35000（像幅 23m×23m）	
小比例尺	1:20000，1:30000	1:25000
	1:35000，1:55000	1:50000

当选定了摄影机和航摄比例尺后，即 f 和 m 为已知，航空摄影时就要求按计算的航高 H 飞行摄影，以获得符合生产要求的摄影像片。当然，飞机在飞行中很难精确确定航高，但是要求差异一般不得大于 $5\%H$。同一航线内，各摄影站的高差不得大于 50m。

（3）像片重叠度

为了便于立体测图及航线间的接边，要求像片间有一定的重叠。在同一条航线上，相邻两像片对所摄区域应有一定范围的影像重叠，这种影像重叠称为航向重叠。对于区域摄影（多条航线），要求两相邻航带像片之间也有一定的影像重叠，这种影像重叠称为旁向重叠。像片重叠包括航向重叠和旁向重叠。像片重叠的大小是以航摄像片上像幅边长的百分数表示的，即重叠度。航向重叠示意图如图 1-3-4 所示。航向重叠度计算公式如下：

$$p_x = \frac{p_x}{L_x} \times 100\% \qquad (1\text{-}3)$$

旁向重叠示意图如图 1-3-5 所示。旁向重叠度计算公式如下：

$$p_y = \frac{p_y}{L_y} \times 100\% \qquad (1-4)$$

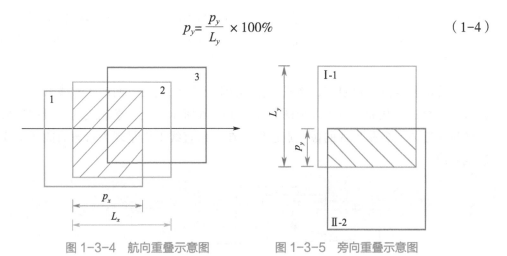

图 1-3-4　航向重叠示意图　　　　　图 1-3-5　旁向重叠示意图

　　摄影像片的重叠部分是立体观察和像片连接所必需的条件。在航线方向必须要求三张相邻像片有公共重叠影像，这一公共重叠部分称为三度重叠部分，这是摄影测量选定控制点的要求，因此三度重叠中的重叠部分不能太小。其中像片最边缘部分影像清晰度很差，会影响量测的精度。

　　《低空数字航空摄影规范》（CH/T 3005—2021）规定像片重叠度应满足以下要求：

　　1）航向重叠度一般应为 60%~90%，实际值最小不应小于 53%。连续出现 53% 不得超过 3 张航片。

　　2）旁向重叠度一般应为 20%~60%，实际值最小不应小于 8%。连续出现 8% 不得超过 3 张航片。

　　在无人机倾斜摄影时，旁向重叠度是明显不够的。无论是航向重叠度还是旁向重叠度，按照算法理论建议值是 66.7%。下面分为建筑稀少区域和建筑密集区域两种情况来介绍。

　　①建筑稀少区域。考虑到无人机航摄时的俯仰、侧倾影响，无人机倾斜摄影测量作业时在无高层建筑、地形地物高差比较小的测区，航向、旁向重叠度建议最低不小于70%。要获得某区域完整的影像信息，无人机必须从该区域上空飞过。以两栋建筑之间的区域为例，如果这两栋建筑由于高度对这个区域能形成完全遮挡，而飞机没有飞到该区域上空，那么无论增加多少相机都不可能拍到被遮区域，从而造成建筑模型几何结构的粘连。

　　②建筑密集区域。建筑密集区域的建筑遮挡问题非常严重。航线重叠度设计不足、航摄时没有从相关建筑上空飞过，都会造成建筑模型几何结构的粘连。为提高建筑密集区域影像采集质量，影像重叠度最多可设计为 80%~90%。当高层建筑的高度大于航摄高度的 1/4 时，可以采取增加影像重叠度和交叉飞行增加冗余观测的方法进行解决。如著名的上海陆家嘴区域倾斜摄影，就是采用了超过 90% 的重叠度进行影像采集以杜绝建筑物互相遮挡的问题。影像重叠度与影像数据量密切相关。影像重叠度越高，相同区域数据

量就越大，数据处理的效率就越低。所以，在进行航线设计时还要兼顾二者之间的平衡。

所以倾斜摄影航向重叠度一般最低设置为 80%；旁向重叠度一般最低设置为 70%。

（4）航线弯曲

受技术和自然条件限制，飞机往往不能按预定航线飞行而产生航线弯曲，造成漏摄或旁向重叠过小从而影响内业成图。如图 1-3-6 所示，把一条航线的航摄像片根据地物影像拼接起来，各张像片的像主点连线不在一条直线上而呈现为弯弯曲曲的折线，称为航线弯曲。

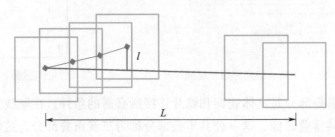

图 1-3-6　航线弯曲

航线弯曲程度通常用航带弯曲度来描述，定义为航带两端像片主点之间的直线距离 L 与偏离该直线最远的像主点到该直线垂距 l 之比的倒数，一般采用百分数表示，即

$$R = l/L \times 100\% \tag{1-5}$$

测区内航带弯曲度会影响到航向重叠、旁向重叠的一致性，如果航线弯曲太大则可能会产生航摄漏洞，甚至影响摄影测量的作业。因此《倾斜数字航空摄影技术规程》（GB/T 39610—2020）规定航线弯曲度不大于 3%。

（5）像片旋角

相邻像片的主点连线与像幅沿航线方向两框标连线间的夹角称为像片旋角，如图 1-3-7 所示。像片旋角一般以 K 表示，它是由于空中摄影时，摄影机定向不准产生的，若摄影机定向准确，所摄的像片镶嵌以后排列整齐，就不存在像片旋角。

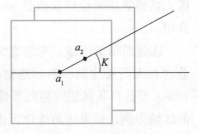

图 1-3-7　像片旋角

从图中可以看出，像片旋角影响像片的重叠度，此外还会给航测内业增加困难。因此，《低空数字航空摄影规范》（CH/T 3005—2021）规定航摄成果像片旋角一般不超过 15°，最大不超过 25°，像片倾角和像片旋角不应同时达到最大值。

（6）像片倾角

以测绘为目的的空中摄影多采用竖直摄影方式，即要求航摄仪在曝光的瞬间摄影机物镜主光轴垂直于地面。实际上由于飞机的稳定性和摄影操作技能限制，摄影机主光轴在曝光时总会有微小的倾斜。在摄影瞬间摄影机轴发生了倾斜，摄影机轴与铅直方向的夹角 α 称为像片倾角，如图 1-3-8 所示。当 $\alpha = 0$ 时为垂直摄影，是最理想的情形。但飞机受气流的影响，航机不可能完全置平，因此《低空数字航空摄影规范》（CH/T 3005—2021）规定航摄成果像片倾角一般不超过 12°，最大不超过 15°。像片倾角和像片旋角不应同时达到最大值。

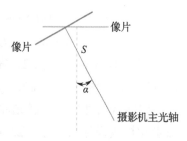

图 1-3-8　像片倾角

（7）像片畸变差

由于无人机搭载的数码相机一般为非量测相机，在相机的制造和装配过程中会存在一些误差，造成像片几何失真，改变了景物的实际地面位置，并且与专业的航空胶片相机和专业的数字航空摄影相机相比，其影像存在边缘畸变，因此在空三加密前需利用相机畸变改正参数文件对原始影像进行畸变差校正，并将宽幅影像按实际的重叠方向做相应的旋转。一般来讲，焦距越长视场角越小而畸变就越小，焦距越短视场角越大畸变就越大。数码相机检测报告示例如下：

倾斜相机检校报告

检校日期：2021-03-09。

相机类型：PSDK 102S－O2。

相机序列号：136DH6C061。

相机像幅：6000×4000 像素。

像元大小：3.9μm。

各镜头检校结果：1 号镜头（前视），见表 1-3-3。

表 1-3-3　镜头检校结果

序号	检校项目	检校结果
1	主点 x_0	3087.74
2	主点 y_0	1949.67
3	焦距 f	35.1621491666667
4	径向畸变差参数 k_1	−0.00648492
5	径向畸变差参数 k_2	0.00948891
6	径向畸变差参数 k_3	−0.29115891
7	切向畸变差参数 p_1	−0.00061513
8	切向畸变差参数 p_2	0.00020924
9	CCD 非正方形比例系数 α	0
10	CCD 非正交性畸变系数 β	0

3. 影像参数

（1）传感器尺寸

相机传感器的尺寸指相机感光器件的面积大小，这里就包括了 CCD 和 CMOS。感光器件的面积越大，CCD/CMOS 面积越大，捕捉的光子越多，感光性能越好，信噪比越高。中画幅的宽为 33.0mm、长为 44.0mm，而 35 电影机宽是 13.7mm、长为 24.4mm，Red Epic 宽是 14.6mm、长为 27.7mm，super 35mm 宽是 13.8mm、长为 24.6mm，这几个都是比较经典的相机的传感器尺寸。

传感器尺寸越大，感光面积越大，成像效果越好。1/1.8in（1in=0.0254m）的 300 万像素相机效果通常好于 1/2.7in 的 400 万像素相机（后者的感光面积只有前者的 55%）。而相同尺寸的传感器像素增加固然是件好事，但这也会导致单个像素的感光面积缩小，有曝光不足的可能。传感器尺寸较大的数码相机，价格也较高。感光器件的大小直接影响数码相机的体积、重量。超薄、超轻的数码相机一般传感器尺寸也小，而越专业的数码相机，传感器尺寸也越大。

（2）图像尺寸（图像分辨率）

图像尺寸的长度与宽度一般是以像素为单位，有的是以厘米为单位。像素是数码影像最基本的单位，每个像素就是一个小点，而不同颜色的点（像素）聚集起来就变成一幅动人的照片。数码相机经常以像素作为等级分类依据，但不少人认为像素点的多少是 CCD 光敏单元上的感光点数量，其实这种说法并不完全正确，不少厂商通过特殊技术，可以在相同感光点的 CCD 光敏单元下产生分辨率更高的数码相片。图片分辨率越高，所需像素越多，比如：分辨率为 640×480 的图片，大概需要 31 万像素，2048×1536 的图片，则需要高达 314 万像素。分辨率可有多个数值，相机提供的分辨率越多，拍摄与保存图片的弹性越高。图片分辨率和输出时的成像大小及放大比例有关，分辨率越高，成像尺寸越大，放大比例越高。

图像分辨率为数码相机可选择的成像大小及尺寸，单位为 dpi。常见的有 640×480、1024×768、1600×1200、2048×1536。在成像的两组数字中，前者为图片长度，后者为图片宽度，两者相乘得出的是图片的像素。长宽比一般为 4:3。

（3）像元大小

像元，是栅格图像的基本单元。

像元亦称像素或像元点，即影像单元，是组成数字化影像的最小单元。

在遥感数据采集，如扫描成像时，它是传感器对地面景物进行扫描采样的最小单元；在数字图像处理中，它是对模拟影像进行扫描数字化时的采样点。像元是反映影像特征的重要标志，是同时具有空间特征和波谱特征的数据元。几何意义是其数据值确定所代表的地面面积。物理意义是其波谱变量代表该像元内在某一特定波段中波谱响应的强度，即同一像元内的地物，只有一个共同灰度值。像元大小决定了数字影像的影像分辨率和信息量。像元小，影像分辨率高，信息量大；反之，影像分辨率低，信息量小。如陆地卫星 MSS 影像像元为（56×79）m^2，单波段像元数为 7581600；而 TM 影像像元大小为（30×30）m^2，单波段像元数为 38023666，相当于 MSS 的 5 倍。

在栅格图像中，每个小方格实际就是一个像素。像元大小就是指每个像素所代表栅格的大小，其值等于传感器尺寸除以图像尺寸，单位为 μm。如赛尔 PSDK102S-O2 的传感器尺寸为 23.5mm×15.6mm，图像尺寸为 6000×4000，则像元大小是 23.5/6000=0.0039mm，即 3.9μm。

所以，栅格数据需要记录的内容越详细，就越需要更多的像元来存储，存储空间也会更大，分析和处理的时间也会更长。具体的像元大小优劣见表 1-3-4。

表 1-3-4　像元大小优劣

像元越小	像元越大
分辨率较高	分辨率较低
要素空间分辨率较高	要素空间分辨率较低
显示速度较慢	显示速度较快
处理速度较慢	处理速度较快
存储文件较大	存储文件较小

（4）地面分辨率（GSD）与模型精度

地面分辨率是衡量遥感图像（或影像）能有差别地区分开两个相邻地物的最小距离的能力。超过分辨率的限度，相邻两物体在图像（影像）上即表现为一个单一的目标。

地面分辨率也称为影像精度，指摄影像片一个像素所代表实地的实际大小。其值与摄影高度和相机焦距有关。影像精度公式如下：

$$影像精度 = 地面分辨率 = 实际距离 / 像素 \quad (1-6)$$

$$影像精度 = 传感器尺寸 \times \frac{航高}{焦距 \times 图像最大尺寸} \quad (1-7)$$

模型精度指通过仪器在实地测量地面上点的位置与在模型上采集该点的位置较差计算出的中误差。实践统计结果表明：模型平面精度 =1.5~2.0 倍的影像精度；模型高程精度 =2.0~3.0 倍的影像精度。

在测量工作中经常会听到 1:500、1:1000、1:2000 等比例尺地形图，那么比例尺与地面分辨率（GSD）是怎样的关系呢？

比例尺 1:500，代表地图上 1m 表示实际 500m。那比例尺与 GSD 之间的关系是什么呢？丈量屏幕的长度、宽度都是以英寸（in）为单位。还有一个概念就是 dpi，指每英寸包含的像素，一般打印出图是 300dpi，即 1in 包含 300 个像素，我们以此为例。

数字化显示屏幕是以英寸为单位的，而且打印出图的标准也是 dpi，每英寸包含 300 像素出图，所以要换算米和像素的关系，1m 有 11811.0236 个像素，那么 1:500 的比例尺，每个像素要表示 500÷11811.0236 ≈ 4.2333cm。

1:1000 的比例尺每个像素表示 1000÷11811.0236 ≈ 0.084666667m ≈ 8.4666667cm。

《低空数字航空摄影规范》（CH/T 3005—2021）规定各摄影分区基准面的地面分辨率应根据不同比例尺航摄成图的要求，结合分区的地形条件、测图等高距、航摄基高比及影像用途等，在确保成图精度的前提下，本着有利于缩短成图周期、降低成本、提高测绘综合效益的原则在一定范围内选择，见表 1-3-5。

表 1-3-5　地面分辨率选择

成图比例尺	地面分辨率 /cm
1:500	≤5
1:1000	≤10
1:2000	≤20，宜采用 16

（5）航片空中姿态

指航摄瞬间航片的俯仰角、横滚角和航向角，如图 1-3-9 所示。

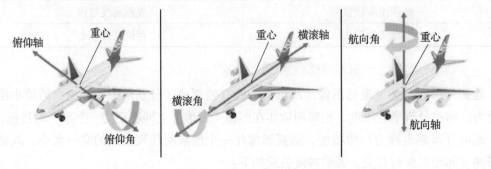

图 1-3-9　俯仰角、横滚角、航向角

1）俯仰角：机体纵轴沿机头方向与地平面（水平面）之间的夹角，飞机抬头为正。或定义为机体绕横轴转动的角度。

2）横滚角：机体绕纵轴侧翻转动的角度为横滚角，机体向右滚为正，反之为负。

3）航向角：实际航向与某一指定航向之间的夹角，或机体绕竖轴转动的角度。

俯仰角对测图精度的影响最大。旋翼机因为有云台，俯仰角度会控制得很好，一般在 1° 左右。固定翼的俯仰角如果控制在 2° 左右是十分理想的。

航向角对测图精度有一定影响。固定翼由于在空中受到风向影响，机头会寻找风向稳定飞行，即便空中有风，拍摄出来的照片也是朝向一个方向偏转。

❓ 引导问题 2

测量离不开坐标系统，我们也学过一些坐标系统的相关知识，那么摄影测量常用的坐标系统有哪些，这些坐标系统是如何定义的，与我们学过的坐标系统有何区别和联系？

▶ 知识点 2　摄影测量中常用的坐标系统

摄影测量学的主要任务就是根据像点坐标求解地面点三维坐标。首先选择适当的坐标系来定量描述像点和地面点，这是解析摄影测量的基础，然后才能从像方坐标测量出发，求出相应地面点在物方的坐标，实现坐标系的变换。摄影测量中常用的坐标系分为像方坐标系和物方坐标系两种，其中像方坐标系主要用来表达像点位置，而物方坐标系主要用来表达地面点位置。

1. 像方坐标系

（1）框标坐标系 $P-xy$

航空摄影后直接得到的是航摄像片，航摄像片与普通像片的主要区别之一就是它有框标标志。一般的航摄像片都有角框标（四个角点）和四个边框标，框标标志除了可以用来进行像片的内定向外，还可以直接建立框标坐标系。框标坐标系有两种：根据角框标建立的框标坐标系是分别将角框标对角相连，连线交点 P 为坐标原点，连线的角平分线构 x 轴和 y 轴，如图 1-3-10a 所示；根据边框标建立的框标坐标系是将边框标对边相连，连线的交点 P 为坐标原点，与航线方向一致的连线作为 x 轴，另一条连线作为 y 轴，如图 1-3-10b 所示。框标坐标系是右手坐标系。

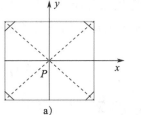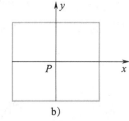

图 1-3-10　框标坐标系

（2）像平面坐标系 $O-xy$

像平面坐标系用来表示像点在像平面的位置，通常采用右手坐标系，x、y 轴的选择按需要而定。在解析和数字摄影测量中，常根据框标来确定像平面坐标系，x 轴和 y 轴分别平行于框标坐标系的 x 轴和 y 轴。

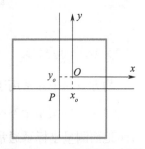

图 1-3-11　像平面坐标系

在摄影测量解析计算中，像点的坐标应采用以像主点为原点的像平面坐标系中的坐标。为此，当像主点与框标连线交点不重合时，须将像片框标坐标系中的坐标平移至以像主点为原点的坐标系，如图 1-3-11 所示。当像主点在框标坐标系中的坐标为 x_o、y_o 时，则测量出的像点坐标 x、y，换算到以像主点为原点的像平面坐标系中的坐标为 $x-x_o$、$y-y_o$。

（3）像空间坐标系 $S-xyz$

为便于空间坐标的变换，需要建立描述像点在像空间位置的坐标系，即像空间坐标系。坐标系原点定义在投影中心 S，x、y 轴分别与像平面坐标系的相应轴平行，z 轴与摄影方向 S_o 重合，正方向按右手定则确定，向上为正。如图 1-3-12 所示，将像空间坐标系记为 $S-xyz$。由于航摄仪主距是一个固定的常数 f，所

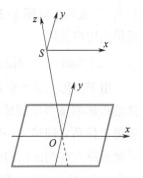

图 1-3-12　像空间坐标系

以一旦测量出某一像点的像平面坐标值（x，y），则该像点在像空间坐标系中的坐标也就随之确定了，即（x，y，$-f$）。

（4）像空间辅助坐标系 S–XYZ

像点的像空间坐标可直接以像平面坐标求得，但这种坐标的特点是每张像片的像空间坐标系不统一，这给计算带来困难。为此，需要建立一种相对统一的坐标系，即像空间辅助坐标系，用 S–XYZ 表示。此坐标系的原点仍选在投影中心 S，坐标轴系的选择视需要而定，通常有三种选取方法：其一是选取铅垂方向为 Z 轴，航向方向为 X 轴，构成右手直角坐标系，该辅助坐标系的三轴分别平行于地面摄影测量坐标系，如图 1-3-13a 所示；其二是以每条航线内第一张像片的像空间坐标系作为像空间辅助坐标系，如图 1-3-13b 所示；其三是以每个像对的左片摄影中心为坐标原点，摄影基线方向为 X 轴，以摄影基线及左片主光轴构成的面（左核面）作为 XZ 平面，构成右手直角坐标系，如图 1-3-13c 所示。不同的情况下，选用不同的像空间辅助坐标系作为过渡坐标系。

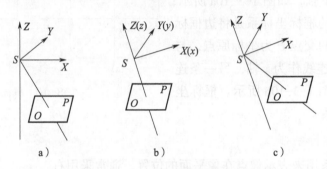

图 1-3-13　像空间辅助坐标系

2. 物方坐标系

物方空间坐标系用于描述地面点在物方空间的位置，主要包括以下两种坐标系。

（1）地面测量坐标系 $T–X_tY_tZ_t$

地面测量坐标系通常指地图投影坐标系，也就是国家测图所采用的高斯 – 克吕格 3° 带或 6° 带投影的平面直角坐标系和高程系，两者组成的空间直角坐标系是左手系，用 $T–X_tY_tZ_t$ 表示，如图 1-3-14 所示。摄影测量方法求得的地面点坐标最后要以此坐标形式提供给用户使用。

（2）地面摄影测量坐标系 $D–X_{tp}Y_{tp}Z_{tp}$

由于摄影测量坐标系采用的是右手坐标系，而地面测量坐标系采用的是左手坐标系，这给摄影测量坐标到地面测量坐标的转换带来了困难。为此，在摄影测量坐标系与地面测量坐标系之间建立一种过渡的坐标系，称为地面摄影测量坐标系，用 $D–X_{tp}Y_{tp}Z_{tp}$ 表示。其坐标原点在测区内的某一地面点上，X_{tp} 轴为大致与航向一致的水平方向，Z_{tp} 轴沿铅垂方向，Y_{tp} 与 X_{tp} 轴正交构成右手直角坐标系，一般认为像空间辅助坐标系三轴与地面摄影测量坐标系三轴互相平行，如图 1-13-15 所示。摄影测量中，首先将摄影测量坐标转换成地面摄影测量坐标，最后再转换成地面测量坐标，因此地面摄影测量坐标系是一个过渡坐标系。

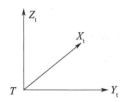 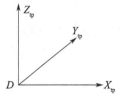

图 1-3-14　地面测量坐标系　　图 1-3-15　地面摄影测量坐标系

引导问题 3

航摄像片是在飞机飞行过程中拍摄的，要想确定所摄像片与地面之间的几何关系，就必须描述摄影瞬间摄影机（含航摄像片）的姿态，那么如何描述摄影机（含航摄像片）的姿态呢？

知识点 3　航摄像片的内、外方位元素

在摄影测量过程中，需要定量描述摄影机的姿态和空间位置，从而确定所摄像片与地面之间的几何关系。这种描述摄影机（含航摄像片）姿态的参数叫作方位元素。依其作用不同可分为两类：一类用以确定投影中心与像片的相对位置，称为像片的内方位元素；另一类用以确定像片及投影中心（或像空间坐标系）在物方空间坐标系（通常为地面摄影测量坐标系）中的方位，称为像片的外方位元素。

1. 内方位元素

摄影中心 S 对所摄像片的相对位置称为像片的内方位。确定航摄像片内方位的必要参数称为航摄像片的内方位元素。航摄像片有三个内方位元素，即像片主距 f、像主点在框标坐标系中的坐标 x_o 和 y_o。

从图 1-3-16 中不难看出 f、x_o、y_o 中任一元素改变，则 S 与像片平面 P 的相对位置就会改变，摄影光束（或投影光束）也随之改变。所以也可以说，内方位元素的作用在于表示摄影光束的形状，在投影的情况下，恢复内方位就是恢复摄影光束的形状。

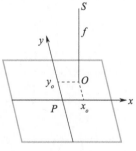

图 1-3-16　内方位元素

在航摄机的设计中，要求像主点与框标坐标系的原点重合，即尽量使 $x_o=y_o=0$。实际上由于摄影机装配中的误差，x_o、y_o 常为一微小值而不为 0。内方位元素值通常是已知的，可在航摄仪检定表中查出。相机在使用一段时间后，要进行定期的检校，以确定内方位元素。

2. 外方位元素

在恢复内方位元素（即恢复了摄影光束）的基础上，确定摄影光束在摄影瞬间的空间位置和姿态的参数称为外方位元素，是确定摄影光束在物方的几何关系的基本数据。一张像片的外方位元素包括六个参数，其中有三个是直线元素，用于描述摄影中心 S 的空间位置的坐标值；另外三个是角元素，用于描述像片空间姿态。

（1）三个直线元素

三个直线元素是反映摄影瞬间，摄影中心 S 在选定的地面空间坐标系中的坐标值，用 X_S、Y_S、Z_S 表示。地面空间坐标系通常选用地面摄影测量坐标系，其中 X_{tp} 轴与地面测量坐标系的 Y_t 轴平行，Y_{tp} 轴与地面测量坐标系的 X_t 轴平行，构成右手直角坐标系，如图 1-3-17 所示。

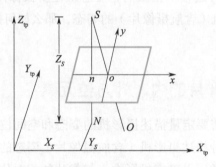

图 1-3-17　三个直线元素

（2）三个角元素

外方位三个角元素可看作是摄影机主光轴从起始的铅垂方向绕空间坐标轴按某种次序连续三次旋转形成的。先绕第一轴旋转一个角度，其余两轴的空间方位随同变化；再绕变动后的第二轴旋转一个角度，经过两次旋转达到恢复摄影机主光轴的空间方位；最后绕经过两次变动后的第三轴（即主光轴）旋转一个角度，亦即像片在其自身平面内绕像主点旋转一个角度。像片由理想姿态到实际摄影时的姿态依次旋转的三个角度值，就是像片的三个外方位角元素，如图 1-3-18 所示。

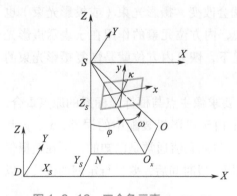

图 1-3-18　三个角元素 φ、ω、κ

　　线元素用来描述摄影瞬间，摄影中心 S 在所选定的地面空间坐标系中的坐标值，角元素用来描述摄影瞬间，摄影像片在所选定的地面空间坐标系中的空间姿态。外方位元素可通过定位定姿系统（POS）测定。

拓 展 课 堂

为什么拍身份证照片有人要求放一枚硬币

　　拍身份证照片时放一个硬币，其主要的用途是确保身份证照片是实时拍的，而非被盗用的身份证。拍照的时候，身份证原件和照片中的图片大小是不一样的，这时候，如果放一枚硬币，在扫描的时候，就可以将硬币还原到真实尺寸，再将复印的身份证和原件进行比较，如果大小一样的话，说明身份证和硬币是同时拍的，如果不一样就说明身份证照片可能是复印件。因此为了防止盗用或冒用身份证问题的发生，保证身份证发送人的安全和利益以及接收人或单位接到真实的身份证，减少不必要的麻烦和损失，于是，人们就想出了在用手机拍照和复印身份证传真时，在上面做一些特殊记号的办法，其中，就包括在身份证上放一枚硬币的办法。

学 习 效 果 综 合 评 测

1. 什么是摄影测量，摄影测量有何特点？

2. 简述摄影测量的任务及分类。

3. 相较传统摄影测量，倾斜摄影测量有哪些优势？

4. 无人机低空摄影测量有哪些优缺点？

5. 简述倾斜摄影测量的主要流程及产品。

6. 什么是像场、像场角，像场角与焦距有什么关系？

7. 什么是光圈号数、曝光时间，它们与曝光量有何关系？

8. 什么是摄影航高，相对航高与绝对航高之间有何关系？

9. 什么是像片重叠、像片重叠度？

10. 什么是航线弯曲、航线弯曲度？

11. 什么是像片旋角、像片倾角？

12. 传感器尺寸、图像尺寸与像元大小之间有什么关系？

13. 什么是地面分辨率？

14. 什么是俯仰角、横滚角、航向角？

15. 摄影测量中常用的坐标系有哪些？

16. 什么是像片的方位元素，像片的方位元素有哪些？

17. 某摄影测量相机传感器尺寸为 35.7mm×23.8mm，图像分辨率为
    7592×5304，焦距为 39.8mm。

   （1）试计算像元尺寸大小。

   （2）如果想要地面分辨率达到 3cm，则相对航高不能超过多少米？

02
模块二

倾斜摄影测量航迹规划及技术设计

本模块首先介绍了航迹规划的原理、利用航迹规划技术完成任务规划问题的优点、无人机航迹规划考虑的因素，然后介绍了航迹规划的流程、航飞参数的确定及任务的估算，最后介绍了技术设计书编写的一般要求与内容。通过对本模块的学习，你应该掌握航迹规划的基本原理与流程，掌握航飞参数的确定及任务的估算方法，能根据具体任务编写无人机倾斜摄影测量的技术设计书。

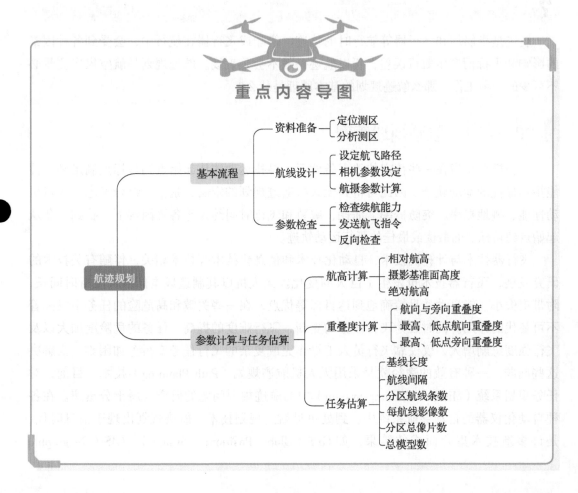

重点内容导图

- 航迹规划
  - 基本流程
    - 资料准备
      - 定位测区
      - 分析测区
    - 航线设计
      - 设定航飞路径
      - 相机参数设定
      - 航摄参数计算
    - 参数检查
      - 检查续航能力
      - 发送航飞指令
      - 反向检查
  - 参数计算与任务估算
    - 航高计算
      - 相对航高
      - 摄影基准面高度
      - 绝对航高
    - 重叠度计算
      - 航向与旁向重叠度
      - 最高、低点航向重叠度
      - 最高、低点旁向重叠度
    - 任务估算
      - 基线长度
      - 航线间隔
      - 分区航线条数
      - 每航线影像数
      - 分区总像片数
      - 总模型数

学习任务 1 航迹规划

知识目标

- 了解航迹规划的基本原理。
- 掌握航迹规划的基本流程。
- 掌握航飞参数的确定及任务估算方法。

素养目标

- 培养精益求精、坚持不懈的职业素养。
- 培养学生认真负责的态度。
- 培养学生的法治意识、规则意识。

❓ 引导问题 1

航迹是指船舶和飞行器等航行时的轨迹。船舶或飞行器在航行中，会受到各种因素的影响和干扰而产生航行误差，所以航迹一般不会是直线。航迹规划是航空摄影测量必不可少的一项工作，那么航迹规划的基本原理是什么？

知识点 1 航迹规划原理

航迹规划是指在一些特定的约束条件下，寻找运动体从起始点到目标点满足某些性能指标最优的运动轨迹。因此可得到无人机航迹规划的定义，是指在综合考虑无人机机动性能、碰地概率、突防概率、油耗、威胁和飞行时间约束等各种因素下，找到一条从起始点到目标点的最优或最佳的可行运动轨迹。

飞行器技术与计算机技术、自动化技术和信息化技术等技术相关，伴随有关技术的研究发展，飞行器技术也发生了巨大的变化。无人机以其制造成本低廉、飞行时间长、附带损失小、能自动并且精确地到达目标等优点，在一些关键和高危险的任务中发挥着不可替代的作用。同时因为飞行任务的更新、飞行难度的提高、任务的危险度加大以及飞行强度急剧增大，仅仅靠飞行员人工操作完成复杂的飞行任务变得愈加困难。为解决这些问题，一种有效的途径就是采用无人机航迹规划（Path Planning）技术。目前，对任务规划系统（Mission Planning System）中的航迹规划问题的研究发展十分迅速。在各种自动化仪器的自动导航系统中，到处可见航迹规划技术。航迹规划出现于信息时代，是许多新技术集合而成的结果，如 GPS（Global Positioning System）、GIS（Geographic

Information System）和 RS（Remote-sense System）技术。

与传统方法相比，利用航迹规划技术完成任务规划问题具有下列优点：

1）航迹规划技术充分利用了预先得到的地形信息，最终的规划航迹具有更好的安全性，因而无人机在完成任务时，安全性更高。

2）在航迹规划时，飞行器有很多飞行性能约束，必须进行充分考虑，并且把这些因素加入规划过程中，保证规划的最终航迹是满足任务要求的航迹。

3）在航迹规划时考虑了飞行器燃料制约、规划环境中的禁飞区域限制等其他因素，利用航迹规划技术，可以使无人机完成任务所花费的代价较小，得到的航迹可靠性高。

无人机航迹规划的目的是找到一条最佳的飞行航迹，尽量降低自身可能撞地的概率，同时还要求满足无人机的各种约束条件。而这些因素之间通常是相互影响的，若改变其中的某个因素通常会引起其他因素的变化，因此在无人机航迹规划过程中需要协调各种因素之间的关系。具体说来，无人机航迹规划需要考虑以下一些因素。

1. 无人机性能要求

航迹规划过程中必须考虑无人机的性能约束，否则即使航迹规划得再好，由于受到无人机性能的约束，无人机也不可能按规划的航迹进行飞行。无人机的性能限制对航迹的约束主要有以下几方面。

1）最大转弯角。它限制生成的航迹只能在小于或等于预先确定的最大角度范围内转弯。该约束条件取决于无人机的性能和飞行任务。

2）最大爬升 / 俯冲角。由无人机自身的机动性能决定，它限制了航迹在垂直平面内上升和下滑的最大角度。

3）最小航迹段长度。它限制了无人机在开始改变飞行姿态之前必须直飞的最短距离。为减少导航误差，一般不希望飞行器在远距离飞行时迂回行进和频繁地转弯。

4）最低飞行高度。在通过敌方防御区时，需要在尽可能低的高度上飞行，以减少被敌防空武器系统探测到并摧毁的概率。但是飞得过低往往会使得与地面相撞的坠毁概率增加。一般在保证离地高度大于或等于某一给定高度的前提下，使飞行高度尽量降低。

此外，无人机航迹规划还必须考虑无人机的燃料限制和射程约束。

2. 实时性要求

在无人机航迹规划过程中，如果预先已经掌握了无人机规划区域内完整精确的环境信息，可规划出一条自起点到终点的最优航迹。但由于任务的不确定性，无人机常常需要临时改变飞行任务。在这些情况的干扰下，预先在地面规划出的航迹不可能满足要求。当环境的变化区域不大时，可通过局部更新的方法进行航迹在线再规划。如果无人机周围环境的变化区域较大，则无人机必须具备实时在线规划功能。

学习了航迹规划的基本原理，那么航迹规划的具体流程包括哪些内容，航线设计时又有哪些具体工作要完成？

知识点 2 航迹规划流程

航迹规划由资料准备、航线设计和参数检查三个部分组成。航迹规划设计标准流程如图 2-1-1 所示。

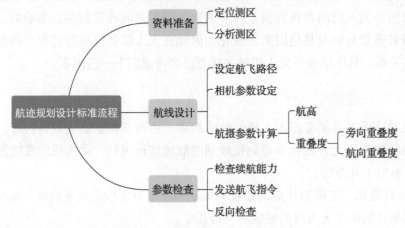

图 2-1-1 航迹规划设计标准流程

一、资料准备

进行倾斜摄影时，首先需要收集并分析航飞基本资料，明确任务测区基本情况，然后依据任务区域的形状和地形情况等划定建模范围，最后确定航飞范围。

1. 收集测区资料

1）测区行政区划图或其他纸质用图。

2）能够导入手簿或计算机的适合航线规划的电子地图。

3）控制点坐标、高程资料。

4）有关飞机性能资料。

5）有关相机参数资料。

6）测图精度指标。

2. 测区踏勘，确定测区范围

通过测区踏勘，了解测区范围、面积大小、界线形状、地形情况和植被情况，分析上述资料的可用性和准确性。为了保证任务边缘三维模型的质量和效果，建模范围至少要超出任务区域外侧 1.5 倍航高的距离。任务区域、建模范围与飞行范围如图 2-1-2 所示。

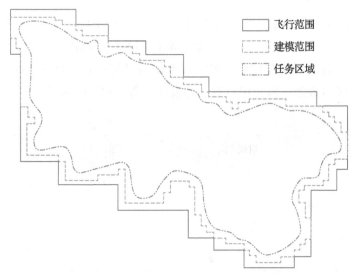

图 2-1-2　任务区域、建模范围与飞行范围

二、航线设计

1. 航线设计工作内容

1）根据地形和界线范围选择飞机起飞点，确定航线方向。

2）根据航飞天气确定相机相关参数。

3）根据测图精度确定地面分辨率（GSD）。

4）根据 GSD 计算航高。

5）根据 GSD 计算航向和旁向重叠度。

6）确定航飞时间。

7）计算航飞参数与任务量。

2. 航线设计涉及 GSD、相机质量、飞机类型的建议要求

（1）影像 GSD、飞机类型与搭载的相机

1）影像 GSD 要求在 2cm/px，建议选择多旋翼无人机和双相机三相位摆动式或者五镜头相机倾斜摄影系统。

2）影像 GSD 要求在 5cm/px，建议选择固定翼无人机和双相机固定式倾斜摄影系统。

（2）重叠度设计建议

与常规无人机垂直航空摄影重叠度要求相比，倾斜摄影要加大。依据实际三维建模效果，如使用五相机或双相机三相位摆动式倾斜摄影系统，一般航向重叠度要达到 80%，

旁向重叠度达到 60%，在建筑物密集测区，旁向重叠度应提高到 70% 以上。

3. 变航高航迹规划设计

当航摄范围内的相对高差较大时（图 2-1-3），其实际 GSD 与按照基准面设计的 GSD 就会不一致。当 GSD 相差过大时就会影响模型的成果精度。为了解决这种问题，需要专门结合地形设计一种变高航线，最大限度做到以相对较低且一致的航高获取测区内 GSD 相对一致的倾斜数据，满足用户对于高精度、高分辨率的需求。

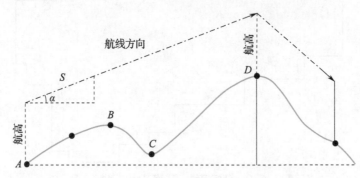

图 2-1-3　地形起伏变化示意图

4. 倾斜摄影分区划分原则

当倾斜摄影飞行范围较大时，一般应将飞行范围划分为若干航摄分区，以便设计飞行航线并对任务进行分工。

航摄分区的划分主要考虑几个方面：一是无人机类型及续航里程；二是影像地面分辨率与三维建模处理系统的性能；三是摄区相对高差。

（1）无人机类型及续航里程

1）在无人机飞行作业时，飞机起降一般都在同一地点，为了有效利用有效作业里程，航线设计一般采用双数敷设，航线尽可能长，且采取往返飞行。

2）航线设计长度一般按有效作业里程的 1/2、1/4、1/6 或 1/8 等设计。同时，航摄分区还应考虑无人机的有效通信及控制距离，确保无人机安全。

例如，一多旋翼无人机的续航时间为 20min，有效作业时间按 15min（900s）、巡航速度按 7.5m/s 计算，单架次的续航里程一般可以达到 6750m，扣除升降、转弯减速等因素的影响（10%），有效作业里程可以达到 6000m。因此，最大航线长度不应超过 3000m。

（2）影像地面分辨率与三维建模处理系统的性能

1）影像地面分辨率的高低，决定了倾斜照片的数量。

综合考虑目前常用倾斜摄影三维建模系统的处理能力和处理效率，建议每次同时进行三维建模计算的照片数量应控制在 25000 张以内。这就要求在进行航摄分区划分时考虑后续进行三维建模计算时所使用的软件系统和硬件系统的能力，使得每次三维建模计算的照片数量（计算分区）与航摄分区范围尽量匹配。

2）一般 2cm/px 分辨率的航摄分区范围最大不超过 5km²；5cm/px 分辨率的航摄分区范围最大不超过 25km²。

3）在满足最高点重叠度的前提下，最高点、最低点与基准面分辨率不超过 1.5 倍为宜。如果超过 1.5 倍，建议分区进行航摄。

（3）地表高差影响

高差（包含建筑物）大于 1/4 相对航高时，建议分区进行航摄。

当然，为了简化航线设计，一般采用航线设计软件或飞控软件的航线自动设计功能，飞行范围依据测区，并按直线敷设航线。

上述工作可通过航飞规划软件进行现场设计。

？ 引导问题 3

在摄影测量基础知识模块，我们学习过与航飞相关的一些关键参数，那么这些航飞参数如何确定，如何根据这些参数进一步估算航飞任务？

知识点 3　航飞参数确定及任务估算

1. 重要航飞参数的确定

（1）确定航摄高度

无人机倾斜摄影的飞行高度是航线设计的基础。航摄高度需要根据任务要求选择合适的地面分辨率，然后结合倾斜相机的性能，按照下式计算：

$$H_{相对} = f \times GSD / \alpha \tag{2-1}$$

式中，H 为航摄高度，单位为 m；f 为镜头焦距，单位为 mm；α 为像元尺寸，α= 传感器尺寸 / 图像最大尺寸，单位为 mm；GSD 为地面分辨率，单位为 m。

确定航高首先要确定模型的精度，然后根据模型的精度确定地面分辨率（根据经验，模型的精度是地面分辨率的 2~3 倍）。

［例］以 1:500 地形图，某地地形图规范成图平面精度为 25cm 为例。已有 Canon 5D Mark Ⅱ 数码相机镜头，焦距为 24.378mm，像元尺寸为 0.00641mm。

要绘制该比例尺地形图，地物点中误差为 25cm，根据经验可知地面分辨率（GSD）不低于 8.3cm，所以相对航高 $H_{相对}$=$f \times$ GSD/α=24.378 × 83/0.00641=320320.4368mm= 320.3204368m，即相对航高小于 320m 即可保证 GSD 优于 8.3cm，加上后期地形图人工采集误差，可满足图上 25cm 的精度要求。

（2）确定摄影基准面与绝对航高

$$H_{绝对} = 摄影基准面 + H_{相对} \tag{2-2}$$

其中摄影基准面一般按照摄区地面最高处的高程以及摄区地面最低处的高程的平均值计算。

[例]某测区数字航空摄影，航摄比例尺为1:5000。测区海拔最低点为517m，最高海拔为748m。选用高精度数码航摄仪DMC，焦距为140mm，相幅宽96mm，高166mm。依据项目需求，试计算摄影基准面、相对航高、绝对航高。

解：摄影基准面高程为（517+748）/2 = 632.5m

$$H_{相对} = 0.140 \times 5000 = 700m$$

$$H_{绝对} = 632.5 + 700 = 1332.5m$$

还需要注意的是，根据CH/T 3005—2021《低空数字航空摄影规范》中的规定，航高要求如下：

1）相对航高一般不超过1500m，最高不超过2000m。

2）绝对航高满足平原、丘陵等地区使用的超轻型飞行器航摄系统和无人飞行器航摄系统的飞行平台升限应不小于海拔3000m，满足高山地、高原等地区使用的超轻型飞行器航摄系统和无人飞行器航摄系统的升限应不小于海拔6000m。

3）同一航线上相邻像片的航高差不应大于30m，最大航高与最小航高之差不应大于50m，实际航高与设计航高之差不应大于50m。

所以在实际作业过程中要根据要求的模型精度（地面分辨率）来选取合适的相机，以及根据航高选取合适类型的无人机，甚至要根据空域要求选取合适的无人机以及相机。

（3）航摄重叠度设计

《低空数字航空摄影规范》（CH/T 3005—2021）规定，航向重叠度一般应为60%~80%，最小不小于53%；旁向重叠度一般应为15%~60%，最小不小于8%。在无人机倾斜摄影时，旁向重叠度是明显不够的。不论航向重叠度还是旁向重叠度，按照算法理论建议值是66.7%。但是在实际的生产过程中一般设置航向重叠度为80%，旁向重叠度为70%。

（4）区域覆盖设计

航向覆盖超过摄区边界线不少于两条基线。旁向覆盖超过摄区边界线一般不少于像幅的50%，但在无人机倾斜摄影时是明显不够的。理论上，需要目标区域边缘地物能出现在像片的任何位置，与测区中心地区的特征点观测量一样。考虑到测区的高差等情况，可以按照式（2-3）来计算航线外扩的宽度。

$$L = H_1 \tan\theta + H_2 - H_3 + L_1 \tag{2-3}$$

式中，L为外扩距离；H_1为相对航高；θ为相机倾斜角；H_2为摄影基准面高度；H_3为测区边缘最低点高度；L_1为半个像幅对应的水平距离。

当然，可以简单地向外扩1~1.5倍相对航高的宽度，或超出界线外飞2~3条航线。

（5）分辨率与最终成果的关系

倾斜摄影测量的最终成果是三维模型和线划图，其误差积累来自空三误差（刺点误差、控制点的分布因素）和立体采集（人为经验误差）的影响。一般情况下，平面精度是分辨率的 1.5~2 倍，高程精度是分辨率的 2~3 倍。当然这只是一个经验值，每次的成果会受到不同的地形地貌、照片分辨率、控制点的分布、人为误差累积的影响。

在三维建模中，模型的精度一般是正摄相机地面分辨率的 3 倍左右，比如正摄相机拍摄的分辨率是 1.5cm，模型精度就是 4.5cm 左右，这就是利用模型做 1:500 的图，正射相机拍摄的照片的分辨率要求在 1.5cm 左右的原因。

2. 航摄参数及任务估算

航摄参数及任务估算涉及的计算式如下：

1）相对航高 $H_{相对}$ = 摄影比例尺分母 m × 物镜焦距 f。

2）摄影基准面高度 $h_{基}$ =（测区高点平均高程 + 测区低点平均高程）/2。

3）绝对航高 $H_{绝对}$ = $H_{相对}$ + $h_{基}$。

4）航向重叠度与旁向重叠度 $q_x = l_x / L_x \times 100\%$，$q_y = l_y / L_y \times 100\%$。

5）最高、低点航向重叠度 = q_x +（1-q_x）×（$h_{基}$ - 最高或低点）/$H_{相对}$。

6）最高、低点旁向重叠度 = q_y +（1-q_y）×（$h_{基}$ - 最高或低点）/$H_{相对}$。

7）基线长度 B = 影像宽度 ×（1-q_x）× 摄影比例尺分母 m。

8）航线间隔 D = 影像高度 ×（1-q_y）× 摄影比例尺分母 m。

9）分区航线条数 = 分区宽度 / 航线间隔 D。

10）每航线影像数 = 每航线长度 / 基线长度 B。

11）分区总像片数 = 每航线影像数之和。

12）总模型数 = 总航片数 - 航线数。

[例] 某测区地势西北高东南低，东西宽约 13km，南北长约 30.6km，测区面积约 400km²。计划进行该市 1:4000 数字航空摄影。测区海拔最低点为 1m，最高海拔为 150m。选用高精度数码航摄仪 DMC，焦距为 120mm，相幅宽 92mm，高 166mm。依据本次航摄任务的实际情况确定航向重叠度为 65%，旁向重叠度为 30%。求摄影基线长度 B、航线间隔 D、摄影区航线总条数、每条航线影像数、摄区总像片数。

解：1）基线长度 B = 92 ×（1-0.65）× 4000m = 128.8m。

2）航线间隔 D = 166 ×（1-0.30）× 4000m = 464.8m。

3）摄影区航线总条数 = 30.6 × 1000/464.8 = 66。

4）每条航线影像数 = 13 × 1000/128.8 = 101。

5）摄区总像片数 = 101 × 66 = 6666。

拓展课堂

航线的重要性

在地面上，汽车由于道路及障碍物的存在，不能够随意行驶。但是飞机在天空中并没有任何障碍物，飞机是否就能够随意飞行呢？

在商业飞行发展的初期，飞机的确可以在两地之间飞直线，确切地说，飞行员完全可以按照自己的意愿驾驶飞机飞行，最终只要安全到达目的地就行了。之所以那时飞行员可以这样飞，完全是因为那时候民航刚刚起步，天上的飞机根本就不多。如果任由飞行员一直这么根据自己的心思飞下去的话，迟早有一天会出事，因为航空业在不断发展，天上的飞机越来越多。果不其然，1956 年 6 月 30 日在美国就出事了，而且是出大事了，两架飞机在大峡谷上空相撞，导致 128 人丧生，这起事故是当时航空史上最严重的一起空难。

涉事的两架飞机，一架隶属于联合航空，由洛杉矶飞往芝加哥，机型道格拉斯DC-7。另一架属于环球航空，由洛杉矶飞往堪萨斯，机型洛克希德 L-1049 超级星座客机。在当时坐飞机还是一件比较奢侈的事情，航空公司为了招揽生意，飞行员经常会驾驶飞机飞越著名景点上空，让乘客从空中饱览美景，科罗拉多大峡谷正是这样一个深受青睐的地方。最终结果两架飞机在大峡谷空中相撞，一架瞬间解体，另一架失控撞向地面。大峡谷空难促进了民航管制系统和民机防撞技术的重大变革。从那以后飞机飞行有严格要求，飞机只能沿规定的空中走廊——即航路飞行。

所以飞机在天上飞行，就跟我们在地面上开车一样，如果我们随便开，那么相撞和出事故的概率是非常大的。飞机航线就好比我们的汽车道路，按照道路顺序前进，这样才能够有效地保证飞行安全。此外，每天同一时间会有无数架飞机在天空同时飞行，就像北京上下班高峰时的汽车一样，如果不设置道路随便开，不仅会拥堵，而且还会出很多事故。

目前国外的一些低空区域是开放的，但是仍然需要大家一起遵守一些规则，包括很多禁区和固定的走廊，我国国内目前还没有这种开放的区域。在其他的空中区域，需要严格遵照航线来飞行。

学习任务 2　技术设计书编写

知识目标

● 掌握技术设计书编写的一般要求与内容。
● 学会编写无人机倾斜摄影测量的技术设计书。

素养目标

● 培养精益求精、认真负责的职业素养。
● 培养学生的写作能力。

？ 引导问题

在项目开始前首先要进行技术设计。什么是技术设计，技术设计的目的和意义何在，技术设计要遵循哪些基本原则，技术设计包含哪些基本内容？

知识点　技术设计书编写的一般要求及内容

一、技术设计书编写一般要求

1.技术设计书的目的

技术设计书的目的是制定切实可行的技术方案，保证测绘产品符合技术标准和用户要求，并获得最佳的社会效益和经济效益。技术设计书未经批准不得实施。

2.技术设计分为项目设计和专业设计

项目设计具有完整的测绘工序内容，也叫综合设计。比如基础测绘项目，从航飞、大地测量、地形测量、内业测图、外业调绘、内业编辑、属性输入、建库等进行综合设计，提出纲领性、指导性的技术要求。

专业设计是在项目设计的基础上，按工种或工序进行具体的、详细的、操作性强的设计，用于具体指导作业，也就是作业中的主要技术依据。

项目设计一般由测绘任务的主管部门或业主编写和上报，专业设计一般由测绘生产单位编写和上报。

3. 技术设计的依据和基本原则

（1）技术设计的依据

1）上级下达任务的文件或合同。

2）作业应执行的法律法规和技术标准。

3）有关测绘产品的生产规定、成本定额和装备标准等。

（2）技术设计的基本原则

1）先整体后局部，顾及发展，满足用户要求，重视社会和经济效益。

2）选择的技术路径、作业流程、作业方法既要符合法律法规和技术标准，又要顾及本单位部门的作业实力、作业习惯、人员素质和技术装备，选择最佳方案。

3）广泛收集、分析利用已有测绘资料和资源。

4）在本单位技术状况允许的情况下，积极采用适用性强的新技术、新方法、新工艺。

4. 对编写技术设计人员的要求

1）设计人员要明确任务的性质、工作量、技术难点，明确设计要求和原则。

2）设计人员要对测绘任务进行分析和研究，必要时进行实地踏勘。

3）设计人员对其设计书负责，要对一线作业人员进行设计辅导和讲解，在作业开始阶段要对设计进行验证，发现问题时及时变更设计。

5. 编写技术设计书的要求

1）内容要明确，文字要简练，不要抄规范，对设计难点或作业中容易混淆或容易忽视的问题应重点叙述。

2）对新工艺、新技术、新方法的使用要慎重，要说明可行性研究或试生产的结果以及达到的精度，必要时要有试验报告。

3）对一些名词、术语、公式、符号、代号、代码以及计量单位的引用要规范、有依据。

二、技术设计书的内容

1）任务概述说明任务的名称、来源、作业区范围、地理位置、行政隶属、项目内容、产品种类及形式、任务量、要求达到的主要技术和精度指标、质量要求、完成任务的期限。

2）对作业区自然地理概况、地理特征、交通、气候情况、居民地分布、植被覆盖及作业区的困难类别进行概要说明。

3）已有资料的分析和可利用的情况，已有资料的类型、施测年代和单位、执行的标准、达到什么精度、存为何处、利用的可能性和利用方案。

4）作业中执行的技术依据和参考依据。

5）采用的测绘基准。

6）成图的基本要求、成图规格、比例尺、精度指标、作业流程。

7）对航摄的技术要求。

8）对基础控制测量的布设及加密原则、作业方法、精度要求。

9）对像片控制测量的布设原则、布设方案、作业方法、注意事项。

10）对内业测图的主要作业方法和技术规定、取舍原则、软硬件环境。

11）对外业调绘的主要作业方法、取舍原则、技术规定。

12）对内业编辑的作业方法、技术规定、软硬件环境。

13）对属性数据的输入要求、建库要求、入库方法及技术要求。

14）对文档簿的填写要求。

15）质量控制程序、方法及要求。

16）质量检查的方法及要求。

17）计划安排和经费预算。

①作业区的困难类别划分。

②工作量统计、各工序的工作量划分。

③生产进度的安排、各工序应投入的人力物力。

④经费预算。

18）附件。

①踏勘报告。

②可利用的资料清单。

③附图、附表。

19）上交资料清单。

技术设计书样例
扫描二维码观看

拓展课堂

"推敲"的由来

贾岛是唐朝著名的苦吟派诗人，即为了一句诗或是诗中的一个词，不惜耗费心血，花费工夫。贾岛曾用几年时间做了一首诗。诗成之后，他热泪横流。一天，贾岛骑着毛驴走在京城长安的大街上，随口吟成一首诗，其中两句是："鸟宿池边树，僧敲月下门。"吟完之后，又想将"敲"字改用"推"字，犹豫不决，于是，一边思考，一边用手反复做着推门和敲门的动作。

当时韩愈临时代理京城地方长官，正带着车马出巡，贾岛不知不觉地走到韩愈的仪仗面前，还在不停地做着手势，结果冲撞了韩愈的马队，被左右的侍从推到韩愈面前。贾岛如实地将自己刚才骑在驴上所得的诗句告知，还把因为斟酌"推""敲"二字而来不及回避的情形讲了一遍。韩愈听后，转怒为喜，深思片刻后说："敲字好！在万物入睡、沉静得没有一点声息的时候，敲门声更显得夜深人静。"贾岛连连拜谢，把诗句定为"僧敲月下门"。并且两人并排回家，一同议论作诗的方法，韩愈因此与贾岛结下了深厚的友谊。

03
模块三

飞马 D2000 无人机倾斜摄影测量解决方案

　　本模块首先介绍了利用飞马无人机管家进行航迹规划的相关操作与知识、禁飞区申请及单相机倾斜应用原理，然后介绍了现场飞行的基本流程，以飞马 D2000 为例介绍了从飞行前准备到飞机组装，再到飞行作业的相关知识与操作，以及应急功能与飞行应急知识，最后介绍了数据下载与预处理及差分解算作业步骤。通过对本模块的学习，你应该学会飞马无人机管家航迹规划的基本操作、无人机组装、起飞前的检查、飞行作业、飞行应急等相关知识与操作，掌握数据下载、差分数据解算的步骤方法，能熟练进行无人机现场飞行的全流程操作。

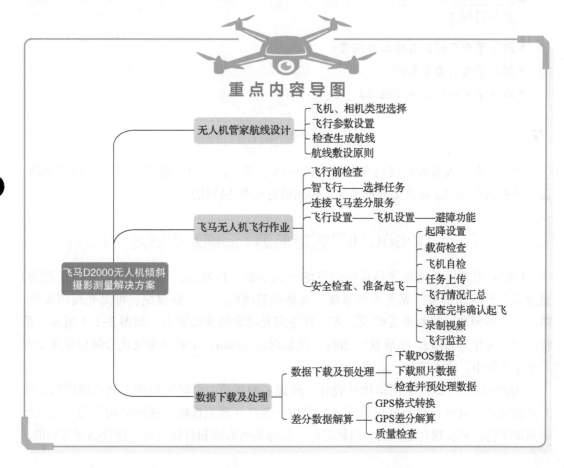

重点内容导图

- 无人机管家航线设计
  - 飞机、相机类型选择
  - 飞行参数设置
  - 检查生成航线
  - 航线敷设原则
- 飞马无人机飞行作业
  - 飞行前检查
  - 智飞行——选择任务
  - 连接飞马差分服务
  - 飞行设置——飞机设置——避障功能
  - 安全检查、准备起飞
    - 起降设置
    - 载荷检查
    - 飞机自检
    - 任务上传
    - 飞行情况汇总
    - 检查完毕确认起飞
    - 录制视频
    - 飞行监控
- 数据下载及处理
  - 数据下载及预处理
    - 下载POS数据
    - 下载照片数据
    - 检查并预处理数据
  - 差分数据解算
    - GPS格式转换
    - GPS差分解算
    - 质量检查

飞马D2000无人机倾斜摄影测量解决方案

学习任务 1　飞马无人机航迹规划介绍

下面我们以飞马 D2000 飞马智能航测 / 遥感系统为例，主要介绍使用无人机管家软件进行无人机正射和倾斜三维影像数据获取时的航迹规划。

知识目标

- 了解飞马无人机 D2000。
- 了解单相机倾斜应用原理。
- 掌握飞马无人机管家进行航迹规划的基本操作。

技能目标

- 能用飞马无人机管家进行航迹规划。
- 能用飞马无人机管家在线禁飞区申请。

素养目标

- 培养学生严谨认真的工作态度。
- 培养学生的安全意识。
- 培养学生的综合学习能力。

? 引导问题 1

D2000 无人机系统是飞马全新研发的一款小型、长航时，能同时满足高精度测绘、遥感及视频应用的多旋翼无人机系统。你知道它有哪些特性？

知识点 1　D2000 飞马智能航测 / 遥感系统概述

D2000 无人机系统是飞马全新研发的一款小型、长航时，能同时满足高精度测绘、遥感及视频应用的多旋翼无人机系统，可搭载航测模块、倾斜模块、可见光视频模块、热红外视频模块、热红外遥感模块等，具备多元化数据获取能力，如图 3-1-1 所示。系统标准起飞重量 2.8kg，标准载荷 200g，续航时间 74min。全系统模块化分解后可集成在一个作业箱中，便于携行、运输。

D2000 的任务载荷采用模块化设计，搭配多种载荷，可满足航测、真三维模型、遥感监测应用；此外还可换装可见光视频模块、热红外视频模块等视频应用载荷，搭载远距高清图传，可实现目标识别、目标定位、目标实时追踪和目标位置、速度估算等功能。

D2000 配备高精度差分 GNSS 板卡，同时标配网络 RTK、PPK 及其融合解算服务；可实现无控制点的 1∶500 成图，支持高精度 POS 辅助空三，实现免像控应用。配备"无人机管家专业版（测量版）"软件，具备各种应用需求的航线模式；支持精准三维航线规划、三维实时飞行监控、GPS 融合解算、控制点量测、空三解算、一键成图、一键导出立体测图，提供 DOM、DEM、DSM、TDOM 等多种数据成果处理及浏览。

图 3-1-1　飞马 D2000

1. D2000 飞马智能航测 / 遥感系统特性

免像控成图、自动避障、精准地形跟随飞行、基于飞马云的主动式服务、支持网络 RTK 及 PPK 解算服务、长航时、高效率、高可靠性、多路冗余设计、模块化的任务载荷设计、多元化的数据获取方案、一站式软件解决方案、先进的全成果影像工作站。

（1）飞行平台参数

空机重量：2.6kg。

最大起飞 / 标准重量：3.35kg/2.8kg。

最大载重能力：750g。

对称电机轴距：598mm。

外形尺寸：展开 495mm×442 mm×279mm（不含桨叶）。

折叠：495 mm×442 mm×143mm（不含桨叶）。

导航卫星：GPS、北斗、GLONASS。

动力方式：电动。

飞行器最大速度：20m/s（飞机倾斜 25° 时）。

最远航程巡航速度：13.5m/s（最远航程 50km）。

最长航时巡航速度：7.0m/s（最长航时 74min）。

悬停时间：60min（挂载单相机载荷海平面悬停）。

最大爬升速度：8.0m/s（手动），5.0m/s（自动）。

最大下降速度：5.0m/s（手动），3.0m/s（自动）。

悬停精度 RTK：水平 1cm+1ppm；垂直 2cm+1ppm。

差分 GPS 更新频率：20Hz。

最大起飞海拔：6000m。

抗风能力：6 级（10.8~13.8m/s）。

任务响应时间：展开 ≤ 10min，撤收 ≤ 15min。

测控半径：图传 ≥ 5km，数传 ≥ 20km。

起降方式：无遥控器垂直起降。

工作温度：-20~45℃。

（2）双频 GPS 导航模块参数

导航卫星：GPS：L1+L2。

北斗：B1+B2。

GLONASS：L1+L2。

采样频率：20Hz。

定位精度：5cm。

差分模式：PPK/RTK 及其融合作业模式。

（3）载荷参数（倾斜相机）

相机型号：SONY α6000。

相机数量：5。

传感器尺寸：23.5mm×15.6mm（APS-C）。

有效像素：2430 万×5。

镜头参数：25mm 定焦（下视），35mm 定焦（倾斜）。

2. 系统特点

（1）免像控成图

D2000 配置 20Hz 高精度差分 GNSS 板卡，具备免像控成图等能力，可适应各种应用场景。

（2）长航时、高效率、高可靠性

单架次海平面悬停时间 60min，惯性测量单元（IMU）、气压计、磁力计、全球导航卫星系统（GNSS）等模块均采取多路冗余设计；配备超声波、光流模块，提供多重保障；通过多项部件、整机可靠性测试，保证产品安全性与可靠性。

（3）模块化的任务载荷设计、多元化的数据获取方案

D2000 可搭载单相机航测模块、五相机倾斜模块、热红外遥感模块、可见光视频模块、热红外视频模块及软件解决方案。

（4）精准地形跟随飞行功能

配合无人机管家专业版软件，D2000 可实现精准地形跟随飞行，在保障影像分辨率一致性的同时提高分辨率。

（5）自动避障功能

D2000 配备前置毫米波雷达避障模块，可自动检测前方障碍物，提高安全等级。

（6）一站式软件解决方案、先进的全成果影像工作站

配备无人机管家专业版（测量版）软件，支持从精准三维航线规划、三维实时飞行

监控、控制点量测到空三处理全流程作业，提供 DOM、DEM、DSM、TDOM 等多种数据成果及浏览。

（7）基于飞马云的主动式服务

支持信息推送、工程同步、飞行数据共享、飞机主动维护、飞行记录分析及展示功能；支持基于 4G/5G 网络的远程监控及视频推流功能。

（8）支持网络 RTK 及 PPK 解算服务

标配千寻服务，支持高可靠性的网络 RTK、PPK 及其融合解算，减少外业工作量。

? 引导问题 2

"无人机管家"是无人机数据获取、处理、显示、管理以及无人机维护的一站式智能GIS 系统，那么如何下载及安装无人机管家，如何应用无人机管家进行航线设计等基本操作？

技能点 1　无人机管家介绍及使用

"无人机管家"是无人机数据获取、处理、显示、管理以及无人机维护的一站式智能GIS 系统，它支持固定翼、旋翼等种类丰富的飞行平台，具备满足各种应用需求的航线模式，支持真三维地形数据的精准三维航线规划、三维实时飞行监控、快速飞行质检，具有丰富的数据预处理工具箱，支持稳健的精度控制与自动成图、丰富的 4D 与三维成果生产，具有可视化监控中心，提供系统升级、智能维护、信息推送等云服务，如图 3-1-2所示。

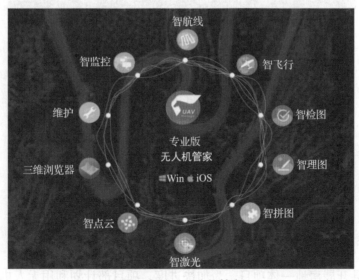

图 3-1-2　无人机管家

1. 软件下载及安装

首先打开深圳飞马机器人科技有限公司官网 https：//www.feimarobotics.com/zhcn 下载软件及驱动并且进行软件的安装，如图 3-1-3 所示。

图 3-1-3　飞马官网软件及驱动下载

安装成功后如图 3-1-4 所示。

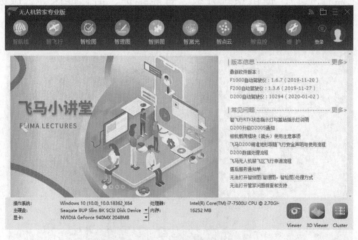

图 3-1-4　安装成功后界面

2. 无人机管家航线的设计流程

河北省某县开展房地一体项目，为加快进度，项目部计划利用无人机倾斜摄影测量技术减少外业工作量，故要对某区域进行倾斜摄影测量的航飞。利用飞马 D2000 无人机系统进行数据的采集。

　　1）首先注册无人机管家软件用户，并登录，如图 3-1-5 所示。

图 3-1-5　无人机管家注册登录

登录后出现无人机管家软件操作界面，如图 3-1-6 所示。

图 3-1-6　无人机管家操作界面

　　2）单击智航线图标，出现图 3-1-7 所示的界面。

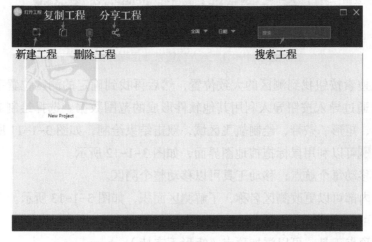

图 3-1-7　无人机管家工程操作界面

单击分享工程图标后可以把本机所建工程分享给其他主机使用，如图 3-1-8 所示。

图 3-1-8　无人机管家分享工程

可以通过对区域和时间以及名称的限制对本机所有的工程进行检索，如图 3-1-9 所示。

图 3-1-9　无人机管家检索工程

3）单击新建工程后，主界面会新建一个工程 New Project 项目，双击 New Project 文字重新命名项目名称。然后双击 New Project 图标进入无人机管家新工程界面，如图 3-1-10 所示。

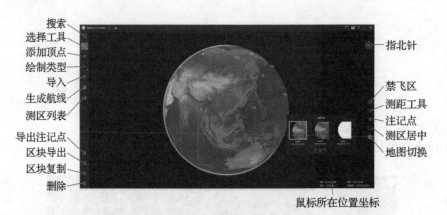

图 3-1-10　无人机管家新工程界面

可以通过搜索按钮找到测区的大致位置，然后再找到确定的测区位置手工绘制测区范围，也可以通过导入按钮导入利用其他软件形成的范围数据。选择绘制测区类型，可以选择多边形、矩形、条带，绘制航飞区域，双击结束绘制，如图 3-1-11 所示。

单击按钮可以利用鼠标拖拽地图界面，如图 3-1-12 所示。

拖拽可以移动每个航点；移动工具可以移动整个测区。

双击测区内部可以更改测区名称，了解测区面积，如图 3-1-13 所示。

双击航点可以得到航点坐标，或删除航点，如图 3-1-14 所示。

使用添加顶点工具，可以添加顶点（矩形不支持）。

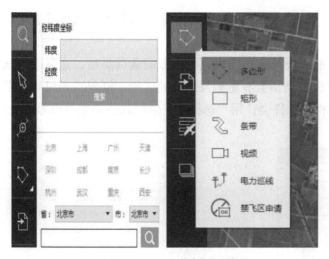

图 3-1-11　绘制测区范围　　　　　图 3-1-12　测区范围编辑

图 3-1-13　双击测区内部显示信息　　图 3-1-14　双击航点显示坐标、删除航点

4）测区建好后就可以进行航线设计了，在有网络的条件下（高程服务器图标亮），选中要生成航线的测区，使用生成航线功能，选择对应的机型和载荷，自动生成航线，三维浏览航线轨迹，无异常后单击右上角保存。

单击航线生成按钮📷会出现图 3-1-15 所示的界面。首先选择飞机类型，这里选取D2000，然后选择相机类型，D2000 搭载的倾斜相机模块为 D-OP3000。需要注意的是，飞机类型与相机类型都不能选择错误，软件要根据飞机类型判断飞机性能进行航线设计，软件也要根据相机的类型调取相机的参数来计算航高等参数；而且每种飞机类型能够搭载的载荷并不相同，如果飞机类型选择错误，那么相机类型选项中有可能找不到我们使用的相机。

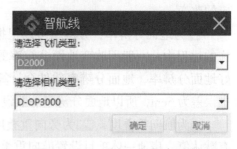

图 3-1-15　飞机、相机类型选择

选择完成后单击确定出现图 3-1-16 所示的界面。这里可以看到飞机的类型选项已经反白不能选择，但是飞机的载荷（相机）类型还是可以重新选择的，如果在上步选择错了，这里还能进行改正。接下来可以进行航线参数的设置，这里只需要根据项目的要求

设置满足精度需要的数值即可，软件会根据飞机类型及相机的相关参数计算航飞阶段所需参数。

在选择相机类型时，要求航线设计人员明确飞机搭载的载荷类型，这是因为选择的相机为倾斜式相机或单相机时任务类型会有正射及倾斜的区别。倾斜式相机软件默认为倾斜摄影测量模式，而单镜头相机软件会让用户选择是正射模式还是倾斜摄影测量模式，如图 3-1-17 所示。

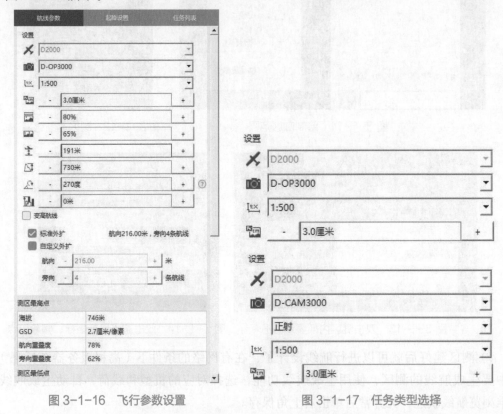

图 3-1-16　飞行参数设置　　　　　图 3-1-17　任务类型选择

📏 为航摄比例尺，当改变航摄比例尺的值后你会发现航高、地面分辨率都将发生相应的改变。

📐 为地面分辨率，分辨率可以根据项目要求调整，航高也随之调整。在航摄项目实施的过程中，一般用改变地面分辨率的大小来完成航线参数的设置。根据项目要求设置好地面分辨率，地面分辨率软件会计算出相应的航高。房地一体项目要求界址点的点位中误差为5cm，所以地面分辨率一般设置为1.5cm。

📷 为航向重叠度，📷 为旁向重叠度，航向、旁向重叠度根据不同机型、不同载荷都有默认值。房地一体项目设置航向重叠度为80%，旁向重叠度为70%。

📊 为相对航高，航高可以根据要求调整，分辨率也会随之调整。

📐 为测区平均海拔，是根据测区自动计算的，可以调整，但是调整范围控制在最大海拔和最小海拔之间。该数值为软件自动计算数值，一般不做调整。

为航线角度，可以 0°~360° 调整，可以根据自己的意愿设置航线的方向。

为测区内建筑物最大高度，输入后软件会自动计算建筑物顶部的 GSD 和重叠度，不足时会有提示。一般不会输入建筑物的高度，如果测区内有范围过大的高大建筑则要考虑输入建筑物的高度。

☐ 变高航线 为变高航线复选框，如果测区高差过大，软件会根据规范要求进行变高飞行（后面详细介绍）。

☑ 标准外扩 航向216.00米，旁向4条航线 为摄影测量的外扩，标准外扩航向一般外扩一个航高，旁向外扩 4 条航线。

自定义外扩可以根据要求对外扩的范围进行重新设置，但要满足规范的要求，如图 3-1-18 所示。

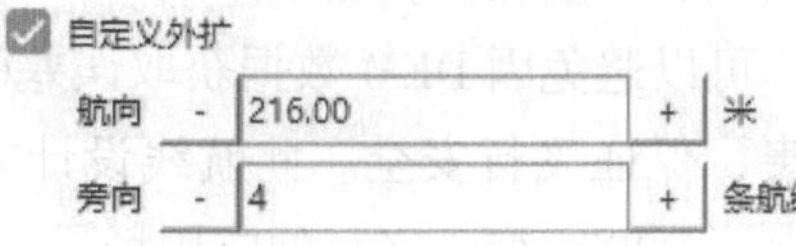

设置完上述各个参数后，无人机软件管家航线设置界面下面会显示最高点的分辨率、航向及旁向重叠度，最低点的分辨率，最高建筑物顶端信息（包括分辨率、航向及旁向重叠度），以及航线的一系列信息，包括航线间距、拍照间距、默认速度、作业面积、预计航时、预计航程、预计曝光点数等，如图 3-1-19 所示。

航线设置完后一定要检查生成航线的测区最高点的重叠度和最低点的分辨率、建筑物顶的重叠度（尤其是倾斜），如果不满足要求应改变参数重新设置航线。

可以根据拍照间距和总航程估算照片量，根据航时估算飞行架次数。

图 3-1-18 自定义外扩

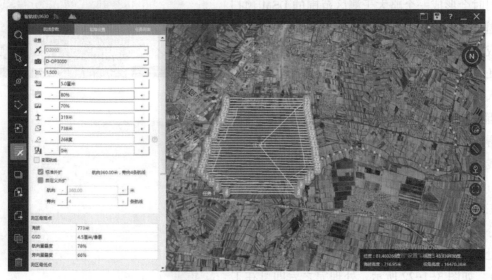

图 3-1-19 航线检查及调整

无论如何设置航线敷设，都应遵循以下原则。

①航线一般按东西向平行于图廓线直线飞行，特定条件下亦可作南北向飞行或沿线路、河流、海岸、境界等方向飞行。

②曝光点应尽量采用数字高程模型依地形起伏逐点设计。

③进行水域、海区摄影时，应尽可能避免像主点落水，要确保所有岛屿达到完整覆盖，并能构成立体像对。

5）可以根据需要自行设置起降点，如图 3-1-20 所示。

6）三维浏览航线轨迹，无异常后单击右上角保存，至此航线设计完成。

图 3-1-20 起降点设置

7）变高航线设计。在地面高差变化较大的山区、丘陵测区，建议采用 DSM 辅助航线设计，可以避免因 DEM 数据获取误差引起的安全隐患，保证飞行安全。此航线设计方法适用于 D200、D2000 变高飞行的应用场景。

建议：高差大于 200m 测区飞行都要进行预扫。

注意：无 DSM 辅助航线设计，D 系列飞机最低变高飞行高度为 150m。

步骤：

①获取略大于测区面积的正射影像。用户输入 / 导入测区范围之后，管家在生成默认航线的同时会形成一个略大于测区范围的 DSM 预扫范围（红色线），单击"导出 DSM 预扫范围"，形成一个名为"工程名－区块名 DSM Bandary. KML"的预扫范围文件，然后在管家智航线中导入该预扫范围文件（.KML 文件），以此预扫范围作为测区，按照 10cm 左右的 GSD（最高不得高于 20cm）、重叠度 80%×60% 规划正射航线，如图 3-1-21 所示。

图 3-1-21 变高航线设计

②智拼图生成快速 DSM。在智拼图中，新建工程，导入影像和 POS 数据（机载 POS 或者差分 POS 均可以），设置工作路径，然后在"其他处理"中单击"快速 DSM"（需要使用加密狗），如图 3-1-22 所示。处理完之后即可在工作路径中找到名为"2=dsm-s_ 海拔 .tif"（使用 Wibu 加密狗、金属狗）或"2=dsm-f_ 海拔 .tif"

图 3-1-22 导入影像和 POS 数据

（使用蓝色加密狗、飞机钥匙）的快速 DSM 文件，分辨率为 1m，如图 3-1-23 所示。

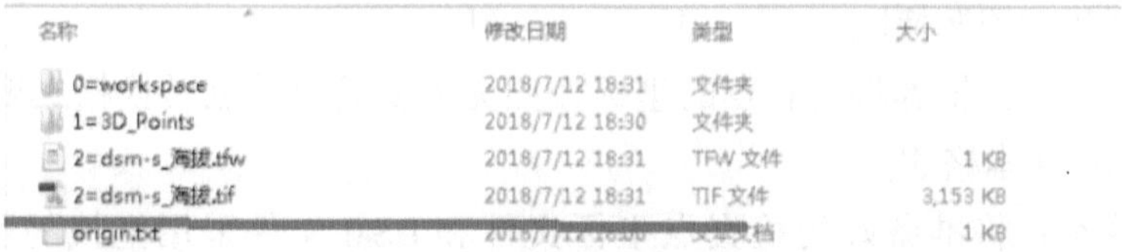

图 3-1-23 快速 DSM 数据

③快速 DSM 精度检核。为了保证 DSM 精度以满足变高飞行安全需求，需要在测区内典型的地形上选择一些地物点作为检查点进行 DSM 高程精度检核，如图 3-1-24 所示。

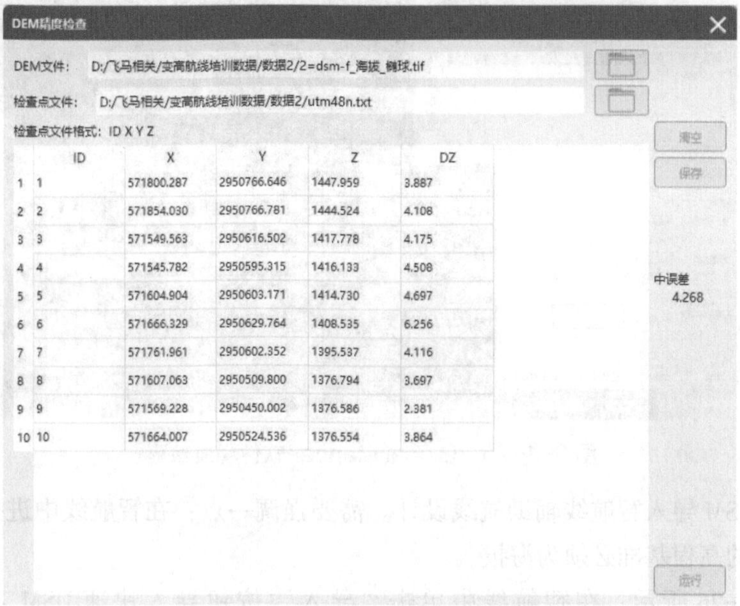

	ID	X	Y	Z	DZ
1	1	571800.287	2950766.646	1447.959	3.887
2	2	571854.030	2950766.781	1444.524	4.108
3	3	571549.563	2950616.502	1417.778	4.175
4	4	571545.782	2950595.315	1416.133	4.508
5	5	571604.904	2950603.171	1414.730	4.697
6	6	571666.329	2950629.764	1408.535	6.256
7	7	571761.961	2950602.352	1395.537	4.116
8	8	571607.063	2950509.800	1376.794	3.697
9	9	571569.228	2950450.002	1376.586	2.381
10	10	571664.007	2950524.536	1376.554	3.864

图 3-1-24 快速 DSM 精度检核

方法一：基于无人机管家智理图的 DEM 精度检核方法。

a）DSM 高程系统转换。由于地面基站采集的检查点的高程系统是椭球高，而在智拼图中生成的快速 DSM 的高程基准为海拔高，所以在进行精度检核之前需要先将 DSM 高程系统转换成椭球高。

b）检查点准备。检查点的格式要求为 ID X Y Z，所以需要将采集的检查点坐标（WGS84 经纬度，数据格式：ID B L H）转换为 UTM 平面坐标（E N U 即东北高）。“WGS 1984”坐标系的墨卡托投影分度带（UTM ZONE）带数（N）可根据下式计算：

$$N=\text{int}（L\,\text{整数位}/6）+31$$

中央子午线可以按照下式计算：

$$n=\text{int}（L/6）+1，L=6n-3$$

c）精度检查。设置 DEM 路径、检查点文件路径（注意检查点文件格式）然后单击“运行”，检查 DZ 列，检查点的精度优于 10m 时认为此 DSM 满足精度要求。

方法二：基于 Global Mapper 软件进行精度检核。

a）DSM 高程系统转换。

b）检查点准备：推荐将检查点的坐标按照无人机管家数据转换格式要求（ID B L H）整理形成 .txt 文本格式。

c）精度检查：将准备好的检查点坐标文件和 DSM 文件采用拖拽的形式分别拖进 Global Mapper 软件中，其中 DSM 直接在软件中显示，检查点会弹框，如图 3-1-25 所示。

图 3-1-25　Global Mapper 软件精度检查

④快速 DSM 导入智航线辅助航线设计。需要强调一点：在智航线中进行航线设计时导入的 DSM 的高程基准必须为海拔。

如图 3-1-26 所示，在智航线中单击"导入"按钮导入快速 DSM，文件类型为"Elevation File（*.tif）"，然后进入智航线辅助航线设计，如图 3-1-27 所示。

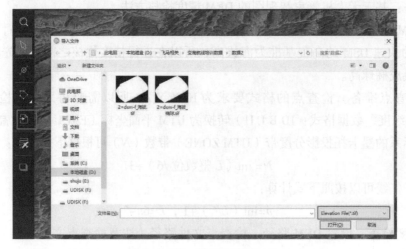

图 3-1-26　快速 DSM 导入

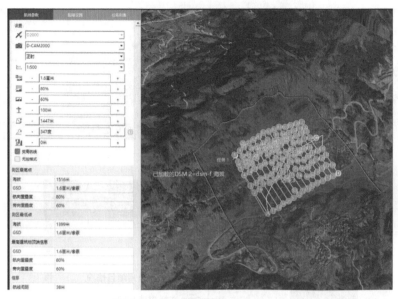

图 3-1-27　智航线辅助航线设计

? 引导问题 3

空域申请是无人机倾斜摄影测量必不可少的一项工作，那么我国的空域是如何划分的，如何用无人机管家在线申请空域？

技能点 2　飞马无人机管家在线禁飞区申请

1. 申请方式

在无人机管家智航线进行在线申请。

2. 材料准备（PDF 扫描件）

1）加盖甲方单位公章的安全承诺书（必须有），应体现申请单位项目信息、承诺安全责任。

2）空域申请文件或政府批文（如有），例如当地空管、空军委申报或公安等政府部门知晓或批准的函或文件。

3. 申请流程

1）打开无人机管家并规划申请的禁飞区域，如图 3-1-28 所示。

2）单击规划的禁飞区域，弹出申请窗口，如图 3-1-29 所示。

3）按实际项目情况填写完整，并上传安全承诺书及批文，如图 3-1-30 所示。

图 3-1-28　规划禁飞测区

图 3-1-29　申请窗口

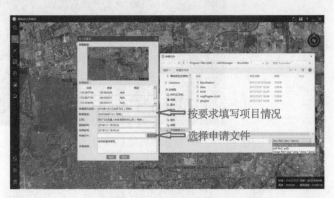

图 3-1-30　项目情况填写

4. 解禁注意事项

1）使用申请的飞马云账号进行飞行，分享给其他账号无效。

2）需要有网络进行数据传输，解禁前需要上传和下载数据。

3）飞行前一定要仔细检查飞机状态，确保飞机安全飞行。

特别注意：针对民用机场解禁，必须提供安全承诺书及空域批件，仅提供安全承诺书无法解禁。

5. 安全承诺书模板

安全承诺书

我司（院）由于××××××项目，需采用无人机进行航拍测绘完成任务。现在××区域内有机场一个，我司（院）已与当地机场进行沟通，机场答应在×××期间允许我方无人机飞行，并进行备案。

我方承诺：这架无人机在禁飞区飞行时，所造成的一切问题及后果，由我方承担责任。

现需解禁的区域为××机场，飞行高度：××m。

时间为　　　　年　　月　　日至　　　　年　　月　　日。

单位名称（加盖公章）

年　　月　　日

引导问题 4

我们知道五镜头可以实现倾斜摄影测量，但五镜头价格昂贵，那么单镜头能否实现倾斜摄影测量，如果可以，如何用单镜头实现倾斜摄影测量？

知识点 2　单相机倾斜应用原理

飞马智能航测遥感系统 D2000 配备的 α6000 相机除满足航测正射数据需求外，还具备倾斜数据的获取能力。无人机管家提供自动化的最优航线设计算法，可获取建筑物各个角度纹理数据，满足成果精度与效果的同时，保障作业效率。

1. 航线设计

根据不同区域形状设计最佳航线，具体如下：

（1）单相机区块倾斜

单相机区块倾斜作业模式如图 3-1-31 所示，飞机通过飞行两遍互相垂直的耕地航线，实现测区内目标四方向纹理获取。

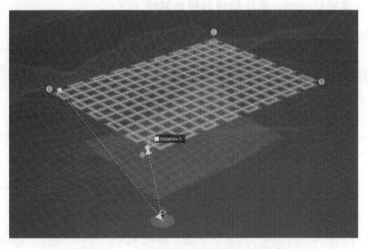

图 3-1-31　单相机区块倾斜作业模式

图示说明：从 A 点出发飞耕地航线至 C 点，获取了建筑两侧的纹理；之后航线整体旋转 90°，飞耕地航线至 D 点，获取建筑另外两侧的纹理，组合后实现测区被测目标四面纹理完整获取，适用于长宽比接近的测区。

该模式作业时，其脚印示意图如图 3-1-32 所示，图像短边沿飞行方向、长边垂直于飞行方向。

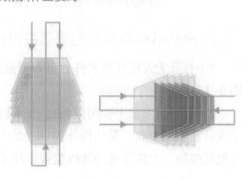

图 3-1-32　单相机作业脚印示意图

（2）单相机条带倾斜

当使用单相机进行条带测区或者长宽比较大区域的倾斜摄影作业时，使用条带倾斜模式（也叫全向飞行模式）。单相机条带倾斜作业模式如图 3-1-33 所示，飞机通过飞行三遍互相平行的耕地航线，实现测区内目标四方向纹理获取。

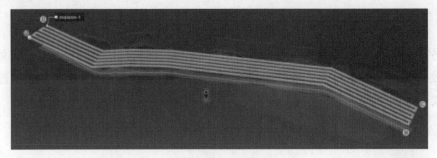

图 3-1-33　单相机条带倾斜作业模式

1）第 1 遍航线说明。测区从 A 点飞耕地航线至 D 点，获取了建筑东西两侧的纹理，如图 3-1-34 所示。

2）第 2 遍航线说明。飞机航向旋转至 +90°，云台俯仰一定角度，飞平行于第一架次航线的耕地航线（飞机需要横着飞），获取了建筑南侧纹理，如图 3-1-35 所示。

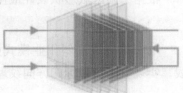

图 3-1-34　东西向航线（获取东西两侧纹理）

3）第 3 遍航线说明。飞机航向旋转至 -90°，飞平行于第一架次航线的耕地航线（飞机需要横着飞），获取了北侧纹理，如图 3-1-36 所示。

图 3-1-35　东西向航线，飞机航向转动 +90° 飞行（获取南侧纹理）　　图 3-1-36　东西向航线，飞机航向转动 -90° 飞行（获取北侧纹理）

2. 单相机倾斜摄影测量航线设计实例

1）打开无人机管家软件，进入智航线，双击上次创建的工程，进入智航线界面，如图 3-1-37 所示。

2）打开后发现上次用倾斜相机创建的航线无法改变相机类型，利用删除航线功能将上次所建航线删除。具体操作为首先单击航飞区域，出现图 3-1-38 所示的界面。单击删除航线按钮，上次设置的航线就被删除了，如图 3-1-39 所示。

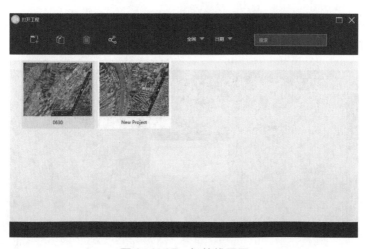

图 3-1-37 智航线界面

图 3-1-38 删除航线

图 3-1-39 已删除航线

3）再次单击航飞区域，然后单击产生航线按钮，选择飞机类型为 D2000，相机类型为单镜头的 D-CAM3000，选择好后单击确定，正常进入航线设置界面，如图 3-1-40 所示。

4）不难看出利用这款相机默认的任务类型为正射，如图 3-1-41 所示。将任务类型选择为倾斜（也可以选择环绕飞行，在精细建模的过程中会用到这种飞行模式，这里不做介绍），飞行模式自动勾选了交叉飞行，如图 3-1-42 所示。

图 3-1-40　航线设置

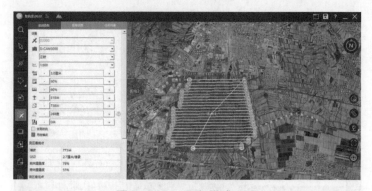

图 3-1-41　飞行模式设置

图 3-1-42　飞行参数设置

5）地面分辨率设置，分辨率可以根据项目要求调整，航高也随之调整。在航摄项目实施的过程中一般用改变地面分辨率的大小来完成航线参数的设置。根据项目要求设置好地面分辨率，软件会计算出相应的航高。房地一体项目要求界址点的点位中误差为5cm，所以地面分辨率一般设置为 1.5cm。航向重叠与旁向重叠软件默认为 80%。单相机的倾斜摄影航线设计中，软件没有给出外扩信息的设置，所以按照软件默认设置。

6）生成航线后注意测区最高点的重叠度和最低点的分辨率，建筑物顶的重叠度达到要求后，三维浏览航线轨迹无异常后，单击右上角保存。

从图 3-1-43 可以看出，单相机倾斜摄影测量的飞行任务量大大高于倾斜相机的任务量，所以一般进行倾斜摄影测量时都是用无人机搭载倾斜相机进行。

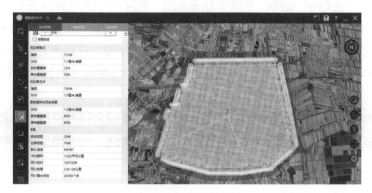

图 3-1-43　单相机倾斜摄影飞行任务量

拓展课堂

我国空域的划分

1）飞行情报区（Flight Information Region）：是指为提供飞行情报服务和告警服务而划定范围的空间。我国现有飞行情报区 8 个，包括沈阳、北京、上海、广州、昆明、武汉、兰州、乌鲁木齐，为在中国境内和经国际民航组织批准由我国管理的境外空域内飞行的航空器提供飞行情报服务。

2）管制空域（Controlled Air Space）：是一个划定的空域空间，在其中飞行的航空器要接受空中交通管制服务。民航总局 122 号令《民用航空使用空域办法》规定：我国民用航空的管制空域分为塔台管制区、进近管制区和区域管制区。

①塔台管制区（D 类）一般包括起落航线、仪表进近程序、第一等待高度层及其以下的空间和机场机动区。管制塔台负责塔台管制区的空中交通管制服务。

②进近管制区（C 类）是塔台管制区与中低空管制区的连接部分，垂直范围通常在 6000m（含）以下最低高度层以上。进近管制室负责进近管制区的空中交通管制服务，根据飞行繁忙程度也可以与机场管制塔台合为一个单位。

③区域管制区是指在中国领空内，6600m（含）以上空间划分的若干高空管制区（A 类），以及根据实际情况，6600m（不含）以下划分的若干中低空管制区（B 类），各管制区的范围依据其管制能力和地理特点划定。分别负责高空或中、低空管制区的空中交通管制服务的高空区域管制室、中低空区域管制室，也可以合二为一。

3）空中禁区：是指在国家重要的政治、经济、军事目标上空划设的，未按照国家有关规则经特别批准，任何航空器不得飞入的空间，分为永久性和临时性禁区两种，是在各种类型的空域中，限制、约束等级最高的。空中禁区用 P 在航图上加以标注。

4）空中限制区：是指位于航路、航线附近的军事要地、兵器试验场上空划设的空间和航空兵部队、飞行院校等航空单位的机场飞行空域。在规定时限内，未经飞行管制部门许可的航空器，不得飞入空中限制区。空中限制区在航图中用 R 字母加以标注。

5）空中危险区：是指在机场、航路、航线附近划设的供对空射击或者发射使用的空间。在规定时限内，禁止无关航空器飞入空中危险区。空中危险区在我国航图上以 D 表示。

学习任务 2　现场飞行流程

知识目标

- 掌握飞行前准备、起飞前检查的相关知识。
- 掌握现场飞行的操作流程。
- 掌握飞行应急相关知识。

技能目标

- 能独立完成无人机组装。
- 能独立进行现场飞行。

素养目标

- 培养学生团结协作的意识。
- 培养学生临危不惧、果敢行动的能力。
- 培养学生的探究精神及独立分析并解决问题的能力。

？ 引导问题 1

航线设计好后，下面的任务就是外业飞行，在外业飞行中需要进行哪些准备工作？

知识点 1　飞行前准备工作

像控点布设好之后，就进入了正式作业阶段。如果是放置很久的设备，应当在正式使用前对设备进行全面保养和安全故障排查，确保设备能够正常作业。确认设备无安全隐患，各项功能正常后，还需要做以下起飞前准备事项。

1. 智能电池充电

1）D2000 飞行前一天必须将电池充满，待适配器红灯变绿，且由闪烁至熄灭状态，拔掉充电线后短按电池开关，四灯长亮，则电池已充满。

2）满电电池若 48h 未使用，需重新补电（智能电池具有自保养功能，48h 未使用电池，电池将自动放电）。

3）每次飞行完毕应及时补电，严禁低电量电池长期存放，若长时间不使用，应满电存放，并每隔 1 个月进行一次充放电维护。低电量储存会造成电池过放电，严重时甚至会造成电池报废。

2. 电池保养

智能电池具有记录功能，每个电池的循环使用次数、电量、电压、电芯电压差等都有记录（可在维护界面查询）；也带有自放电功能，所以每一个月要充电一次，以保证电池电量。基于飞马云的主动式服务，云端会主动推送电池保养提醒短信。

3. 固件升级

飞马机器人产品采用网络升级方式，新固件推出后联网会自动更新。再次连接会提示升级，如不进行升级将不能继续执飞。所以在执行飞行的前一天要打开无人机管家软件连接飞机进行固件升级，固件升级需要的流量较多。

升级步骤如下：

1）组装飞机并上电（必须整机都组装）。

2）插入钥匙，将数据线电台端与飞机连接，USB 端与计算机连接。

3）连接完成后单击"升级"，此时弹出对话框，单击"拷贝"，等待复制完成，按照提示检查 FC 盘固件，拔掉飞机端数据线，连接电台，重启飞机将自动升级。

4）升级成功后电台自动连接，检查飞机各个模块版本号，确保升级成功。

更具体的操作如下：

①连接飞机，进入维护，查看管家固件是否需要升级，如需要升级，则"升级"字符为红色。连接飞机，等待计算机读取到 FC 盘符，如图 3-2-1 所示。

②单击"升级"，出现弹框后单击"确定"，再单击"拷贝"，如图 3-2-2 所示。

③复制完成后，检查 Firmware 文件夹固件，然后拔掉机身 type-c 线，将 type-c 连接电台，然后重启飞机，等待升级（期间不允许关机），如图 3-2-3 所示。

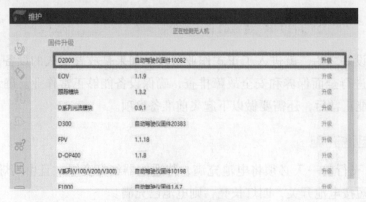

图 3-2-1 维护界面

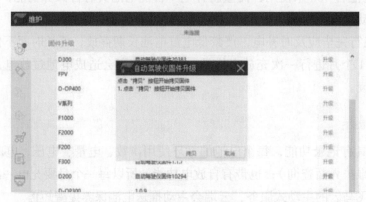

图 3-2-2 固件升级

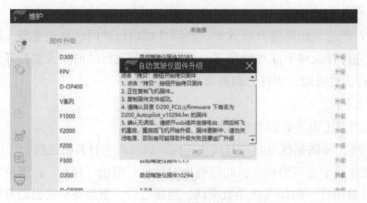

图 3-2-3 等待升级

④升级成功后，用电台连接飞机，进入"维护""飞机状态"中检查飞机各个模块版本号，确保正常升级成功，如图 3-2-4 所示。

4. 相机（存储卡）准备

检查相机，将相机安装在飞机上进行手动测试，测试相机拍照功能等各项功能是否正常。连接无人机管家软件检查相机固件是否为最新固件，相机状态是否正常，检查相

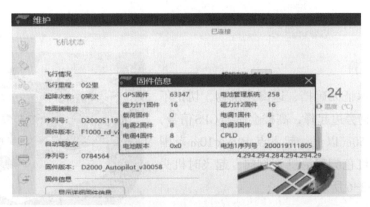

图 3-2-4　升级成功

机复制数据功能是否正常，检查完毕后清空相机内的数据。建议清理相机数据时使用无人机管家软件清理数据，相机在使用一段时间后，应格式化五个视角的盘符，以保证相机可以正常存储数据。

5. 维护——飞机状态

飞机状态里面包括飞机信息和电池信息，如图 3-2-5 所示。

飞机信息包括飞机里程、起降次数、固件版本号等。可单击"显示详细固件信息"查看各部件的固件号。

电池信息包括剩余电量、电压、温度。可单击"电池全部信息"查看电池更多信息。

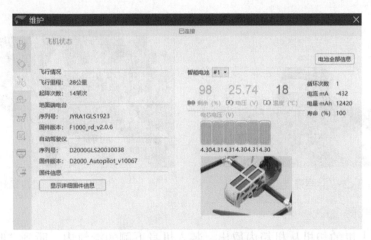

图 3-2-5　飞机状态信息

? 引导问题 2

在进行外业飞行前必须组装好飞机，那么如何组装飞马 D2000 无人机?

技能点 1　飞机组装

1. 场地选择

起降点应保证无遮挡、远离建筑物，切记不要在高层建筑物旁边起降，高楼会遮挡GPS信号，安全距离保持50m以上，起飞点10m×10m范围内空旷为宜。红色脚架为机头方向，起飞时机头朝前，如图3-2-6所示。

2. 组装

图 3-2-6　飞马 D2000

飞机的组装顺序一般为展开飞机、组装桨叶、挂载载荷、安装电池，飞机需要安装的部件都是用卡扣卡的，所以在安装部件时一定要确保安装到位、卡扣锁紧。

（1）展开飞机

展开飞机四个支架的过程中听到"咔"声后，说明卡扣卡死，检查卡扣是否卡死，如图3-2-7所示。

（2）组装桨叶

组装桨叶，桨叶正桨和反桨的卡扣处的颜色是不同的，分为红黑两种，和脚架卡扣处的颜色一致，安装时红色对红色、黑色对黑色将桨叶插入卡扣内，卡死即可，如图3-2-8所示。

图 3-2-7　展开支架

图 3-2-8　组装桨叶

（3）挂载载荷

将飞马无人机的相机从机箱内取出，装入机身下侧的滑轨内，听到"咔"声后相机装入了滑轨的卡槽内，检查卡扣是否卡死，如图3-2-9所示。

（4）安装电池

将电池从机箱内取出，将电池装入机身电池滑轨内，用力向上推，听到"咔"声后，电池安装完毕，检查卡扣是否卡死，如图3-2-10所示。

全部安装完成后重新检查一遍部件是否安装牢固，卡扣是否已经将部件卡死。

图 3-2-9　挂载载荷

图 3-2-10　安装电池

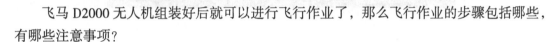

引导问题 3

飞马 D2000 无人机组装好后就可以进行飞行作业了，那么飞行作业的步骤包括哪些，有哪些注意事项？

技能点 2　飞行作业

1. 飞行前检查

飞机状态可在维护界面查询，包括飞机飞行里程、飞行架次数、飞机飞行钥匙信息等；每次任务完成后应保证飞机清洁，可用干毛巾擦拭。电台失联保护时间是指电台与飞机链路中断超过该时间，飞机自动返航，可根据测区情况灵活调整。每次升级后都会默认设置 30s，需手动调整，如图 3-2-11 所示。

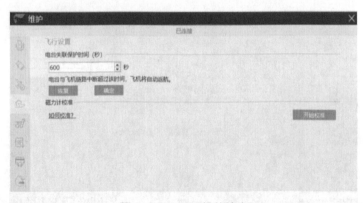

图 3-2-11　飞行前检查

2. 智飞行——打开工程

打开智飞行，选择工程项目 - 区块，双击进入，在谷歌地球双击选择对应架次，如图 3-2-12~ 图 3-2-14 所示。

注意：待飞机、相机、数传全部自检完成，"开始飞行"图标变绿，方可开始飞行。

图 3-2-12　搜索工程

图 3-2-13　打开工程

图 3-2-14　准备飞行

3. 连接飞马差分服务

进入智飞行后首先选择测区连接飞机，连接成功后单击右上角"飞行设置"，首次连接需输入账号和密码，单击"连接"。

由于飞马网络 RTK 差分服务提供千寻 WGS84 坐标系和 CGCS2000 坐标系两种坐标

采集模式，因此在开展作业前需确认最终控制点采集的方式，飞行时应和控制点保持一致。如控制点采用的为千寻 WGS84 坐标，则飞行时 RTK 网络设置为 8002 端口（WGS84 坐标系），如果控制点采用的为千寻 CGCS2000 坐标，则飞行时 RTK 网络设置为 8003 端口（CGCS2000 坐标系）。

该种模式主要针对控制点的高程系统为大地高（椭球高），不需要进行其他转换。若最终控制点高程系统为水准高，则需要内业差分处理时进行差分 POS 高程系统基准的转换。

如最终成果为西安 80、北京 54 坐标系或其他地方坐标系：

1）可以采用千寻采集三个以上控制点的 WGS84 坐标或 CGCS2000 坐标。

2）架设物理基站（无网络情况下也可）。

注意：

①飞行时保证计算机全程联网状态。

②RTK 飞行期间此账号禁止他人占用，如有占用会被顶掉。

③新飞机需联系飞马售后开通权限，绑定手机号，关注"飞马助手"小程序，即可看到差分账号，如图 3-2-15、图 3-2-16 所示。

图 3-2-15　飞马助手小程序　　　　　　　图 3-2-16　账号设置

4. 飞行设置——飞机设置

避障功能开关：每次飞机开机默认打开（可以在起飞之前、飞行过程中关闭）。

注意：在获取大比例尺的影像数据，飞行高度较低时，如果测区内有影响避障功能的物体，在确保飞行安全的情况下也可以手动关闭雷达避障功能。一般情况下不要关闭避障功能，如图 3-2-17 所示。

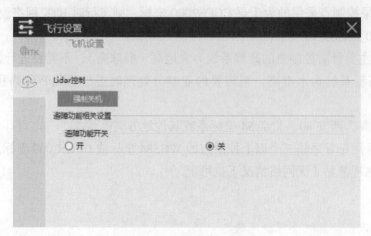

图 3-2-17　飞机设置

5. 智飞行——安全检查

飞行前检查采用引导式操作，按照引导一步一步检查，全部检查完后单击"完成"，如图 3-2-18 所示。

图 3-2-18　安全检查

6. 智飞行——准备起飞

1）起降设置，如图 3-2-19 所示。

①等待 RTK 定位成功。

②需此处连接千寻或架设基站。

③首架次记录断点后可断点续飞。

2）载荷检查。可设置相机参数，如图 3-2-20 所示。

图 3-2-19 准备起飞

图 3-2-20 载荷检查

3）飞机自检，如图 3-2-21 所示。保持飞机静止。

图 3-2-21 飞机自检

4）任务上传，如图 3-3-22 所示。可自定义飞行速度。

5）飞行情况汇总，如图 3-2-23 所示。检查电池电量。

图 3-2-22　任务上传

图 3-2-23　飞行情况汇总

6）检查完毕，确认起飞，如图 3-2-24 所示。

图 3-2-24　检查完毕确认起飞

7. 录制视频

飞马无人机要求每架次起飞降落必须录制视频，视频录制要求如下：

（1）起飞

1）录制操作人员面部。

2）录制电台上飞机编号（如果没有，可录制飞机上编号）。

3）录制飞机起飞爬升 50m。

（2）降落

飞机降落在可视范围直至降落。

8. 飞行监控

飞行过程中重点监控飞机姿态、位置、高度、飞行速度、GPS 卫星数、RTK 状态、剩余电量等参数。图 3-2-25 所示为飞行监控。

图 3-2-25　飞行监控

? 引导问题 4

在飞行过程中难免会遇到一些突发状况，那么飞行中遇到突发状况我们应如何处置？

知识点 2　飞行应急知识及功能介绍

1. 应急功能介绍

飞马 D2000 无人机具有如下应急功能，如图 3-2-26 所示。

（1）调整飞机位置

单击暂停任务按钮后，会弹出虚拟键盘，帮助操作者快速进行降落位置调整，或使用计算机键盘调整，一定要注意机头朝向，如图 3-2-27 所示。

什么情况需要调整飞机位置：

1）起降场环境发生变化，不满足降落条件（如出现车辆、闲杂人等）。

图 3-2-26 应急功能介绍

图 3-2-27 调整飞机位置

2）飞机降落位置偏移，不满足降落条件。

注意：微调一次是 0.5m，多次单击可以累积叠加，单击"OK"后飞机执行命令，最多 10m。

（2）避障逻辑

D2000 标配前置毫米波避障雷达，可自动检测前方障碍物，保障飞机安全。

触发条件：

全速状态下，飞机与障碍物距离小于 55m，且处于前进状态时会触发避障功能。当飞行高度高于障碍高度 40m 以上时避障功能不影响飞行；当飞行高度比障碍高度往上 30m 还低时启动避障功能；当飞行高度处于障碍高度以上 30~40m 之间时是一个缓冲区。避障功能主要依赖雷达对障碍的检测能力。

返航逻辑：

飞机第一次检测到前方有小于 55m 障碍物时会减速到 0.2m/s，减速完成后继续观察前方是否真正有障碍物。

①若减速后第二次检测 5s 内没有检测障碍物，则继续以之前的航速执行剩余任务。

②若减速后第二次检测到小于 55m 的障碍物，飞机会切换到悬停模式。

此时管家飞行界面右上角提示"前方有障碍物，飞机已悬停"，同时飞行界面中央会弹出提示框窗，提示用户设置返航高度，设置完返航高度后，单击"确定"，飞机会自动进入返航模式，先爬升到用户输入的返航高度，然后返回 home 点降落。

如果飞机检测到障碍物悬停后用户不理会界面中央弹出的设置返航高度对话框，直接单击左上角的返航按钮，此时飞机会按照本架次正常的返航高度返航。飞马无人机目前设计的逻辑是飞行中检测到障碍悬停以后无法继续任务飞行，只能返航。

目前返航高度值输入限制为 0~2000，设置时，只有设置的返航高度不小于飞机当前的高度值，才可以生效，用户设置返航高度的值小于当前飞行高度值，管家会提示"设置的返航高度不生效，请重设"，如图 3-2-28 所示。

图 3-2-28　设置返航高度

（3）避障逻辑——失联

飞机飞行过程中与管家失联，已预设避障返航高度，且避障返航高度大于航线返航高度，那么飞机会直线爬升到避障返航高度。如果没有障碍物，就直接返航；如果检测到障碍物，则继续往上爬 30m，检测爬升次数最大为 6 次（最大爬 180m）。在爬升过程中，如果没有遇到障碍物，那么飞机将按照当前飞行的高度返航，如果爬升了 6 次（也就是 180m）还是有障碍物，那么飞机会悬停等待数传信号，直到超低电量降落，如图 3-2-29 所示。

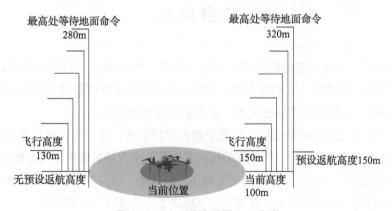

图 3-2-29　避障逻辑——失联

如果中途连上数传信号，则无人机管家会弹出对话框，提示用户设置返航高度，设置完返航高度后，单击"确定"，飞机会自动进入返航模式，先爬升到用户输入的返航高度，然后返回 home 点降落。

2. 飞马无人机应急知识

（1）超低电量保护

飞机在返航过程中如发生直接降落情况，飞手应先查看是否有超低电量提醒。

触发条件：飞机进入超低电量状态会自动强制降落。

退出超低电量模式：如果发送暂停，然后发送返航指令，飞机会退出超低电量模式，保持现状高度返航。

注意：启动超低电量模式只会发生一次，如果用户退出该模式，飞机将继续返航直至电量消耗殆尽。

（2）起飞或降落过程中，场地突然有障碍物或人员

注意：起飞前优先清空飞行场地，防止无关人员靠近飞机，保证飞行安全，如降落过程中突然遇到有人员或车辆进入场地，应立即单击"暂定任务指令"，飞机保持悬停，等无关人员离开后，再发送开始任务指令降落。

（3）降落位置有偏差

产生原因：GPS 定位信号差，定位精度减弱，一般是环境干扰导致，其次如果未连接千寻账号或者架设基站也会出现该问题。

调整飞机位置：发送暂停指令，然后通过虚拟键盘调节位置（分清机头、机尾方向）。

拓展课堂

临危不惧！战机穿越山谷撞鸟，飞行员冷静处置安全着陆

鸟撞飞机，一直是威胁航空安全的重要因素。对于高速飞行的战机来说，一只 1kg 重的飞鸟就能产生 10t 的撞击力。日前，海军航空大学舰载战斗机飞行员在训练过程中与一群飞鸟在山谷里狭路相逢，上演了一幕惊魂时刻……

当时飞行员正驾驶两架战机以超低空姿态穿越山谷，位于长机后舱的是海军航空大学某训练团飞行学员曲坤，而身在前舱的是海军航空大学某训练团飞行教官梁李彬。

梁李彬回忆："飞越山谷时，我在正常飞行、转弯，转弯的过程中我看到转弯方向头顶有一大群鸟，个体比较大，在我们的飞机之上，高度比飞机要高。"

"1 号，210 撞鸟了。"

"1 号，210 撞鸟了。"……

突遇鸟群，两名飞行员立即调整飞机姿态进行躲避，可意外还是发生了，一只落单的飞鸟迎面撞上飞机，前座舱盖 80% 面积受损。

曲坤说："当时离地面高度 100m 左右，撞的一瞬间，飞机抖动得厉害，气流也很大，无线电完全听不到，我当时有点蒙，意识到是低空，马上跟前舱同时带杆上升高度。"

失去了座舱盖的保护，一股 3 倍于 17 级大风的强烈气流，迅速灌进座舱，巨大的风声掩盖了机场塔台传来的指令。危急时刻，他们只能依靠自己。

梁李彬："当时下意识就带杆、收油门、减速、上升高度，当速度减小一点后，飞机抖动有所减轻，这个时候屏显里面的画面能看清楚一点，检查飞机发动机，转速、温度都正常。"

曲坤说："前舱通过摇晃驾驶杆联络，我摇晃驾驶杆给他回应，我们就通过这个动作沟通，这个时候我的僚机齐玉上来以后，他就是我们的无线电和眼睛。"

海军航空大学某训练团飞行学员齐玉："我用手势跟他交流指挥员的意图，我必须准确把塔台的指挥意图，传递给我的长机。"

在塔台的指令和僚机的辅助下，梁李彬凭借多年飞行经验，上百次调整飞机姿态，最终将飞机稳稳降落在机场跑道上。

学习任务 3　数据下载及处理

知识目标

● 掌握数据下载及预处理的操作方法。

技能目标

● 能独立完成数据下载及预处理。

● 能独立正确地处理差分数据。

素养目标

● 培养学生独立思考、分析并解决问题的能力。

● 培养学生严谨认真的工作态度。

外业飞行完毕后，需要把野外采集的数据下载并处理，那么如何下载数据？

技能点 1 数据下载

1）飞机降落后会自动加锁。

2）使用 type-c 线插到飞机上下载机载数据，如图 3-3-1~ 图 3-3-3 所示。

3）飞机断电后，取出相机下载照片数据。

4）如使用基站，下载基站数据。

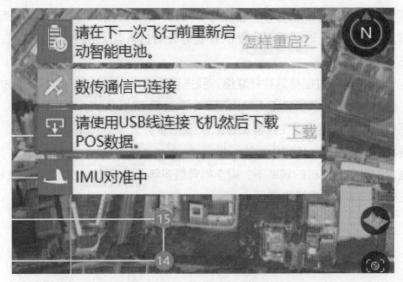

图 3-3-1 USB 线连接飞机

图 3-3-2 下载 POS 数据

查看

shuju (E:) > POS1			∨ ♂	搜索"POS1"
名称 ^	修改日期	类型	大小	
2020-03-03 12-16-45.bin	2020/3/3 13:01	BIN 文件	60,909 KB	
2020-03-03 12-16-45.fmcompb	2020/3/3 13:01	FMCOMPB 文件	77,632 KB	
2020-03-03 12-16-45.fmnav	2020/3/3 13:01	FMNAV 文件	5,910 KB	
2020-03-03 12-16-45.pos	2020/3/3 13:01	POS 文件	61 KB	

图 3-3-3　查看 POS 数据

? 引导问题 2

数据下载完毕要进行哪些预处理?

技能点 2　数据预处理

1. 必要数据

1）原始影像。

2）相机编号 / 相机报告：记录相机 ID 或对应 xml 检校文件。

3）机载差分观测数据：

　　.bin：机载日志。

　　.fmcompb：机载 GPS 差分观测数据。

　　.fmnav：机载 RTK 观测数据。

4）机载 POS：

　　.pos：飞机单点点位 POS 文件。

2. 检查内容

1）原始观测数据检查主要检查飞机上下载的文件是否完整，包括日志文件（.bin）、轨迹文件（.fmnav）、原始 GPS 观测数据（.fmcompb）、机载 POS（.fpos）。

2）影像的检查主要通过查看影像质量是否有损坏、虚焦、不清晰等现象进行判断。

3）最后，结合机载 POS 及影像进行数据一致性检查，确认原始影像空中照片和机载 POS 空中 POS 个数是否一致。

? 引导问题 3

为了获取摄影瞬间的位置姿态，需要 GPS 差分数据及 POS 数据，那么如何处理差分及 POS 数据?

技能点 3　差分解算作业步骤

差分解算作业步骤如图 3-3-4 所示。

1. GPS 格式转换

格式转换是将流动站、基站的数据统一转换为 RINEX 格式，用于 GPS 差分解算。

针对 D2000 系列的 *.fmcompb 格式的流动站，可以采用智理图 GPS 解算模块中的"GPS 格式转换"工具转换为 RINEX 格式，如图 3-3-5 所示。

1）单文件转换，如图 3-3-6 所示。

GPS 文件：选择待转换流动站的原始 GPS 观测文件，选定 fmcompb 格式文件。

RINEX 文件：软件默认转换路径为原始 GPS 观测文件同级目录下，可修改。单击"确定"，即可完成数据转换。

2）多个文件转换，如图 3-3-7 所示。

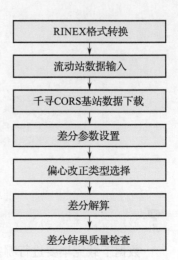

图 3-3-4　差分解算作业步骤

图 3-3-5　格式转换工具入口

图 3-3-6　单文件转换

图 3-3-7　多文件转换

设置完单文件转换，单击"添加"，即可加入任务表中，可添加多个文件转换，软件将依次按照添加顺序进行转换。还可进行任务的删除、清空及原始数据的查看。

2. GPS 差分解算

GPS 差分解算基于流动站和基站数据，并根据差分作业模式进行差分解算，以获取每个相机的高精度 POS 数据。

1）选择"GPS 处理"功能中的"GPS 解算"工具，如图 3-3-8 所示。

图 3-3-8 GPS 解算工具

2）选定"流动站"文件路径，流动站观测文件为飞机 GPS 原始数据转换得到的 *.O 文件（O 文件前缀带有时间序列，如 2020 年数据，为"*.20O"），如图 3-3-9 所示。

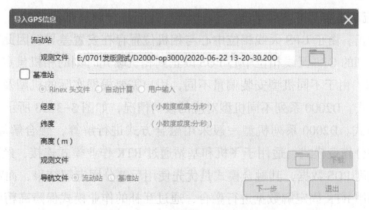

图 3-3-9 选择流动站观测文件

3）当采用差分或融合差分 GPS 解算模式时，需要进行基站的输入，软件支持实体基站和网络基站的输入。

D2000 机型开通了 PPK 网络差分解算服务，可进行飞马网络基站预处理。勾选基准站，并设置选择"Rinex 头文件"，单击下载，根据飞行端口进行选择（8002 对应 WGS84，8003 对应 CGCS2000），下载对应的基准站文件，下载目录会自动生成 4 个文件夹，其中 upload 为机载上传数据，download 为网络基站数据包，log 为基站下载日志，base 为基站解压后数据，且 base 文件夹的 *.O 文件中已经记录天线相位中心坐标。选择"Rinex 头文件"会自动读取天线相位中心坐标，如图 3-3-10~ 图 3-3-12 所示。

图 3-3-10　网络 PPK 预处理

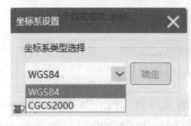

图 3-3-11　不同坐标系统

图 3-3-12　数据文件目录

4）导入流动站和基准站后单击"下一步"，进行差分解算相关设置。

①偏心改正。由于 GPS 天线相位中心与相机位置存在安置差异，因此需要经过偏心改正，将获取到的 GPS 天线相位中心 POS 改正到相机曝光时刻的相机焦点位置对应的高精度 POS 数据。由于不同机型安装偏量不同，用户需要根据实际的机型及载荷选择对应的偏心改正方式。D2000 系列不同机型对应的载荷情况，如图 3-3-13 所示。

②解算方式。D2000 系列机型一般采用融合方式进行解算，融合解算指的是 RTK/PPK 的融合差分作业模式，适用于飞机和基站通过 RTK 作业模式连接，经融合差分解算即可获取高精度 POS 数据，其融合模式是优先使用后差分固定解结果，而对于 PPK 非固定解部分则采用 RTK 固定解数据进行融合，通过互补的作业模式保障高精度 POS 数据的质量。融合差分解算时需要输入 RTK 轨迹文件。

③GPS 天线。差分解算需要的基准站坐标为 GPS 相位中心坐标。当前面输入的基站坐标为地面点坐标，而非 GPS 相位中心坐标时，则需要输入 GPS 天线高度，软件将自动计算 GPS 相位中心。D2000 系列机型通常使用网络基站，RINEX 格式记录的基站坐标已经为天线相位中心坐标，故此处选择"GPS 天线 / 垂高"，并且设置垂高为 0m。

5）RTK 输入及成果输出设置。采用融合差分作业模式时，需要进行 RTK 轨迹文件输入。D2000 系列的轨迹文件为 fmnav 格式，如图 3-3-14 所示。

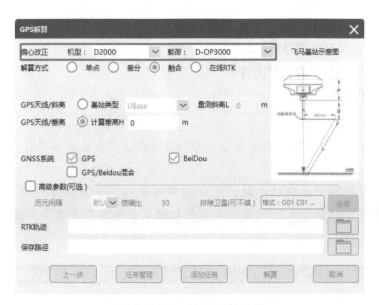

图 3-3-13　GPS 解算设置

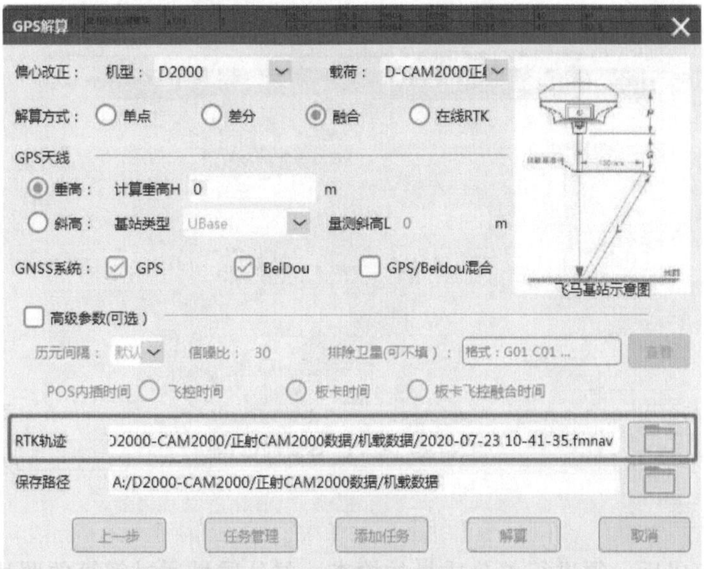

图 3-3-14　设置输出路径

最后指定 GPS 差分解算的输出成果路径。

飞马无人机管家 2.8.5.4 以上版本增加了批量解算功能，用户在添加完第一组流动站数据、基站数据，并完成相应设置后，单击"添加任务"将当前任务添加至"任务管理"，单击"上一步"，返回上一级继续添加第二组数据，将所有需解算的任务添加至"任务管理"后，单击"解算"，进行批量解算，如图 3-3-15 所示。

解算成果包括：

_cam_pos：相机 POS 文件。

_pos.txt：融合差分相位中心 POS 文件。

_rtk_pos.txt：仅 RTK 的 POS 文件。

_config：差分解算参数设置文件。

_all：差分轨迹文件。

注：

①任务管理菜单支持删除或者清空已添加的任务，并查看重要参数信息，但是暂不支持修改解算设置。

②当任务管理器中存在任务时，差分解算只读取任务管理器中的任务进行解算，不读取当前界面中的数据。因此若只有单组数据需要解算则无需添加任务，直接解算即可。

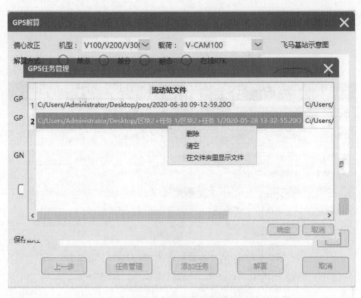

图 3-3-15　任务管理菜单

3. 质量检查

差分解算完成后，须进行差分质量的检查，差分质量通过解算的照片固定解的百分比来表现。

解算结果包括每个相机的高精度 POS 文件及处理后中间文件，如图 3-3-16 所示。

tmp	2020.7.2 19:56	文件夹	
2020-06-22 13-20-30_cam1_pos.txt	2020.7.2 19:56	Text Document	157 KB
2020-06-22 13-20-30_cam2_pos.txt	2020.7.2 19:56	Text Document	156 KB
2020-06-22 13-20-30_cam3_pos.txt	2020.7.2 19:56	Text Document	156 KB
2020-06-22 13-20-30_cam4_pos.txt	2020.7.2 19:56	Text Document	155 KB
2020-06-22 13-20-30_cam5_pos.txt	2020.7.2 19:56	Text Document	154 KB

图 3-3-16　解算结果示例

1）多相机中心 POS 文件，如图 3-3-17 所示。

带有 CAM 的 POS 文件（_cam（1-5）_POS.txt）为 GPS 解算通过偏心改正计算到每个相机曝光时刻的高精度 POS 数据，也是后续坐标转换、空三数据处理等所需使用的 POS 文件。

打开 _cam（1-5）_POS.txt 文件，通过文件第一行的 Q1 值来判定此次解算结果是否可用，Q1 值是差分 POS 质量好坏的体现，具体来说是每个曝光点在打点时候是否固定，若固定，则会在差分 POS 文件中第八列，以数字“1”进行表示。Q1 值 = 曝光点固定的个数 / 总曝光点数 ×100%，通常情况下，差分质量在 95% 以上，属于合格。

2020-06-22 13-20-30_cam1_pos.txt

```
#Q1 : 100.00%
#ID LONGITUDE LATITUDE  HEIGHT  Omega Phi Kappa Quality GPS TIME
1 121.2908387522  36.9987211055 64.2456 -9.204025 -59.330151  90.751705 1 2020/06/22 05:19:06.89
2 121.2950202441  36.9980725169 151.6826  45.337680 -22.827271  23.526128 1 2020/06/22 05:22:03.58
3 121.2948799863  36.9980518922 151.7252  37.771125 -17.944047  14.876321 1 2020/06/22 05:22:06.35
4 121.2947706161  36.9980315464 151.7672  48.008228 -23.498745  19.121202 1 2020/06/22 05:22:07.53
5 121.2946613102  36.9980106270 151.7398  47.311723 -22.164368  18.124726 1 2020/06/22 05:22:08.77
6 121.2945512967  36.9979902763 151.7436  47.259606 -22.142545  17.987124 1 2020/06/22 05:22:10.00
7 121.2944425489  36.9979697087 151.7307  47.049209 -21.573511  17.714054 1 2020/06/22 05:22:11.22
8 121.2943317308  36.9979489282 151.7261  47.007673 -21.884461  17.900624 1 2020/06/22 05:22:12.46
9 121.2942240953  36.9979287135 151.6986  47.457265 -21.192576  17.551501 1 2020/06/22 05:22:13.66
10   121.2941128717  36.9979079223 151.7056  47.440664 -22.186053  18.419114 1 2020/06/22 05:22:14.90
11   121.2940039732  36.9978869819 151.7598  46.772230 -22.804787  18.922010 1 2020/06/22 05:22:16.12
12   121.2938963508  36.9978667834 151.7446  46.910878 -22.793658  19.204808 1 2020/06/22 05:22:17.34
13   121.2937853702  36.9978460811 151.7772  46.567886 -23.275248  19.943479 1 2020/06/22 05:22:18.61
14   121.2936763328  36.9978260276 151.7666  47.094991 -23.375754  20.349175 1 2020/06/22 05:22:19.84
15   121.2935643930  36.9978067381 151.7444  47.156865 -23.079116  19.231446 1 2020/06/22 05:22:21.09
16   121.2934568044  36.9977887143 151.7378  46.505868 -21.303079  17.337719 1 2020/06/22 05:22:22.30
17   121.2933444162  36.9977702768 151.7503  47.029337 -20.786558  16.837848 1 2020/06/22 05:22:23.56
18   121.2932375820  36.9977521634 151.7560  47.270675 -20.994420  16.493844 1 2020/06/22 05:22:24.78
19   121.2931268881  36.9977330573 151.7667  47.118131 -20.805497  16.701967 1 2020/06/22 05:22:26.04
20   121.2930177395  36.9977150959 151.7897  46.984570 -20.532619  16.692121 1 2020/06/22 05:22:27.27
21   121.2929057012  36.9976964360 151.8111  47.159489 -20.432064  16.288404 1 2020/06/22 05:22:28.53
22   121.2927957556  36.9976776270 151.7866  47.580543 -20.544332  16.291618 1 2020/06/22 05:22:29.76
```

图 3-3-17　多相机中心 POS 文件

2）tmp 文件夹，如图 3-3-18 所示。

GPS 解算的中间文件，则包含了差分解算设置、GPS 相位中心等系列文件，用于差分解算异常时的问题查找。

tmp 文件夹中包括解算过程中的过程文件：

_all.txt：PPK 后差分的轨迹文件。

_POS.txt：GPS 相位中心的融合或后差分 POS 文件。

_rtk_POS.txt：融合差分作业模式下 GPS 相位中心对应的 RTK POS 文件。

_config.txt：配置文件。

_all.POS 文件：单镜头机载 POS（倾斜数据为 .fPOS）。

2020-07-10 11-14-48_all.txt	2020.7.14 17:21	Text Document	3,173 KB
2020-07-10 11-14-48_config.txt	2020.7.14 17:19	Text Document	1 KB
2020-07-10 11-14-48_pos.txt	2020.7.14 17:21	Text Document	59 KB
2020-07-10 11-14-48_rtk_pos.txt	2020.7.14 17:21	Text Document	59 KB

图 3-3-18　tmp 文件夹内的过程数据

拓展课堂

"差不多"先生

有一个"差不多"先生。他常常说:"凡事只要差不多就好了,何必太精明呢?"

他小的时候,妈妈叫他去买红糖,他买了白糖回来,他妈骂他,他摇头道:"红糖白糖不是差不多吗?"

他在学堂的时候,先生问他:"河北省的西边是哪一省?"他说是陕西。先生说:"错了,是山西,不是陕西。"他说:"陕西同山西不是差不多吗?"

后来他在一个钱铺里做伙计,他会写也会算,只是总不精细,十字常常写成千字,千字常常写成十字。掌柜生气了,常常骂他,他只是笑嘻嘻地赔小心道:"千字比十字只多一小撇,不是差不多吗?"

有一天,他忽然得一急病,赶快叫家人去请东街的汪先生。那家人急急忙忙地跑去,一时寻不着东街汪大夫,却把西街的牛医王大夫请来了。差不多先生病在床上,知道寻错了人,但病急了,身上痛苦,心里焦急,等不得了,心里想道:"好在王大夫同汪大夫也差不多,让他试试看吧。"于是这位牛医王大夫走近床前,用医牛的法子给差不多先生治病。不到一点钟,差不多先生就一命呜呼了。

差不多先生差不多要死的时候,还断断续续地说道:"活人同死人也差……不多……"。

我们干工作一定要认真严谨,万不能像差不多先生这样马马虎虎,否则,不仅会害了自己,还可能害了别人。

欲在社会上立足,打算在事业上干出点名堂,没有严谨的工作态度是不行的。

技能考核工单

考核工作单名称		无人机管家介绍及使用		
编号	3-1	场所 / 载体	实验室（实训场）/ 实装（模拟）	工时 1
项目	内容	考核知识技能点		评价
1. 无人机管家航线设计	1. 下载并安装飞马无人机管家	1. 打开深圳飞马机器人科技有限公司官网 https：//www.feimarobotics.com/zhcn 2. 下载软件及驱动并且进行软件的安装		
	2. 注册登录无人机管家	1. 注册无人机管家软件用户 2. 登录后出现无人机管家软件操作界面		
	3. 新建工程及测区	1. 新建、复制、删除、分享、搜索工程 2. 新建测区、编辑修改测区		
	4. 航线设计	1. 飞机、相机类型选择 2. 飞行参数的设置（航摄比例尺、地面分辨率、航向重叠度、旁向重叠度、相对航高、测区平均海拔、航线角度、测区内建筑物最大高度、变高航线、自定义外扩） 3. 检查生成的航线（测区最高点的重叠度和最低点的分辨率、建筑物顶部的重叠度） 4. 航线敷设原则 （1）航线一般按东西向平行于图廓线直线飞行 （2）曝光点应尽量采用数字高程模型依地形起伏逐点设计 （3）进行水域、海区摄影时，应尽可能避免像主点落水 5. 根据需要自行设置起降点 6. 浏览保存航线		
	5. 变高航线设计	1. 获取略大于测区面积的正射影像 2. 智拼图生成快速 DSM 3. 快速 DSM 精度检核 （1）基于无人机管家智理图的 DEM 精度检核方法 （2）基于 Global Mapper 软件进行精度检核		
2. 无人机管家在线禁飞区申请	在线申请禁飞区	1. 材料准备 （1）承诺书 （2）空域申请文件 2. 申请流程 （1）打开无人机管家并规划申请的禁飞区域 （2）单击规划的禁飞区域，弹出申请窗口 （3）按实际项目情况填写完整，并上传安全承诺书及批文 3. 解禁注意事项		

考核工作单名称			飞马无人机飞行作业		
编号	3-2	场所/载体	实验室（实训场）/实装（模拟）	工时	1
项目	内容	考核知识技能点		评价	
飞马无人机飞行作业	1. 飞行前检查	1. 在维护界面查询信息，包括飞机飞行里程、飞行架次数、飞机飞行钥匙等 2. 电台失联保护时间是指电台与飞机链路中断超过该时间，飞机自动返航 3. 每次升级后都会默认设置 30s，需手动调整			
	2. 智飞行——选择任务	1. 打开智飞行，选择工程项目 – 区块，双击进入，在谷歌地球双击选择对应架次 2. 待飞机、相机、数传全部自检完成，"开始飞行"图标变绿，方可开始飞行			
	3. 连接飞马差分服务	1. 进入智飞行后首先选择测区连接飞机，连接成功后单击右上角"飞行设置"，首次连接需输入账号和密码，单击"连接" 2. 飞马网络 RTK 差分服务提供千寻 WGS84 坐标系和 CGCS2000 坐标系两种坐标采集模式，在开展作业前需确认最终控制点采集的方式，飞行时应和控制点保持一致			
	4. 飞行设置——飞机设置	避障功能开关：每次飞机开机默认打开（可以在起飞之前、飞行过程中关闭）。注意：在获取大比例尺的影像数据，飞行高度较低时，如果测区内有影响避障功能的物体，在确保飞行安全的情况下也可以手动关闭雷达避障功能			
	5. 智飞行——安全检查、准备起飞	飞行前检查采用引导式操作，按照引导一步一步检查，全部检查完后单击"完成" 1. 起降设置 （1）等待 RTK 定位成功 （2）需此处连接千寻或架设基站 （3）首架次记录断点后可断点续飞 2. 载荷检查 3. 飞机自检 4. 任务上传 5. 飞行情况汇总，检查电池电量 6. 检查完毕，确认起飞 7. 录制视频 （1）起飞。①录制操作人员面部。②录制电台上飞机编号（如果没有，可录制飞机上编号）。③录制飞机起飞爬升 50m （2）降落。飞机降落在可视范围直至降落 8. 飞行监控：飞机姿态、位置、高度、飞行速度、GPS 卫星数、RTK 状态、剩余电量等参数			

考核工作单名称		数据下载及处理		
编号	3-3	场所 / 载体	实验室（实训场）/ 实装（模拟）	工时	1
项目	内容	考核知识技能点		评价
1. 数据下载	下载数据	1. 飞机降落后会自动加锁 2. 使用 type-c 线插到飞机上下载机载数据（POS 数据下载） 3. 飞机断电后，取出相机下载照片数据 4. 如使用基站，下载基站数据		
2. 数据预处理	检查并对数据进行预处理	1. 必要数据 （1）原始影像 （2）相机编号 / 相机报告 （3）机载差分观测数据 （4）机载 POS 2. 检查内容 （1）原始观测数据检查主要检查飞机上下载的文件是否完整 （2）影像的检查主要通过查看影像质量是否有损坏、虚焦、不清晰等现象进行判断 （3）最后，结合机载 POS 及影像进行数据一致性检查，确认原始影像空中照片和机载 POS 空中 POS 个数是否一致		
3. 差分解算	1. GPS 格式转换	1. 单文件转换 2. 多文件转换		
	2. GPS 差分解算	1. 选择"GPS 处理"功能中的"GPS 解算"工具 2. 选定"流动站"文件路径，流动站观测文件为飞机 GPS 原始数据转换得到的 *.O 文件 3. 当采用差分或融合差分 GPS 解算模式时，需要进行基站的输入，软件支持实体基站和网络基站的输入 4. 导入流动站和基准站后单击"下一步"，进行差分解算相关设置：（1）偏向改正；（2）解算方式；（3）GPS 天线；（4）RTK 输入及成果输出设置		
	3. 质量检查	1. 多相机中心 POS 文件 打开 _cam（1-5）_POS.txt 文件，通过 Q1 值来判定此次解算结果是否可用，Q1 值 = 曝光点固定的个数 / 总曝光点数 ×100%，通常情况下，差分质量在 95% 以上，属于合格 2.tmp 文件夹 包含了差分解算设置、GPS 相位中心等系列文件，用于差分解算异常时的问题查找		

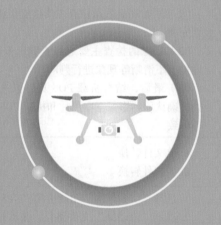

04
模块四

大疆 M300 RTK 无人机
倾斜摄影测量解决方案

本模块首先简单介绍了大疆 M300 RTK 无人机，然后介绍了大疆 M300 RTK 倾斜摄影测量作业流程，包括任务规划、创建航线，重点介绍了大疆 M300 RTK 外业航飞操作，从无人机组装、相机安装、飞行前检查、执行飞行一直到完成飞行，最后介绍了大疆 M300 RTK 航飞数据预处理，包括数据下载、POS 解算等。通过对本模块的学习，你要学会大疆 M300 RTK 任务规划、创建航线、无人机组装、起飞前的检查、飞行作业等相关知识与操作，掌握数据下载及处理、POS 数据解算的步骤方法，能熟练应用大疆 M300 RTK 进行倾斜摄影的全流程操作，获取符合要求的用来内业处理的照片、POS 等数据。

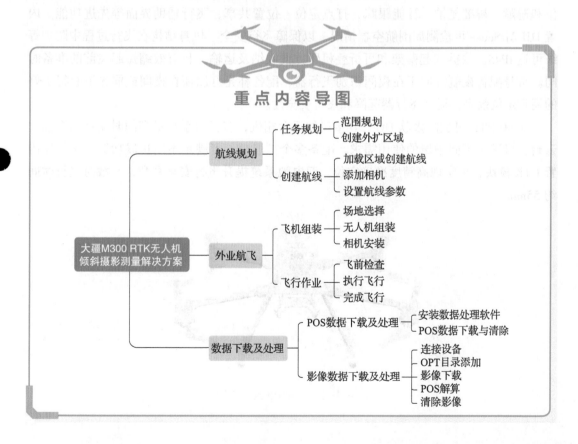

重点内容导图

学习任务 1　大疆 M300 RTK 产品介绍

知识目标

- 了解大疆 M300RTK。

素养目标

- 培养学生的批判性思维，以及对比分析问题并阐述观点的能力。

? 引导问题

近年来随着人工智能技术的不断发展，"无人机"与"智能驾驶"已成为智能科技的焦点，世界各国都在加紧进行无人驾驶飞机的研制工作，并且投入了大量资源。M300 RTK 是大疆公司的一款无人机，它有哪些特性？

Matrice 300 RTK（以下简称 M300 RTK ）如图 4-1-1 所示，它集成了 DJI 先进的飞控系统、六向双目视觉 + 红外感知系统和 FPV 摄像头，兼容全向避障雷达，并具备六向定位和避障、精准复拍、智能跟踪、打点定位、位置共享、飞行辅助界面等先进功能。内置 DJI AirSense 可检测周围航空器情况，以保障飞行安全。机身结构在飞行过程中防护等级可达 IP45。快拆式起落架和可折叠机臂方便收纳及运输，且有效缩短起飞前的准备时间。机身配备夜航灯便于在夜间识别飞行器，配备补光灯以便在夜间或弱光下获得更好的视觉定位效果，提升飞行器起降和飞行安全性。

M300 RTK 可适配多款 DGC2.0 接口的云台相机，多云台系统最多同时支持三个独立云台，可满足不同领域的使用需求。配备多个扩展口，可满足不同扩展功能。飞行器内置 RTK 模块，可实现高精度准确定位。双电池系统提升飞行安全系数，空载时飞行时间约 55min。

图 4-1-1　Matrice 300 RTK

1. Matrice 300 RTK 详细参数

Matrice 300 RTK 详细参数见表 4-1-1。

表 4-1-1 Matrice 300 RTK 详细参数

飞行器	
产品类型	四轴飞行器
产品定位	专业级
飞行载重	2700g
悬停精度	0.1~0.5m
旋转角速度	俯仰轴：300° /s，航向轴：100° /s
升降速度	最大上升速度：S 模式为 6m/s；P 模式为 5m/s 最大下降速度（垂直）：S 模式为 5m/s；P 模式为 3m/s
飞行速度	S 模式：23m/s，P 模式：17m/s
飞行高度	5000m（2110 桨叶，起飞重量≤ 7kg） 7000m（2195 高原静音桨叶，起飞重量≤ 7kg）
飞行时间	55min
轴距	895mm
抗风等级	7 级
遥控器	
工作频率	2.4000~2.4835GHz
控制距离	8000m
等效全向辐射功率（EIRP）	29.5dBm（FCC）；18.5dBm（CE）18.5dBm（SRRC）；18.5dBm（MIC）
云台	
云台	禅思 XT2、禅思 XTS、禅思 Z30、禅思 H20、禅思 H20T
相机	
录像分辨率	960p
电源性能	
电池	型号：TB60 容量：5935mA·h 电池类型：LiPo 12S 能量：274W·h 电池整体重量：约 1.35kg 工作环境温度：−20~50℃ 理想存放环境温度：22~30℃

（续）

电源性能	
充电时间	使用 220V 电源：完全充满两块 TB60 智能飞行电池约需 60min，从 20% 充到 90% 约需 30min 使用 110V 电源：完全充满两块 TB60 智能飞行电池约需 70min，从 20% 充到 90% 约需 40min
其他参数	
图传系统	OcuSync 行业版图传系统
产品尺寸	展开（不包含桨叶）：810mm × 670mm × 430mm 折叠（包含桨叶）：430mm × 420mm × 430mm
产品重量	空机重量（不含电池）：3.6kg；空机重量（含双电池）：6.3kg

2. 智能功能

1）打点定位。在相机画面或地图上一键标记静态目标，即可自动解算出其精确的位置信息，并以 AR 图标的形式投射到所有图传画面中。位置信息将自动分享至另一个遥控器，并可通过大疆司空 8 等在线平台共享给团队其他成员。

2）智能跟踪。针对人、车辆和船只等移动中的目标，可实现自主识别、定位并持续跟踪。同时可通过另一个遥控器或大疆司空将目标信息共享给团队其他成员。

3）精准复拍。从样片中框选出目标区域，在随后的自动化任务中，AI 算法会自主比对目标区域和实时画面，据此纠正相机的拍摄角度，从而保证每次作业都能拍到同一目标区域。灵活双控得益于高级双控模式，作业人员一键即可获取飞行器或负载的控制权限，让任务部署及团队协作更加灵活。

4）航空级态势感知。经纬 M300 RTK 引入全新的飞行辅助界面，将飞行参数、导航、障碍物地图等多维度的关键信息整合至同一界面，赋予作业人员强大的态势感知能力。

5）安全可靠。AirSense（内置 ADS-B 接收器）保障空中飞行安全。

6）夜航灯。

7）作业时持续警示周边，保障地面人员安全。

8）自加热双电池。

可在恶劣环境下工作（-20~50℃）。

9）六向定位避障。集成双目视觉和 ToF 传感器于机身的六个面，避障距离最远 40m，且可以通过 Pilot App 调整。

10）多重冗余。传感器备份、动力系统双链路备份、图传双链路备份及其他安全设计。

11）健康管理系统。一站式的无人机健康管理系统，可显示各模块的健康状态，保存异常记录，并提供简易故障排查指南。

拓展课堂

国内外无人机行业现状

近年来随着人工智能技术的不断发展，"无人机"与"智能驾驶"已成为智能科技的焦点。其中无人机由于对未来空战有着重要的意义，世界各主要军事国家都在加紧进行无人驾驶飞机的研制工作，并且均投入了大量资源。相关资料显示，截至目前，全球已经有包括美国、以色列、加拿大、德国、英国、法国、俄罗斯等在内的 32 个国家研发出 50 多种无人机，300 余种基本型号，超过 50 个国家装备无人机。

虽然世界各国都在无人机方面投入了大量资源，但总体来看，世界无人机技术的发展并不均衡。2019 年，美国和中国的商用无人机市场规模占全球商用无人机市场规模的三分之二以上。此外，根据全球军用无人机市场份额来看，当今在军事无人机领域的世界领先者为美国和以色列，分别占 45% 和 24% 的份额。

具体来看，美国、以色列和欧洲是世界无人机技术最为先进的国家和地区，处于第一梯队；中国、俄罗斯等处于第二梯队，其中中国近 10 年相继研发出各款尖端无人机，目前已拥有美国所有类型的尖端无人机，追赶势头强劲。

近年来随着卫星定位系统的成熟、电子与无线电控制技术的改进、多旋翼无人机结构的出现，无人机行业进入快速发展阶段，无人机注册用户和登记数量均大幅增长。数据显示，截至 2020 年底，全行业无人机拥有者注册用户约 55.8 万个，其中无人机运营企业 1.1 万家，较上年增长 55%；注册无人机共 51.7 万架，其中经营性无人机 13.1 万架，较上年增长 63.1%；无人机有效驾驶员执照达到 88994 本。

目前我国无人机主要还是应用在军用市场，份额超六成。数据显示，2020 年我国军用市场份额为 62.79%，而民用只有 37.21%。军用无人机发展起步较早，市场较为成熟。据了解，我国军用无人机开始于 1964 年，在当时 I 型无人机靶机就已经诞生。20 世纪 80 年代开始批量使用无人机，但最初主要作为防空系统的靶机和干扰诱饵等。到 2000 年以后，我国相关科研院所、高等院校积极合作，开发出了多款无人机设备，市场才得到快速发展，WZ-2000 型无人侦察机、"彩虹 -4 号""彩虹 -5号""翼龙型""攻击 11"等无人机相继面世。

经过多年的发展，到目前，我国军用无人机的研究发展在总体设计、飞行控制、组合导航、中继数据链路系统、传感器技术、图像传输、信息对抗与反对抗、发射回收、生产制造和部队使用等诸多技术领域积累了一定的经验，具备一定的技术基础。

但值得注意的是，虽然我国军用无人机发展较为快速，但与美国等发达国家相比，仍有一定的差距，还不能完全适应高技术战争的要求。例如国内已有的无人机任务系统载重都不大，尚难满足电子对抗、预警、侦察等大型任务系统的要求，平台技术难以满足无人作战飞机的高隐身、高机动能力的要求等。

相对于发展起步较早的军用无人机，我国民用无人机市场在早期并未引起足够重视。近几年来由于技术的发展和需求的牵引推动，特别是 2008 年汶川地震之后，急需一种灾情监视评估和搜救手段，从而引起有关方面对民用无人机的关注，且迅速升温，逐步深入大众生活。

目前我国工业无人机制造应用尚处在起步和示范阶段，总体技术还比较落后，只在为数不多的领域得到较好的发展，在更多工业应用领域依旧处于不断探索阶段，还没有形成规模化的市场，整体处于爆发前的积累阶段。预计随着无人机技术的不断发展和商业应用的不断成熟，工业无人机在工业领域的普遍应用将具有更大的商业价值和市场规模。例如随着人口老龄化加速，我国适龄劳动人口占比逐年下降，同时人力成本居高不下，招工难、用工难的问题尤为明显。同时，现代人对劳动保护的意识也逐步提高，不愿从事枯燥、高危险和较为辛苦的工作。在商业航拍、测绘、电力巡线、环保、农情监测、农业植保等领域，工业级无人机都可以很大程度上代替人类。数据显示，2019 年我国工业级无人机市场规模达到 151.79 亿元，预计到 2024 年，工业级无人机市场规模约 1500 亿元，其中农林植保约 318 亿元，警用安防市场约 200 亿元，电力巡检约 200 亿元，快递物流约 255 亿元，地理测绘约 448 亿元。

虽然近年来我国无人机市场得到了较快的发展，但随着无人机数量和飞行量的增多，无人机市场也暴露出了一些问题。

对此相关法规及各种限制政策相继出台。例如，2021 年交通运输部办公厅印发《交通运输"十四五"立法规划》，明确将制定《无人驾驶航空器飞行管理暂行条例》；山东、川渝等地针对高铁两侧禁飞无人机制定管理条例等。由此也就意味着民用无人机行业逐步走向强监管的阶段，行业发展受到了一定的限制。

学习任务 2　大疆 M300 RTK 航线规划

知识目标

- 掌握任务规划的基本操作。
- 掌握大疆 M300 RTK 创建航线的基本操作。

技能目标

- 能用地图软件进行任务规划。

● 能用 DJI Pilot 软件创建航线。

● •·

素养目标

● 培养学生严谨认真的工作态度。

● 培养学生知识迁移的能力。

● 培养学生对比分析、提炼总结的能力。

? 引导问题 1　　　　　　　　　　　　　　　　　　　　　　　　　　⌄

前面我们学习了利用飞马无人机管家进行航迹规划,那么 M300 RTK 如何进行任务的范围规划?

技能点 1　任务规划

1)范围规划。使用地图软件画出 KML 范围线,推荐使用图新地球、奥维地图等地图软件,如图 4-2-1 所示。

图 4-2-1　KML 范围线

2)创建外扩区域(外扩宽度等于飞行高度),如图 4-2-2~ 图 4-2-4 所示。

图 4-2-2　创建外扩区域

图 4-2-3　输入飞行高度

图 4-2-4　外扩区域

? 引导问题 2

任务区域范围规划完成后，如何用 DJI Pilot 软件创建航线？

技能点 2　创建航线

1）将外扩后的区域另存到 U 盘，将 U 盘插入遥控器顶端的 USB 接口，使用遥控器自带的 DJI Pilot 软件加载区域，遥控器将自动创建航线，如图 4-2-5 所示。

图 4-2-5　创建航线

2）添加相机。选择自定义相机，选择添加相机，输入相机参数，见表 4-2-1。

表 4-2-1 常见相机参数表

相机名称	S2-PSDK	D2-PSDK	DG3-PSDK	D2Pros-PSDK	DG3Pros-PSDK
照片分辨率 /px	6000 × 4000	6000 × 4000	6000 × 4000	6000 × 4000	6000 × 4000
传感器尺寸 /mm	23.5 × 15.6	23.5 × 15.6	23.5 × 15.6	23.5 × 15.6	23.5 × 15.6
焦距 /mm	25	22	28	22	28
最小定时拍照间隔 /s	1	1	1	1	1

3）设置航线参数。

①设置拍照模式（推荐使用等间距拍照）。

②设置飞行高度（高度根据项目要求分辨率进行设计）。

③设置起飞速度，即飞机从起飞点到航线起始点的速度，一般设置为 8m/s。

④设置航线速度，即飞机执行航线的巡航速度，一般设置为 8~9m/s。

⑤任务完成动作选择自动返航。

⑥旁向重叠率，D 系列相机一般设置为 75%，Pros 系列相机一般设置为 70% 即可。

⑦航线重叠率，睿铂系列相机设置为 80% 即可。

⑧主航线角度，根据测区形状进行设定，一般将航线平行于测区长边，以减少飞机转弯点，增加续航时间。

⑨边距设置，由于测区已经外扩，边距设为 0 即可。

设置完成，单击保存航线，外出作业可直接调用。

拓展课堂

无人机航迹规划

早期的无人机都是按照地面任务规划中心预先计算并设定好的航迹飞行，但是随着无人机所承担的任务越来越复杂，其飞行环境的不确定性，对航迹规划的要求也越来越高。

无人机航迹规划的主要内容是根据任务目标规划满足约束条件的飞行轨迹，是无人机先进任务规划系统的关键组成部分。航迹规划的目的是根据预设数字地图，通过 GPS/INS 组合导航系统，在适当时间内计算出最优或次最优的飞行轨迹。考虑到数字地图误差及随机环境的影响（如随机风场等），要求无人机在飞行过程中具有动态修正轨迹的能力，能回避敌方威胁环境，安全地完成预定任务。无人机航迹规划主要包括环境信息（如随机风场、敌方雷达扫描半径范围及导弹高炮打击威胁区、地形因素）、无人机系统约束、航迹规划器、无人机自动驾驶仪等。

根据规模的不同，航迹规划可以分为单机及多机协同编队航迹规划；根据飞行过程的不同，可以分为爬升航迹规划、着陆航迹规划及巡航航迹规划；根据飞行环境的不同，可以分为确定环境及不确定环境航迹规划。此外，按照实现功能可以划分为离线静态航迹预规划及在线动态实时航迹规划。其算法可分为可行性方向算法、通用动态算法及实时优化算法。根据规划范围可分为全局规划算法及局部寻优算法。如Dynapath算法是一种前向链动态规划技术，在大的任务区域内进行航线规划是典型的大范围优化问题，Dynapath算法可以得到问题的全局最优解。但该算法具有维数爆炸特性的缺陷。

航迹规划按照步骤可以分为两个层次：第一层是整体参考航迹规划；第二层是局部航迹动态优化。整体参考航迹规划是飞行前在地面上进行的。参考航迹的优劣依据预先确定的性能指标，一般根据无人机飞行的任务要求、安全要求、飞行时间和其他战略、战术考虑等因素组合确定，以此最优性能为标准，通过动态路径规划算法生成一条最优参考航迹。有了参考航迹之后，无人机受环境及自身约束条件如最小转弯半径、滚转角等限制，在实际飞行中并非严格沿着参考航迹来飞，而是对参考航迹进行局部动态优化，最后生成最优航迹。航迹规划按照几何学的观点可以分为基于图形和基于栅格的规划方案。一般来说，前者较为精确，但需要较长的收敛时间。此外，按照规划决策可以分为传统规划算法及智能规划算法。

学习任务3 大疆 M300 RTK 外业航飞

知识目标

- 掌握飞行前准备、起飞前检查的相关知识。
- 掌握现场飞行的操作流程。

技能目标

- 能熟练组装 M300 RTK 无人机。
- 能熟练操作 M300 RTK 无人机进行航飞作业。

素养目标

- 培养学生的团结协作意识。
- 培养学生不怕困难、艰苦奋斗的精神。

引导问题 1

航迹规划完毕就可以进行外业航飞了。M300 RTK 外业航飞的流程和飞马无人机基本一致，同样要进行飞行前准备、起飞前检查等工作，然后组装无人机进行航飞作业，那么如何组装 M300 RTK？

技能点 1 飞机组装

1. 场地选择

飞行场地应选择一个空旷无遮挡的区域，确保飞机能快速搜星，同时保证飞行过程中能收到无人机信号。飞行场地可选择在测区周边或测区内，尽量靠近测区中部。

2. 无人机组装

M300 RTK 飞行器的四个机臂和机臂套筒侧面均标有锁紧标识，如图 4-3-1 所示。起飞之前，务必将 4 个机臂套筒锁紧至如图 4-3-2 所示的位置，即套筒上的横线与机臂上的标志图案中心对齐，以免造成安全风险。锁紧完毕展开折叠桨，放置在起飞场地准备起飞。

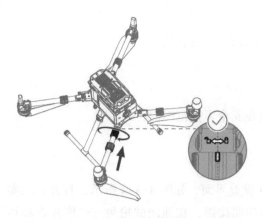

图 4-3-1 锁紧标识

图 4-3-2 锁紧机臂套筒

3. 相机安装

取下飞机端保护盖，取下相机接口保护盖和镜头盖，将相机接口的白点对准飞机端接口的红点顺时针旋转至红点，对准红点，相机安装完毕，如图 4-3-3 所示。

按住云台相机
解锁按钮，移
除保护盖。

对齐云台相机上的
白点与接口红点，
并嵌入安装位置。

旋转云台相机快拆
接口至锁定位置，
以固定云台。

图 4-3-3　安装相机

? 引导问题 2

组装 M300 RTK 完毕，如何进行飞行作业?

技能点 2　飞行作业

1. 飞前检查

（1）飞机结构检查

检查机身结构稳固性，包括机臂套筒安装稳固性、螺旋桨安装稳固性、起落架安装稳固性、电池安装稳固性、相机安装稳固性。

（2）飞机参数检查

1）检查飞机返航高度设置是否正确（返航高度大于或等于飞机的航线高度）。

2）检查飞机限远开关是否关闭。

3）检查飞机传感器状态是否正常。

4）检查飞机失控行为是否是返航。

5）检查 RTK 状态是否固定，定位和定向都为 Fix 才是固定。

（3）航线检查

1）确认航线范围。

2）观察周边环境确认航线高度，确保飞机在安全可控范围内。

3）检查航线重叠率。

（4）相机状态检查

单击飞行界面右上角三个点，进入 Payload 设置界面，如图 4-3-4 所示，打开显示实时数据按钮查看相机状态，按动遥控器右上角拍照按键，在地面试拍两三张照片查看相机拍照是否正常，每按键一次，PIC、A、D、S、W、X 等反馈数据都会加一张照片。

检查完毕，单击屏幕左侧蓝色小三角执行航线，如图 4-3-5 所示。

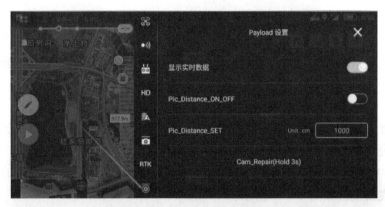

图 4-3-4　Payload 设置界面

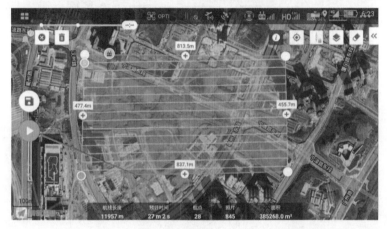

图 4-3-5　单击屏幕左侧蓝色小三角执行航线

2. 执行飞行

　　航线上传完毕后单击开始飞行，如图 4-3-6 所示，飞机会先上升至航线高度再飞往起始点，在此过程中相机不执行拍照。飞机到达起始点会开始拍照，在此过程中飞手应

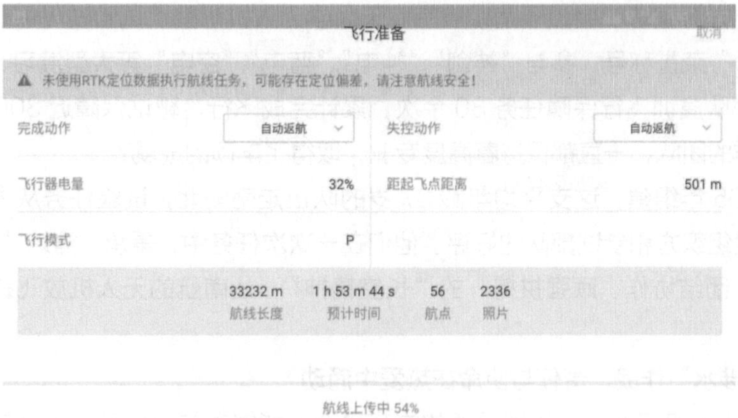

图 4-3-6　航线上传

密切关注飞机前视图传及相机 Payload 界面状态。若看见前视存在障碍物或者相机拍照不正常，应立即长按遥控器返航键 3 s 返航，调整航线高度或调试好相机后重新执行飞行任务。当飞机电量达到 20%~25% 时长按返航键执行返航，换电池上传航线可断点续飞。

3. 完成飞行

航线任务执行完毕飞机自主返航至起飞点并精准降落，此时任务已经完成，直接将飞机关机再将遥控关机装箱带回。

在将 M300 RTK 的起落架收纳到安全箱时，注意起落架的套筒应放置在槽位中，以免对桨叶造成挤压，如图 4-3-7 所示。

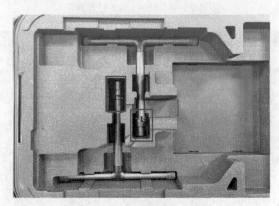

图 4-3-7　起落架放置

拓展课堂

他们是先锋号！让南航的无人机放飞在祖国蓝天上

近日，江苏省总工会授予南京航空航天大学无人机研究院试验试飞中心"江苏省工人先锋号"荣誉称号。参与"神剑""神电""蓝电""空电"等大型演习、演练任务十余次，部队演训飞行保障任务 30 余次，累计完成飞行、靶试保障近 300 架次……究竟是怎样的团队，一直都保持着高度专业，取得了丰硕的成就？

自 2005 年组建，这支平均年龄 37 岁的队伍走南闯北，试验任务从未停歇，多次获得试验组织方和参试部队的好评。他们在一次次任务中，秉承、淬炼"负重奋进、开拓创新、团结协作、顽强拼搏"的"长空精神"，让南航的无人机放飞在祖国的蓝天上。

"跋山涉水"作战，责任与使命在热爱中涌动

"南航无人机事业是为国铸重器的崇高事业，能够参与这份事业本身就是一种光荣，这让我们的心中时刻涌动着责任和使命，在困难和挑战面前变得无坚不摧。"试验队队长张元杰表示，长空精神不仅仅只是一句口号，更是融在他们一言一行中的行动指南。

冬天的戈壁滩深处一望无垠、寒风凛冽，初秋的琼海岸边"浪卡"来袭、气象恶劣，深夜的研究室、车间灯火通明、马达轰鸣……这是团队成员工作中最常见的风景。肆虐的寒风如刀、突然骤降的气温刺骨、直射的烈日灼人……环境的苦与累，从未阻挡团队前行的步伐。

"把被子分电瓶一半"是团队成员的常规操作，因为工作的特殊性，供靶任务一般是在自然条件恶劣的戈壁滩和大漠深处进行，晚上气温有时骤降至零下 30℃，为了保障电瓶的性能，队员们选择将电瓶抱在怀里，给电瓶人工取暖。

与时间赛跑，开拓创新中抢出高效率

作为无人机技术突破、装备研制的重要环节，试验试飞是无人机装备的试金石和检验器。"试验工作一秒都耽误不得，为了抢出工作的高效率，团队成员拧成了一股绳，时刻都在与时间赛跑。"黄绍军说。

试验工作并非一帆风顺，过程中经常会遇到"意想不到"层出不穷的难题，配合默契、集智攻关是团队不断破解难题的法宝。在 2021 年 8 月的一次试验任务中，因不可抗因素，试飞中心的准备工作时间由原先的 90min 缩至不到 30min，面临突发情况，成员们保持冷静与理智，迅速给出应对措施：负责的两个作业团队——发射专业和火箭对接专业，因同属于机械专业，并且"在平时作业中这两个专业就会进行配合学习"。在双方高度配合下，仅用了 20min，就"有惊无险"、保质保量地完成了任务。

"高效率绝不能以牺牲质量为代价，牢牢把好质量关，把问题都在地面上解决。"黄绍军表示，团队一丝不苟地践行"质量为先，责任为重，诚信为要，顾客为上"的质量方针，长空无人机项目在研制、设计、生产、器材供应、服务保障等过程全面受控；在外场工作时，对所有装机、测试、试验、供靶等环节进行严格的质量监管及检验工作。自竞赛开展以来，团队实现了产品交付合格率 100%，长空 2 无人机装备一次提交即顺利通过军检验收出校，长空 3 靶机 4 架次供靶 100% 成功。

"敢打硬仗、能打胜仗"的战斗精神刻印在了这支团队每个人的行动中，团队面向国家重大型号任务，以"自主可控能力建设"为攻关重点，"从 0 到 1"开展了技术攻关，"精品意识和'零缺陷'理念是团队的共识，不断攻克'卡脖子'技术难题，不断完善产品，我们很自豪，出自团队的都是'好用、管用、耐用、实用'的高质量精品装备。"黄绍军说道。

学习任务 4　大疆 M300 RTK 航飞数据处理

知识目标

● 掌握数据下载及处理的操作方法。

技能目标

● 能正确下载照片及 POS 数据并处理。

素养目标

● 培养学生探究精神，以及独立分析解决问题的能力。
● 培养学生严谨认真的工作态度。

? 引导问题 1

　　外业航飞结束，获得影像及 POS 数据，接下来就要进行数据处理的工作。M300 RTK 数据下载及处理于飞马 D2000 略有不同，那么 M300 RTK 如何下载及处理 POS 数据？

技能点 1　POS 数据下载与处理

1. 安装数据预处理软件

　　扫描相机二维码或者联系睿铂技术人员获取软件链接，下载软件安装并生成注册码，联系睿铂技术人员获取授权码完成软件安装。

2. POS 数据下载与清除

　　将相机与 PMU 模块连接，使用 type-c 数据线插入 PMU 模块，另一端插入计算机 USB 接口，如图 4-4-1 所示。打开睿铂 skyscanner 软件，单击高级工具→下载 POS，选择 COM 口进行 POS 下载，如图 4-4-2 所示。

　　POS 下载完成，检查无误后选择"清除 POS"，系统会提示是否清除 POS，单击"是"即可清除 POS，如图 4-4-3 所示。

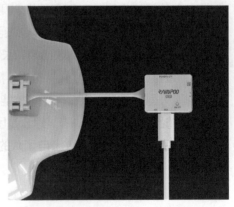

图 4-4-1　相机与 PMU 模块连接

图 4-4-2　POS 下载

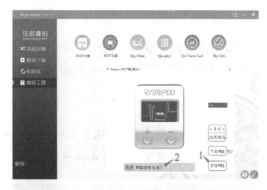

图 4-4-3　POS 清除

❓ 引导问题 2

M300 RTK 如何下载及处理影像数据？

技能点 2　影像数据下载与处理

1. 连接设备

POS 下载完成，将相机安装到飞机并将飞机开机给相机供电，在相机通电状态下使用数据下载器将相机连接至计算机，打开 Skyscanner 软件，单击"连接设备"，软件会读取 A、D、S、W、X 五个盘的数据，如图 4-4-4 所示。

单击每个盘的图标可查看照片数据，检查照片数据是否正常，有无照片模糊、虚影、过暗等情况，检查无误后进行数据下载。

2. OPT 目录添加

初次使用软件时，需扫描机身二维码下载该相机 OPT 文件，并在"关于"菜单中打开"OPT 目录设置"，添加相机 OPT 文件（多台设备可添加多个 OPT 目录，同一相机仅需添加一次即可），以便选择设备编号，如图 4-4-5 所示。

图 4-4-4　连接设备、查看数据

图 4-4-5　添加相机 OPT 文件

3.影像下载

单击"数据下载",选择对应设备编号和 POS 数据的分隔符类型以及 POS 类型,即数据对应所在列,如图 4-4-6 所示。

4.POS 解算

单击高级工具,选择 SKY-CAL 进行 POS 解算,如图 4-4-7 所示,生成高精度的空三文件用于三维建模,如图 4-4-8 所示。

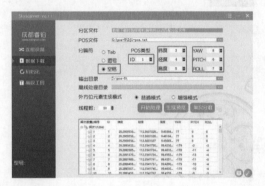

图 4-4-6 数据下载

图 4-4-7 POS 解算

图 4-4-8 导入 CC 进行三维建模

5.清除影像

数据下载完成并检查无误后,单击"初始化"进行照片清除,不可以直接格式化磁盘,若直接格式化会导致相机不储存照片。

拓 展 课 堂

如何防止飞机数据泄露？

大疆经纬 M300 RTK V3.0 版本更新后，数据安全及隐私保护性能全面提升。

1. 清除日志（谨慎使用），保护数据安全及避免泄露

支持选择遥控器 / 负载 / 飞行器的日志进行清理（负载目前只支持 H20 系列）；支持查询设备清除历史记录。

当飞行作业任务有保密要求时，可在任务结束后清理日志信息，防止作业信息外露。

特别强调：日志清除会影响售后定责，如果飞行器已经发生事故，千万不要清除数据，这会影响售后权益，一定要谨慎使用。

2. 加密 SD 卡

支持设置 SD 卡密码，当 SD 卡存有机密数据时，可防止数据泄露（目前仅支持 H20 系列负载）。

设置安全密码后，每次无人机启动都会要求输入密码，否则无法读取 SD 卡中的数据。

计算机端可以通过解密软件输入密钥，读取加密的 SD 卡数据。

技能考核工单

考核工作单名称		大疆 M300 RTK 倾斜摄影测量作业流程			
编号	4-1	场所 / 载体	实验室（实训场）/ 实装（模拟）	工时	1
项目	内容	考核知识技能点		评价	
1. 航线规划	1. 任务规划	1. 范围规划：使用地图软件画出 KML 范围线 2. 创建外扩区域（外扩宽度等于飞行高度）			
	2. 创建航线	1. 将外扩后的区域另存到 U 盘，将 U 盘插入遥控器顶端的 USB 接口，使用遥控器自带的 DJI Pilot 软件加载区域，遥控器将自动创建航线 2. 添加相机。选择自定义相机，选择添加相机，输入相机参数 3. 设置航线参数。（1）设置拍照模式。（2）设置飞行高度。（3）设置起飞速度，即飞机从起飞点到航线起始点的速度，一般设置为 8m/s。（4）设置航线速度，即飞机执行航线的巡航速度，一般设置为 8~9m/s。（5）任务完成动作选择自动返航。（6）旁向重叠率，D 系列相机一般设置为 75%，Pros 系列相机一般设置为 70% 即可。（7）航线重叠率，睿铂系列相机设置为 80% 即可。（8）主航线角度，根据测区形状进行设定，一般将航线平行于测区长边，以减少飞机转弯点，增加续航时间。（9）边距设置，由于测区已经外扩，边距设为 0 即可			
2. 外业航飞	1. 飞机组装	1. 场地选择 2. 无人机组装 3. 相机安装			
	2. 飞行作业	1. 飞前检查 （1）飞机结构检查：检查机身结构稳固性 （2）飞机参数检查 （3）航线检查。①确认航线范围；②观察周边环境确认航线高度，确保飞机在安全可控范围内；③检查航线重叠率 （4）相机状态检查 2. 执行飞行 3. 完成飞行			
3. 航飞数据处理	1.POS 数据下载与处理	1. 安装数据预处理软件 2. POS 数据下载与清除			
	2. 影像数据下载与处理	1. 连接设备 2. OPT 目录添加 3. 影像下载 4. POS 解算 5. 清除影像			

05
模块五

像片控制测量

本模块首先介绍了像片控制点的分类、像片控制点布设的方法与布设的基本原则，然后介绍了像片控制点的选择与控制点标志的制作，以及像片控制测量的基本流程、RTK 的基本知识，最后重点介绍了 RTK 电台模式、网络 RTK 模式进行像片控制测量的具体操作步骤。通过对本模块的学习，你应该学会无人机航空摄影测量像控点的制作、选择及布设方法，掌握 RTK 基本的知识与操作，并能用 RTK 进行像片控制测量。

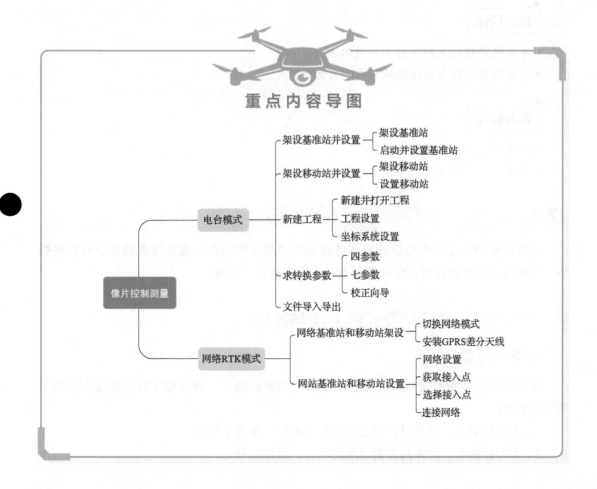

重点内容导图

像片控制测量
- 电台模式
  - 架设基准站并设置
    - 架设基准站
    - 启动并设置基准站
  - 架设移动站并设置
    - 架设移动站
    - 设置移动站
  - 新建工程
    - 新建并打开工程
    - 工程设置
    - 坐标系统设置
  - 求转换参数
    - 四参数
    - 七参数
    - 校正向导
  - 文件导入导出
- 网络RTK模式
  - 网络基准站和移动站架设
    - 切换网络模式
    - 安装GPRS差分天线
  - 网站基准站和移动站设置
    - 网络设置
    - 获取接入点
    - 选择接入点
    - 连接网络

学习任务 1　像片控制点

控制测量是为了保证空三加密的精度，确定地物目标在空间中的绝对位置。在常规的低空数字航空摄影测量外业规范中，对控制点的布设方法有详细的规定，是确保大比例尺成图精度的基础。倾斜摄影技术相对于传统摄影技术在影像重叠度上要求更高，现在的规范关于像控点的布设要求不适合应用于高分辨率无人机倾斜摄影测量技术。无人机通常采用 GPS 定位模式，自身带有 POS 数据，对确定影像间的相对位置作用明显，可以提高空三计算的准确度。像控点是摄影测量控制加密和测图的基础，野外像控点目标选择的好坏和指示点位的准确程度，直接影响成果的精度。换言之，像控点要能包围测区边缘以控制测区范围内的位置精度，一方面，可纠正飞行器因定位受限或电磁干扰而产生的位置偏移、坐标精度过低等问题；另一方面，可纠正飞行器因气压计产生的高程差值过大等问题。只有每个像控点都按照一定标准布设，才能使得内业更好地处理数据，使得三维模型达到一定精度。

知识目标

- 掌握像片控制点的分类与布设的方法。
- 掌握像片控制点的选择及标志制作方法。

素养目标

- 培养学生专业认同与自信。
- 培养学生吃苦耐劳、坚韧不拔的职业精神。

? 引导问题 1

像片控制点，是指符合航测成图各项要求的测量控制点，那么像片控制点有哪些类型，如何布设像片控制点，像片控制点布设有哪些基本原则？

知识点 1　像片控制点的分类与布设

1. 像片控制点分类

像片控制点是指符合航测成图各项要求的测量控制点，简称像控点。像控点分为下列三种类型。

1）平面控制点，野外只需测定点的平面坐标，简称平面点。

2）高程控制点，野外只需测定点的高程，简称高程点。

3）平高控制点，野外需同时测定点的平面坐标和高程，简称平高点。

在生产中，为了方便地确认控制点的性质，一般用 P 代表平面控制点，G 代表高程控制点，N 代表平高控制点，V 代表等外水准点。

2. 像控点布设数量估算

1）按照摄区面积进行估算。通常 1km² 内保证 30 个控制点，即每间隔 200~300m 需布设一个平高点。房屋顶部、山（坡）顶、山（坡）脚、鞍部等应相应地增加控制点，从而使数据的精度有进一步的提高。

2）基于建模软件算法估算。从最终空三特征点点云的角度可以提供一个控制间隔，建议值是按每隔 20000~40000 个像素布设一个控制点，其中有差分 POS 数据（相对较精确的初始值）的可以放宽到 40000 个像素，没有差分 POS 数据的至少 20000 个像素布设一个控制点。同时也要根据每个任务的实际地形地物条件灵活应用，如地形起伏较大的、大面积植被覆盖区域及面状水域的特征点非常少，需要酌情增加控制点。

3）按无人机的飞行架次估算。通常每个架次布设五六个点，两长边各布设 3 个点，或四角点各布设 1 个点，中间再加 1 个点；考虑到两个相邻架次有一长边 3 点重合共用，两个架次可以布设 6~9 个点。三个架次依次类推。

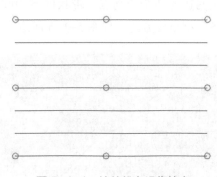

4）按航线数进行确定。通常每四条航线布设一排平高点，成方形布设，如图 5-1-1 所示。此方法既能保证成图精度，又能减少外业工作量。

图 5-1-1　按航线布设像控点

3. 不同飞行区域控制点的布设

1）规则矩形和正方形：小面积区域最少布设 5 个控制点，即航飞区域内 4 个角各一个，区域中间 1 个；大面积区域相应地增加控制点，如图 5-1-2 所示。

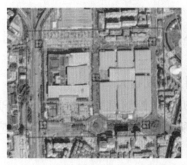

图 5-1-2　规则矩形和正方形布设像控点

2）不规则图形：很多时候飞行区域并不是很规则的图形，这个时候就只能根据地形来布设控制点，保证布设的控制点能均匀地覆盖整个测区，如图 5-1-3 所示。

图 5-1-3　不规则图形布设像控点

3）带状、河道、公路等区域：这种区域经常采用"Z"字形布设，也就是垂直于带状两边各两个控制点，带状区域中间一个控制点，如图 5-1-4 所示。带状区域还有一种"S"型布设方法，如图 5-1-5 所示。

图 5-1-4　带状区域"Z"形布设像控点

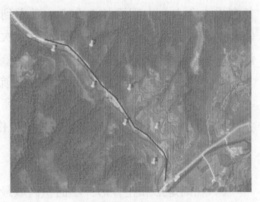

图 5-1-5　带状区域"S"形布设像控点

4. 不同机型控制点的布设

1）相机像素大小：飞机相机像素大小不同，布设控制点的密度也不同，相机像素越高，布设控制点的密度越小。

2）飞行高度：飞行高度越低，布设控制点密度越大。

3）机型：带 PPK（后差分系统）的飞机布设控制点数量可比不带 PPK 的飞机减少 80%（理论），但带 PPK 的飞机飞行距离和所架设的静态基站间直线距离应保持在 10km 之内。

5. 像片控制点布设的基本原则

1）像控点的布设必须满足布点方案的要求，一般情况下按图幅布设，也可以按航线或区域网布设。

2）位于不同成图方法的图幅之间的控制点，或位于不同航线、不同航区分界处的像片控制点，应分别满足不同成图方法的图幅或不同航线和航区各自测图的要求，否则应分别布点。

3）在野外选刺像控点，不论平面点、高程点或平高点，都应该选刺在明显目标点上。

4）当图幅内地形复杂，需采用不同成图方法布点时，一幅图内一般不超过两种布点方案，每种布点方案所包括的像对范围相对集中，可能时应尽量照顾按航线布点，以便于航测内业作业。

5）像控点的布设，应尽量使内业所用的平面点和高程点合二为一，即布设成平高点。

6）布点时既要尽量均匀布设，又要重点突出高程变化较大的地方。图 5-1-6 所示的布点方案较好，既均匀，又满足高程布设要求；图 5-1-7 所示的布点都布设在中间，测区四角部分未布点，不均匀。

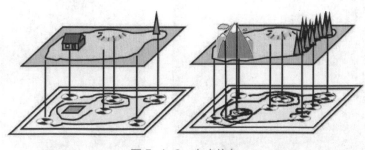

图 5-1-6　布点均匀

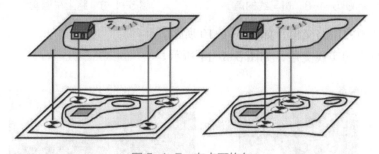

图 5-1-7　布点不均匀

？ 引导问题 2

像片控制点位置的选择及标志制作将直接影响成像的质量、刺点的精度，那么像控点的点位选择有哪些基本原则，标志的制作有哪些要求？

知识点 2　像片控制点的选择与标志制作

像片控制点的目标影像应清晰，选择在易于识别的细小线状地物交点、明显地物拐角点等位置固定且便于量测的地方。条件具备时，可以先制作外业控制点的标志点，一般选择白色（或者红色）油漆画十字形标志，并在航摄飞行之前试飞几张影像，确保十字标志能在倾斜影像上正确辨识。控制点测量完成后，要及时制作控制点点位分布略图、控制点点位信息表，准确描述每个控制点的方位和位置信息，便于内业刺点使用。

实地选点时，也应考虑侧视相机是否会被遮挡。对于弧形地物、阴影、狭窄沟头、水系、高程急剧变化的斜坡、圆山顶、跟地面有明显高差的房角、围墙角等以及航摄后有可能变迁的地方，均不应当作选择目标。

1）所选的或自行绘制的像控点必须是在航片上能够辨认清晰的，没有遮挡的目标。

①地面上颜色对比分明的标志线。

a）路上斑马线的角，如图 5-1-8 所示。

b）路上车道实线的角，如图 5-1-9 所示。

图 5-1-8　斑马线的角

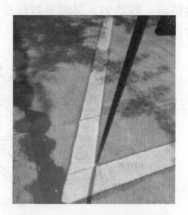

图 5-1-9　路上车道实线的角

c）目标清晰的道路交角，如图 5-1-10 所示。

d）篮球场上的实线交角，如图 5-1-11 所示。

图 5-1-10　道路交角

图 5-1-11　篮球场实线交角

e）草地角，如图 5-1-12 所示。

图 5-1-12 草地角

②自行绘制十字形或 L 形地面标志,如图 5-1-13~ 图 5-1-16 所示。

图 5-1-13 L 形标志　　　图 5-1-14 十字形标志（一）

图 5-1-15 十字形标志（二）　图 5-1-16 十字形标志（三）

2）目标成像不清晰、与周围环境色差小、与地面有明显高差的目标,会影响空三内业的刺点误差,因此均不能用作像控点。

①与水面有高差,不能作为像控点,如图 5-1-17 所示。

②颜色相近,航片上不易辨认,不能作为像控点,如图 5-1-18 所示。

图 5-1-17 与水面有高差　　　图 5-1-18 颜色相近

③与地面有高差，不能作为像控点，如图5-1-19
所示。

总之，凡是可能引起刺点误差的，均不应选作像
控点。

3）在整个像控布设环节，像控标志类型、尺寸大
小、布设位置和曝光至关重要。

图5-1-19　与地面有高差

①以无人机的空中视角来说，地面标志尺寸相当
小，不同分辨率的照片对地面标志的大小要求不同，
经实践测试，地面分辨率为2~3cm时，地面标志宜在
60cm×60cm以上，在无人机拍摄的像片上才能清晰可见。

②位置选择以五镜头相机为例，其倾斜角度一般为45°，倾斜视线很容易被遮挡，除
了大树、高楼和途经车辆，还会被高茎杂草、电力线所遮盖，如图5-1-20所示。当高空
拍摄像片时，以像素为单位进行处理，因此，在选择点位时，需避开上述遮挡物。

③另外，为防止人为破坏，布设可移动标志时还需考虑尽量远离人为活动频繁区域。

④此外，摄影过程中，过度曝光像片上的控制点标志会影响内业刺点精度，如
图5-1-21所示。

高茎杂草遮盖

人为遮盖

车辆遮盖

图5-1-20　像控点遮盖情况

图5-1-21　像片过曝的控制点

拓展课堂

"平凡"测绘人

苍穹浩瀚，吸引着人们探索的目光。然而，也有一群人选择将目光聚焦在脚下的每一寸土地上，从顶严寒、冒酷暑，肩扛沉重的测绘仪器奔走四方到有卫星、航测、GPS 等先进技术和设备的助力，一代又一代测绘人在国家基础建设的征程上留下了坚实的足迹。

他，生于 1974 年，与测绘结缘已有十几个年头了。

职高毕业后的他，从事过电工、焊工、打胶工……2001 年，一次偶然的机会，他与测绘结缘，一转眼便是十几年过去了。他说，干工程都是全国各地跑，工作状态特别漂泊。

记得刚加入测绘团队时，他觉得单位跟以前待过的工地差不多，办公室、宿舍、厕所、仓库相互夹杂，唯一不同的是这里人才辈出，以大学生居多。从他刚来时，队里只有 30 多人，到如今庞大的测绘队伍，时光在悄然无息中走过了……

"测绘不光要会测量技术，还得学会各方面技能，泥工活、做标石、刻石、扎模板、扎钢筋、印字模、模面……，看似跟测绘不沾边际，但却关系到测绘成果的好坏。"很认真说这番话的他叫胡建胜，扛着测量仪器走过了许多地方，见过了很多风景，也经历过不少心有余悸的瞬间。

在一次优于 0.2m 分辨率航空遥感影像的外业像控测量工作中，他和同事走进深山进行像控点测量。临近傍晚 7 时，观测结束，为了能尽快把数据带回驻地整理，趁着天还没有完全黑下来，他便拜托电站的值班人员开摩托车送他一程。

走了几公里山路，便见山洪把道路淹了近一米深，挡住了下山的路。"山外就在不远的地方了，不能耽误数据整理。"这么想着，他便硬着头皮背着仪器，拿脚架做支撑小心**翼翼**地趟水……

天越来越黑，路越来越看不清，水又在不停地涨，感觉一不小心就会随时出现意外，但他仍然想着手里的数据。趟了三次水路，好不容易走出大山，已是晚上九点多，可距离镇上还很远。黑夜中，他用手机照着路，缓缓前行，又渴又累。远远的，看到了灯光，他很开心，走到近前发现是个水电站，有个师傅准备回镇上，于是顺路把他捎到仁化县丹霞镇，回到镇上已是晚上 10 点多……

说起这段经历时，他仍心有余悸，与意外就这么擦身而过！但对长期做野外测量的他们来说，这样的事只是其中的一件。

学习任务 2　RTK 像片控制测量

知识目标

- 掌握基准站、流动站设置方法。
- 掌握 RTK 电台模式的操作。
- 掌握网络 RTK 模式的操作。

技能目标

- 熟悉 RTK 基本操作。
- 能用 RTK 进行像片控制测量。

素养目标

- 培养学生团结协作的意识。
- 培养学生吃苦耐劳、坚韧不拔的职业精神。
- 培养学生民族自豪感、爱国情怀。

? 引导问题 1

外业像片控制点选择制作并布设完毕后，接下来的工作就是测量控制点坐标了，那么如何进行像片控制点测量？

知识点 1　像片控制点测量流程

1. 测量设备的准备

需要准备的设备：GPS 设备 1 套、对中杆 1 根、三脚架 1 个、相机 1 台、记录纸若干。

外出作业时应检查：GPS 设备电池是否充满电，相机电池是否充满电，相机储存卡内存是否足够；作业完成后需给设备电池充电、导出和备份数据、检查仪器设备。

2. 基础控制点资料的收集

根据项目需求，收集必要的等级控制点。如控制点的分布情况不满足 RTK 的测量要求，需要在已有控制点的基础上加密控制点。

3. 坐标系统的确定

根据项目需求，分析已有资料，确定测区所用的坐标系统、投影方式、高程基准。

4. 其他资料的收集

外出作业前应收集测区的地形图、交通图、地名录、天气、地域文化等资料。

5. 像控点测量

像控点的测量主要采用"GPS-RTK"方法。

（1）计算坐标转换参数

因为 GPS 测量结果使用的是 WGS-84 坐标系统，如项目要求测量成果使用其他坐标系统，如 CGCS2000 坐标系，则需要在观测之前进行坐标联测，求出 WGS-84 坐标系与目标坐标系之间的转换参数。

1）首先要有至少 5 个目标坐标系的基础控制点坐标数据，其中 4 个用作校正，1 个用于校正后的检验。注意已知点最好分布在整个作业区域的边缘，能控制整个区域，一定要避免已知点的线形分布。

2）在电子手簿上输入已知控制点的坐标，并把 GPS 流动站接收机架在已知点上，测得 WGS-84 的坐标数据。

3）根据已知点的已知坐标数据和 WGS-84 坐标系的坐标数据，计算"七参数"，求得两坐标系之间的转换关系。

4）检查一下水平残差和垂直残差的数值，看其是否满足项目的测量精度要求，残差应不超过 2cm。检校没问题之后才可以进行下一步作业。

（2）野外观测的作业要求

1）两次观测，每次采集 30 个历元，采样间隔 1s。

2）在观测过程中不应在接收机近旁使用对讲机或手机；雷雨过境时应关机停测，并取下天线，以防雷电。

3）两次观测成果需野外比对结果，比对值为两次初始化采集的最后一个历元的空间坐标，较差依照平面较差不超过 5cm，大地高较差不超过 5cm 的精度标准执行；不符合要求时，加测一次；如果三次各不相同，则在其他时间段重新观测。

4）每日观测结束后，应及时将数据从 GPS 接收机转存到计算机上，确保观测数据不丢失，并复制备份由专人保管。

5）对观测处进行拍照，分别为 1 张近照、两三张远照。近照要求摄清天线摆放位置以及对中位置或者是杆尖落地处；若 1 张不够描述，可拍摄多张。远照的目的是反映刺点处与周边特征地物的相对位置关系，便于空三内业人员刺点。周边重要地物有房屋、道路、花圃、沟渠等。为描述清楚，远照可摄多张。

？ 引导问题 2

像片控制测量可以使用的仪器方法很多，目前比较方便的方法是 GNSS-RTK，那么什么是 GNSS-RTK？

知识点 2　RTK 介绍

高精度的 GPS 测量必须采用载波相位观测值，RTK（Real - Time Kinematic）定位技术就是基于载波相位观测值的实时动态定位技术，它能够实时地提供测站点在指定坐标系中的三维定位结果，并达到厘米级精度。在 RTK 作业模式下，基准站通过数据链将其观测值和测站坐标信息一起传送给流动站。流动站不仅通过数据链接收来自基准站的数据，还要采集 GPS 观测数据，并在系统内组成差分观测值进行实时处理，同时给出厘米级定位结果，历时不足 1s。流动站可处于静止状态，也可处于运动状态；可在固定点上先进行初始化后再进入动态作业，也可在动态条件下直接开机，并在动态环境下完成整周模糊度的搜索求解。在整周未知数解固定后，即可进行每个历元的实时处理，只要能保持四颗以上卫星相位观测值的跟踪和必要的几何图形，则流动站可随时给出厘米级定位结果。

RTK 以测量精度高；操作简便，仪器体积小，便于携带；全天候操作；观测点之间无须通视；测量结果统一在 WGS-84 坐标系下，信息自动接收、存储，减少繁琐的中间处理环节，高效益等显著特点，赢得广大测绘工作者的信赖。

RTK 在航空、航天、军事、交通运输、资源勘探、通信气象、测绘行业等领域被广泛应用。在测绘行业中，工程测量、变形观测、航空摄影测量、海洋测量和地理信息系统中地理数据的采集都可以使用 RTK。搭配测量软件可以进行隧道测量、道路设计、土方计算、面积测量、电力勘探等工程测量作业。

根据设备硬件配备不同，常规的基准站 + 流动站作业模式有两种：电台模式和 GPRS 网络模式。电台模式又分为内置电台模式和外挂电台模式；GPRS 网络模式又分为网络 RTK 模式以及 CORS 模式。电台模式特点是作业方式灵活，基准站既可以架设在已知点，也可以架设在未知点。基于网络的连续运行参考系统（CORS）模式是近年来快速发展起来的一种作业模式，特点是参考站是固定的，只需一台流动站即可，测量范围较大。下面结合广州南方卫星导航仪器有限公司生产的接收机银河 1 分别对电台模式和网络 RTK 模式两种作业模式进行详细介绍。

银河 GPS 接收机介绍：

接收机正面、背面和底面分别如图 5-2-1、图 5-2-2 所示。

五针接口：主机用于与外部数据链、外部电源连接。

七针接口：用来连接计算机传输数据。

天线接口：安装 GPRS（GSM/CDMA/3G 可选配）网络天线或 UHF 电台天线。

连接螺孔：用于固定主机于基座或对中杆。

电池仓：用于安放锂电池。

卡扣：用于锁紧或打开电池仓盖。

银河 1 控制面板拥有四个指示灯，可简单并明确地指示各种状态，如图 5-2-3 所示。

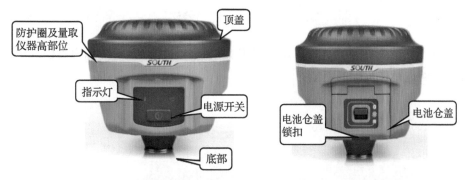

图 5-2-1　GPS 接收机正面及背面

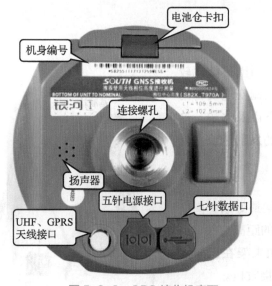

图 5-2-2　GPS 接收机底面

图 5-2-3　控制面板

一些典型指示灯的含义见表 5-2-1。

表 5-2-1　指示灯含义

指示灯		状态	含义
	蓝牙	常灭	未连接手簿
		常亮	已连接手簿
	信号 / 数据	闪烁	静态模式：记录数据时，按照设定采集间隔闪烁
		常亮	基准或移动模式：内置模块收到信号的强度较高
		闪烁	基准或移动模式：内置模块收到信号的强度较差
		常灭	基准或移动模式：内置模块未能收到信号
	卫星	闪烁	表示锁定卫星数量，每隔 5s 循环一次
	POWER	常亮	正常电压：内置电池 7.4V 以上
		闪烁	电池电量不足

❓ 引导问题 3

RTK 有不同的作业模式，最常用的是电台模式和网络模式。那么电台模式下 RTK 如何设置，如何进行像片控制测量？

技能点 1 电台模式

1. 设备

三脚架 1 个；基座 1 个；银河 1 接收机 2 台；北极星 Polar X3 数据采集手簿 1 个；专用测量杆 1 个；随机天线。

2. 架设基准站

基准站一定要架设在视野比较开阔、周围环境比较空旷、地势比较高的地方；避免架在高压输变电设备附近、无线电通信设备收发天线旁边、树下以及水边，这些都对 GPS 信号的接收以及无线电信号的发射造成不同程度的影响，如图 5-2-4 所示。

1）将接收机设置为基准站外置模式。

2）架好三脚架，放电台天线的三脚架最好放到高一些的位置，两个三脚架之间保持至少 3m 的距离。

3）固定好基座和基准站接收机（如果架在已知点上，要做严格的对中整平），打开基准站接收机。

4）安装好电台发射天线，把电台挂在三脚架上，将蓄电池放在电台的下方。

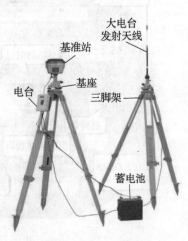

图 5-2-4 电台模式

5）用多用途电缆线连接好电台、主机和蓄电池。多用途电缆是一条 "Y" 形的连接线，是用来连接基准站主机（五针红色插口）、发射电台（黑色插口）和外挂蓄电池（红黑色夹子）的，具有供电、数据传输的作用。

重要提示：在使用 Y 形多用途电缆连接主机的时候注意查看五针红色插口上标有的红色小点，在插入主机的时候，将红色小点对准主机接口处的红色标记即可轻松插入。连接电台一端的时候是同样的操作。

3. 启动基准站

第一次启动基准站时，需要对启动参数进行设置，设置步骤如下。

（1）使用手簿上的工程之星连接基准站

方法一：蓝牙触碰连接。

银河 1 主机支持近场通信（NFC）蓝牙配对功能。将 Polar X3 手簿背部（NFC 读取模块在手簿背面，如图 5-2-5 所示）贴近银河 1 主机电池仓，手簿将自动完成蓝牙配对工作，如图 5-2-6 所示。然后即可打开工程之星进行测量相关工作。

图 5-2-5　手簿 NFC 模块　　　　图 5-2-6　蓝牙触碰配对

方法二：蓝牙设置连接。

需要将主机开机，然后对北极星 Polar X3 手簿进行如下设置。

①"资源管理器"→"设置"→"蓝牙"，如图 5-2-7、图 5-2-8 所示。

图 5-2-7　资源管理器设置　　　　图 5-2-8　蓝牙

②在蓝牙设备管理器窗口中选择"添加新设备"，开始进行蓝牙设备扫描，如图 5-2-9 所示。如果在附近（小于 20m 的范围内）有可连接的蓝牙设备，在"选择蓝牙设备"对话框将显示搜索结果，如图 5-2-10 所示。

③选择"S82…"数据项，单击"下一步"按钮，弹出"输入密码"窗口，直接单击"下一步"跳过，如图 5-2-11 所示。

④出现"设备已添加"窗口，单击"完成"，如图 5-2-12 所示。

⑤回到"蓝牙"界面，如图 5-2-13 所示，选中"COM 端口"选项卡，选择"新建发送端口"界面，如图 5-2-14 所示。

⑥选择要连接的 GPS 主机编号，如图 5-2-15 所示，选择"下一步"，在弹出的"端口"界面选择 COM0~COM9 中的任一项。单击"完成"，如图 5-2-16 所示。至此，手簿连接 GPS 主机蓝牙设置阶段已经完成。

图 5-2-9　添加新设备

图 5-2-10　选择蓝牙设备

图 5-2-11　输入密码

图 5-2-12　设备添加完成

图 5-2-13　设备已添加

图 5-2-14　新建发送端口

图 5-2-15　选择设备

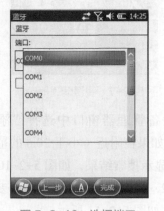
图 5-2-16　选择端口

（2）基准站设置

操作：配置→仪器设置→基准站设置（主机必须是基准站模式）。

（3）对基站参数进行设置

一般的基站参数设置只需设置差分格式就可以，其他使用默认参数。设置完成后单击右边的👉，如图 5-2-17 所示。

（4）保存好设置参数

单击"启动基站"，如图 5-2-18 所示。

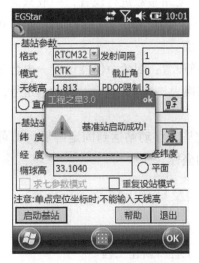

图 5-2-17　基站设置界面图　　　　图 5-2-18　基站启动成功

注意：第一次启动基站成功后，以后作业如果不改变配置可直接打开基准站主机即可自动启动。

（5）设置电台通道

在外挂电台的面板上对电台通道进行设置。

1）设置电台通道，共有 8 个频道可供选择。

2）设置电台功率，作业距离不够远、干扰低时，选择低功率发射即可。

3）如果电台成功发射，其 TX 指示灯会按发射间隔闪烁。

4. 架设移动站

确认基准站发射成功后，即可开始移动站的架设。步骤如下：

1）将接收机设置为移动站电台模式。

2）打开移动站主机，将其固定在碳纤对中杆上面，拧上 UHF 差分天线。

3）安装好手簿托架和手簿，如图 5-2-19 所示。

5. 设置移动站

移动站架设好后需要对移动站进行设置才能达到固定解状态，步骤如下：

1）手簿及工程之星连接（与基准站蓝牙连接相同）。

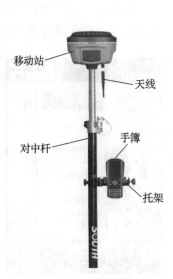

图 5-2-19　架设移动站

2）移动站设置：配置→仪器设置→移动站设置（主机必须是移动站模式）。

3）对移动站参数进行设置，一般只需要设置差分数据格式，选择与基准站一致的差分数据格式即可，确定后回到主界面。

4）通道设置：配置→仪器设置→电台通道设置，将电台通道切换为与基准站电台一致的通道号，如图 5-2-20 所示。

设置完毕，移动站达到固定解后，即可在手簿上看到高精度的坐标。

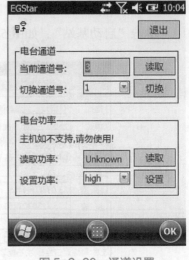

图 5-2-20　通道设置

6. 新建及打开工程及工程设置

（1）新建工程

操作：工程→新建工程。

单击"新建工程"，出现新建作业的界面，如图 5-2-21 所示。首先在工程名称里面输入所要建立工程的名称，新建的工程将保存在默认的作业路径"\Storage Card\EGJobs\"里面。如果之前已经建立过工程，并且要求套用以前的工程，可以勾选"套用模式"，如图 5-2-22 所示，并选择套用工程的 eg 文件，然后单击"确定"。如果需要进行坐标参数预设，可以勾选"坐标参数预设"。单击"确定"，工程建立完毕。

（2）打开工程

操作：工程→打开工程，如图 5-2-23 所示。

打开一个已经存在的工程文件，例如要打开工程 150303，按下列操作进行：

EGJobs → 150303 文件夹→ 150303.eg。150303.eg 是一个系统参数设置文件，每次打开工程时，都必须选择"工程名 .eg"才可。

图 5-2-21　新建工程

图 5-2-22　套用工程

图 5-2-23　打开工程

（3）工程设置

工程设置主要是天线高、存储、显示、其他。

操作：配置→工程设置。

输入移动站的天线高，并勾选"直接显示实际高程"，这样在测量屏幕上显示的便是测量点的实际高程。如果不勾选，屏幕上显示的是天线相位中心即天线头的高程。在此设置了天线高以后，再进行测量时，在天线高不变的情况下不需要另外输入天线高，如图 5-2-24 所示。

天线高的量取方式有三种：直高、斜高和杆高。

直高：地面到主机底部的垂直高度 + 天线相位中心到主机底部的高度。

斜高：橡胶圈中部到地面点的高度。

杆高：主机下面的对中杆的高度。

这里可以把其他高换算成直高，单击"详细"按钮，如图 5-2-25 所示，工程之星会读出主机的天线信息，在后面的文本框中输入测量的高度，选择相应的测量方式后单击"计算"便可以得出直高。

 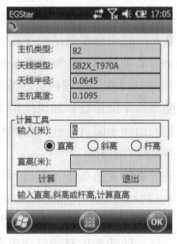

图 5-2-24　天线高设置　　　图 5-2-25　天线高计算

7. 坐标系统设置

新建工程完成后，接着要设置坐标系统和一些其他的参数。进入参数设置向导，如图 5-2-26 所示。

可以新建或编辑坐标系统。单击"增加"或者"编辑"按钮，出现图 5-2-27 所示的界面。输入参考系统名，在椭球名称后面的下拉选项框中选择工程所用的椭球系统，输入中央子午线等投影参数。然后在顶部的选择菜单（水平、高程、七参、垂直）选择并输入所建工程的其他参数，并且勾选"使用四参数"或者"使用七参数"前的复选框，表明新建的工程中会使用此参数。如果没有四参数、七参数和高程拟合参数，可以单击"OK"，则坐标系统建立完毕。

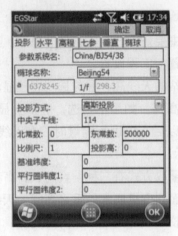

图 5-2-26　坐标系统选择编辑　　　图 5-2-27　坐标系统编辑

8. 求转换参数

GPS 接收机输出的数据是 WGS-84 经纬度坐标，需要转化到施工测量坐标，这就需要软件进行坐标转换参数的计算和设置，转换参数就是完成这一工作的主要工具。求转换参数主要是计算四参数或七参数和高程拟合参数，可以方便直观地编辑、查看、调用参与计算四参数和高程拟合参数的控制点。在进行四参数的计算时，至少需要两个控制点的两套不同坐标系坐标参与计算才能最低限度的满足控制要求。高程拟合时，如果使用三个点的高程进行计算，高程拟合参数类型为加权平均；如果使用 4~6 个点的高程，高程拟合参数类型为平面拟合；如果使用 7 个以上点的高程，高程拟合参数类型为曲面拟合。控制点的选用和平面、高程拟合都有着密切而直接的关系，这些内容涉及大量的布设经典测量控制网的知识。

求转换参数的做法大致如下：假设利用 A、B 这两个已知点来求转换参数，那么首先要有 A、B 两点的 GPS 原始记录坐标和测量施工坐标。A、B 两点的 GPS 原始记录坐标的获取有两种方式：一种是布设静态控制网，采用静态控制网布设时后处理软件的 GPS 原始记录坐标；另一种是 GPS 移动站在没有任何校正参数作用时，固定解状态下记录的 GPS 原始坐标。在操作时，先在坐标库中输入 A 点的已知坐标，之后软件会提示输入 A 点的原始坐标，然后再输入 B 点的已知坐标和 B 点的原始坐标，录入完毕并保存后（保存为 *.cot 文件）自动计算出四参数或七参数和高程拟合参数。

9. 求转换参数示例

下面以具体例子来演示求转换参数的过程。

（1）四参数

软件中的四参数指的是在投影设置下选定的椭球内 GPS 坐标系和施工测量坐标系之间的转换参数。参与计算的控制点原则上至少要用两个或两个以上，控制点等级和点位分布直接决定了四参数控制范围。经验上四参数理想的控制范围一般都在 20~30km² 以内。

操作：输入→求转换参数，出现图 5-2-28 所示的界面。打开之后单击"增加"，出现图 5-2-29 所示的界面。

图 5-2-28 控制点坐标库　　　图 5-2-29 输入已知点坐标

软件界面上有具体的操作说明和提示，根据提示，输入控制点的已知平面坐标，控制点已知平面坐标的录入有以下两种方式。

1）从坐标管理库中选择已经录入的控制点已知坐标。

2）直接输入已知坐标。

控制点已知平面坐标输入完毕之后，单击右上角的"OK"或"确定"（单击"×"则退出）进入图 5-2-30 所示的界面。

根据提示输入控制点的大地坐标（这里即控制点的原始坐标）。原始坐标有以下三种输入方法。

①从坐标管理库选点。单击"从坐标管理库选点"出现图 5-2-31 所示的界面，然后选择需要的坐标点，单击"确定"，出现图 5-2-32 所示的界面。

这种输入方法是最简单、清晰的，建议采用这种方式。

②读取当前点坐标（即在该点对中整平时记录一个原始坐标，并录入到对话框）。

③输入大地坐标。查看调入的原始坐标是否正确，确定无误后单击"OK"，出现图 5-2-33 所示的界面。至此，第一个点增加完成，单击"增加"，重复上面步骤，增加另外的点。

所有的控制点都输入以后，向右拖动滚动条查看水平精度和高程精度，如图 5-2-34 所示，查看确定无误后，单击"保存"，出现图 5-2-35 所示的界面。

在这里选择参数文件的保存路径并输入文件名，建议将参数文件保存在当天工程下文件名为 Info 的文件夹中。完成之后单击"确定"出现图 5-2-36 所示的界面。单击"保存成功"小界面右上角的"OK"，四参数已经计算完毕并保存，完成后出现图 5-2-37 所示的界面。

图 5-2-30　增加点的路径选择

图 5-2-31　控制点的原始坐标

图 5-2-32　控制点大地坐标

图 5-2-33　增加点完成

图 5-2-34　查看水平精度
和高程精度

图 5-2-35　保存控制点
参数文件

图 5-2-36　保存成功

图 5-2-37　保存完毕

这时如果单击右上角的"×"，表示计算了四参数，但是在工程中不使用四参数。单击下面的"应用"按钮，出现图 5-2-38 所示的界面，单击"是"，就可以将四参数应用于当前工程。单击下面的"查看"按钮查看所求的四参数，进入开始界面后可以单击右上角的 ▦ 查看水平参数，如图 5-2-39、图 5-2-40 所示。

图 5-2-38　参数赋值

图 5-2-39　查看四参数　　　　图 5-2-40　水平参数查看

如果某一个点的平面或是高程不确定是否参与计算，选中该点单击"使用"按钮，如图 5-2-41 所示，只勾选"使用平面"或"使用高程"就可以了。

注："增加"，增加一对控制点；"编辑"，编辑一个控制点，对其所含数据进行修改；"删除"，删除控制点；"设置"，设置计算参数的方法及限制条件，如图 5-2-42 所示；"打开"，打开一个已有的参数文件，后缀为"cot"；"保存"，将控制点坐标库里面的数据及计算出来的四参数保存为一个参数文件；"查看"，查看所求的参数。

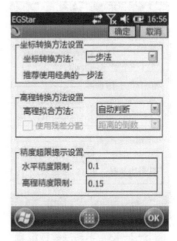

图 5-2-41　控制点参与计算方式　　图 5-2-42　四参数计算设置

（2）七参数

计算七参数的操作与计算四参数基本相同，相关操作参见上述内容。

七参数的应用范围较大（一般大于 50km^2），计算时用户需要知道三个已知点的地方坐标和 WGS-84 坐标，即 WGS-84 坐标转换到地方坐标的七个转换参数。

注意：三个点组成的区域最好能覆盖整个测区，这样的效果较好。

七参数的格式：X 平移，Y 平移，Z 平移，X 轴旋转，Y 轴旋转，Z 轴旋转，缩放比例（尺度比）。

使用四参数方法进行 RTK 的测量可在小范围（20~30km^2）内使测量点的平面坐标及高程的精度与已知的控制网之间配合很好，只要采集两个或两个以上的地方坐标点就可以了，但是在大范围（比如几十、几百平方千米）进行测量的时候，往往四参数不能在部分范围起到提高平面和高程精度的作用，这时候就要使用七参数方法。

首先需要进行控制测量和水准测量，在区域中已知坐标的控制点上进行静态控制，然后在进行网平差之前，在测区中选定一个控制点 A 作为静态网平差的 WGS-84 参考站。使用一台静态仪器在该点固定进行 24h 以上的单点定位测量（这一步在测区范围相对较小、精度要求相对低的情况下可以省略），然后再导入到软件里将该点单点定位坐标平均值记录下来，作为该点的 WGS-84 坐标。由于进行了长时间观测，其绝对精度能达到 2m 左右。接着对控制网进行三维平差，需要将 A 点的 WGS-84 坐标作为已知坐标，算出其他点位的三维坐标，但至少需要三组，输入完毕后计算出"七参数"。

"七参数"的控制范围和精度虽然增加了，但七个转换参数都有参考限值，X、Y、Z 轴旋转一般都必须是秒级的；X、Y、Z 轴平移一般小于 1000。若求出的七参数不在这个限值以内，一般是不能使用的。这一限制还是很严格的，因此在具体使用七参数还是四参数时要根据具体的施工情况而定。

操作：输入→求转换参数，如图 5-2-43、图 5-2-44 所示。

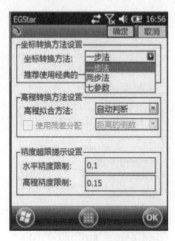 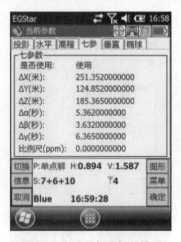

图 5-2-43　求转换参数设置　　　　图 5-2-44　查看七参数

操作同四参数求法，先输入至少 3 个已知点的工程坐标和原始坐标，单击"设置"，在坐标转换方法的下拉框中选择"七参数"，单击"确定"或"OK"，返回到求参数界面，单击"保存""应用"即可，七参数计算完毕。

注：有一个三参数的概念，它实际上是从七参数延伸出来的，当七参数不考虑各轴旋转和尺度比的时候，就只有平移参数。三参数多用在范围小、测量要求不高的测区。

10. 校正向导

校正向导是灵活运用转换参数的一个工具。由于 GPS 输出的是 WGS-84 坐标，而且 RTK 基准站的输入坐标也只认 WGS-84 坐标，所以大多数 GPS 在使用转化参数时的普遍方式为，把基准站架设在已知点上，在基准站直接或间接地输入 WGS-84 坐标启动基准站。这种方式的缺点是每次都必须用控制器与基准站连接后启动基准站，这种模式在测量外业作业时在操作上会带来一定的麻烦。而使用校正向导可以避免用控制器启动基准站，可以选择基准站架设在任意点上自动启动，大大提高了使用的灵活性。

校正向导需要在已经打开转换参数的基础上进行。校正参数一般是用在求完转换参数而基站进行过开关机操作，或是有工作区域的转换参数，可以直接输入的时候，校正向导产生的参数实际上是使用一个公共点计算两个不同坐标的"三参数"，在软件里称为校正参数。校正向导有两种途径，即基准站架在已知点上或基站架在未知点上，还有两种方法，即输入已知点坐标直接校正，或先采点再进行校正，下面一一进行介绍。

（1）基准站架在已知点校正

当移动站收到基准站架设在已知点自动发射的差分信号以后，软件进行以下操作才有效。

1）在参数浏览里先检查所要使用的转换参数是否正确，然后进入"校正向导"，如图 5-2-45 所示。

2）选择"基准站架设在已知点"，单击"下一步"后，如图 5-2-46 所示。

图 5-2-45 校正向导

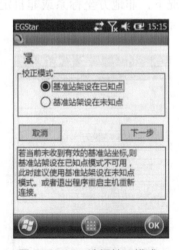

图 5-2-46 选择校正模式

3）输入基准站架设点的已知坐标及天线高，并且选择天线高形式，输入完后单击

"校正"，如图 5-2-47 所示。

4）系统会提示是否校正，并且显示相关帮助信息，检查无误后单击"确认"，校正完毕，如图 5-2-48 所示。

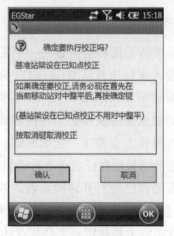

图 5-2-47　输入基准站坐标　　　　图 5-2-48　校正确认

（2）基准站架在未知点校正（直接校正）

当移动站在已知点水平对中并达到固定解以后，软件进行以下操作才有效。

1）在参数浏览里先检查所要使用的转换参数是否正确，然后进入"校正向导"。

2）在校正模式选择里面选择"基准站架设在未知点"，再单击"下一步"，如图 5-2-49 所示。

3）系统提示输入当前移动站的已知坐标，再将移动站对中立于点 A 上，输入 A 点的坐标、天线高和天线高的量取方式后单击"校正"，系统会提示是否校正，单击"确定"即可。通常情况下，非地方坐标系或非自定义坐标系的平面校正参数在几百米之内，如图 5-2-50~ 图 5-2-52 所示。

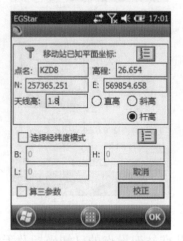

图 5-2-49　校正模式选择　　　　图 5-2-50　数据输入及校正

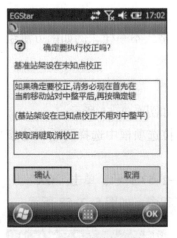

图 5-2-51　确认执行校正　　　图 5-2-52　查看校正参数

（3）基准站架在未知点校正（先采点再校正）

这种方法其实和求转换参数非常相似，校正会比上面的操作更准确，可预先在工程设置里面输入已经计算好的转换参数。

1）在点采集界面进行平滑存储。

2）在校正模式选择里面选择"基准站架设在未知点"，再单击"下一步"，如图 5-2-53 所示。

3）输入 1）中所采点的已知平面坐标，勾选上"选择经纬度模式"，单击进入"坐标管理库"中，选择所采点的原始 RTK 坐标，单击"校正"，如图 5-2-54 所示，此时移动站不需要对中。

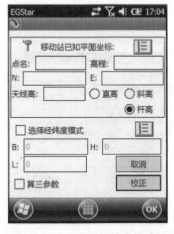

图 5-2-53　校正模式选择　　　图 5-2-54　选择经纬度模式校正

求完转换参数，就可以进行后续的像片控制测量工作了。

11. 文件的导入和导出

操作：工程→文件导入导出。

说明：在作业之前，如果有参数文件可以直接导入，测量完成后，要把测量成果以不同的格式输出（不同的成图软件要求的数据格式不一样，例如南方测绘成图软件 CASS 的数据格式为：点名，属性，Y，X，H）。

（1）文件导入

操作：工程→文件导入导出→文件导入，如图 5-2-55 所示。

如图 5-2-56 所示，在导入文件类型的下拉选项框中选择要导入的参数的文件类型，主要有南方加密参数文件、天宝参数文件等。

打开文件选择要导入的参数文件，如图 5-2-57 所示，单击"OK"。

单击"导入"则参数文件导入到了当前工程中，如图 5-2-58 所示。

图 5-2-55　文件导入导出

图 5-2-56　文件导入

图 5-2-57　选择导入文件

图 5-2-58　文件导入完毕

（2）文件导出

操作：工程→文件导入导出→文件导出。

打开"文件导出"，在数据格式里面选择需要输出的格式，如图 5-2-59、图 5-2-60

所示。

如果没有需要的文件格式，单击"自定义"填入格式名和描述以及扩展名，在数据列表中依次选中导出的数据类型后单击"增加"，如图 5-2-61、图 5-2-62 所示。全部添加完之后单击"确定"或"OK"，则自定义的文件类型出现在文件类型列表中。

说明：此处的编辑只能编辑自己添加的自定义文件类型，系统固定的文件格式不能编辑。

如图 5-2-63 所示，选择数据格式后，单击"测量文件"，选择需要转换的原始数据文件，如图 5-2-64 所示；然后单击"确定"，出现图 5-2-65 所示的界面；此时单击"成果文件"，输入转换后保存文件的名称，如图 5-2-66 所示；然后单击"确定"，出现图 5-2-67 所示的界面；最后单击"导出"，出现图 5-2-68 所示的界面，则文件已经转换为所需要的格式。

图 5-2-59　选择文件输出
的格式及路径

图 5-2-60　选择数据格式

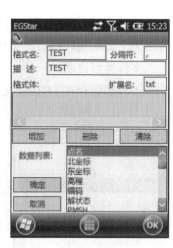

图 5-2-61　输入格式名、
扩展名

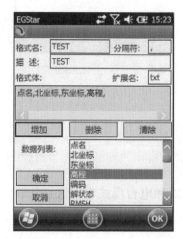

图 5-2-62　自定义文件格式

图 5-2-63　选择文件格式

图 5-2-64　选择要输出的
原始测量文件

图 5-2-65 选择源文件

图 5-2-66 输入目标文件的名称

图 5-2-67 设置完毕

转换格式后的数据文件保存在"\storage card\egjobs\150303\Data\"里面。图 5-2-69 所示为上面示例转换后的文件格式。

文件类型说明：

工程都保存在 EGJobs 文件夹下，如图 5-2-70 所示。

图 5-2-68 转换后的成果
文件路径

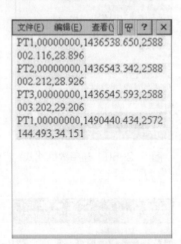

图 5-2-69 转换后的数据
文件格式

图 5-2-70 EGJobs 文件夹

工程目录的文件结构如图 5-2-71~ 图 5-2-73 所示。

 引导问题 4

上文学习了电台模式像片控制测量的操作，那么网络模式和电台模式有何区别和联系，网络模式下 RTK 如何设置，如何进行像片控制测量？

图 5-2-71　工程 150303 包含的文件

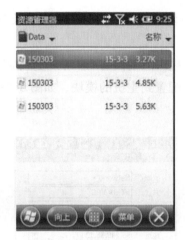

图 5-2-72　Data 文件夹中的文件

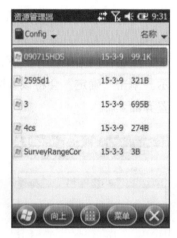

图 5-2-73　Config 文件夹中的文件

技能点 2　网络 RTK 模式

网络 RTK 模式与电台模式的主要区别是采用网络方式传输差分数据，因此在架设上与电台模式类似，但在工程之星的设置上区别较大，下面予以介绍。

1. 网络基准站和移动站的架设

网络 RTK 模式与电台模式只是在传输方式上有所不同，因此架设方式类似，区别在于：

1）基准站切换为基准站网络模式，无需架设电台和蓄电池，需要安装 GPRS 差分天线。

2）移动站切换为移动站网络模式，且安装 GPRS 差分天线。

2. 网络基准站和移动站的设置

网络 RTK 模式基准站和移动站的设置完全相同，先设置基准站，再设置移动站即可。设置步骤如下：

设置：配置→网络设置，进入图 5-2-74 所示的网络设置界面。

此时需要新增加网络链接，单击"增加"进入网络参数设置界面，如图 5-2-75 所示。

注："从模块读取"功能，是用来读取系统保存的上次接收机使用"网络连接"设置的信息，单击读取成功后，会将上次的信息填写到输入栏，以供检查和修改。

依次输入相应的网络配置信息，如图 5-2-76 所示。

接入点不必输入，输完后，单击"获取接入点"，进入图 5-2-77 所示的获取源列表界面，工程之星会对主机模块进行输入信息的设置以及登录服务器，获取到所有的接入点。

　　然后在网络配置界面下，接入点后面的下拉框中选择需要的接入点，如图 5-2-78 所示。单击"确定"会将该参数配置到主机的模块，如图 5-2-79 所示，系统返回到网络配置界面。

图 5-2-74　网络设置界面

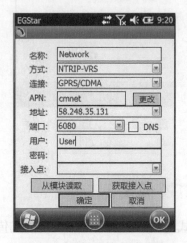

图 5-2-75　网络参数设置

图 5-2-76　网络参数输入

图 5-2-77　获取接入点

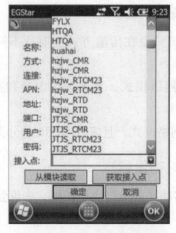

图 5-2-78　选取接入点

图 5-2-79　保存网络配置

　　单击"连接"，进入网络连接界面，如图 5-2-80 所示。主机会根据程序步骤一步一步地进行拨号连接，下面的对话框会分别显示连接的进度和当前进行到的步骤的文字说明。连接成功，上发 GGA 之后单击"确定"，进入到工程之星初始界面，如图 5-2-81 所示。

　　后面的新建项目、参数计算、碎步测量以及数据导出等作业步骤与电台模式相同。

图 5-2-80　连接　　　　　图 5-2-81　连接上网络

拓展课堂

北斗"想象无限"

在距离地球表面 20000~40000km 的地方，只有极致的宁静与寒冷；在这里，中国制造的北斗导航卫星，正在 24h 工作着；从太空向地球望去，你就会发现，我们的生活早已改变许多；在今天看来理所当然的事情，都因为导航卫星的出现而重新定义。

北斗卫星是中国为全球用户，提供全天候、全天时，高精度、定位导航和授时服务的国家重要的时空基础设施。基于北斗的技术，我们可以捕捉到几毫米的位置移动，可以传递极致的精准时间，精确到几百万年只差一秒；我们可以随时得知购买的商品，将在何时抵达；行驶中的汽车，可以依靠卫星导航来寻找更快的路径。

北斗，已经构成了一个环绕地球的导航星座，分别由 30 颗北斗三号卫星、15 颗北斗二号卫星，以及许多颗试验卫星和备份星共同在轨组成；它们各自飞行在不同高度、不同角度的太空轨道上。虽然我们无法直接看到卫星，但智能手机的内置芯片，无时无刻不在接收着北斗发出的信号。

北斗的高精度定位和导航功能，已经让我们感受到无人驾驶时代的气息；实现大范围无人驾驶，正是大多数人对未来生活的理解；许多中国工程师正在应用北斗系统的位置计算，加上车身雷达捕捉周边动态，让汽车自己独立做出行驶判断，相信用不了多久，这些奇妙的体验，便是我们每一个人真实生活的方式。

作为时空基准的北斗导航卫星，是一种神奇的航天器；在服务于人类的同时，它也偶尔促使我们去思考，我们如何面对自己，又如何面对我们身处的世界。

新疆，天山山脉的雪线以上，巨大的冰川形成一座座固体的水库；亿万年的冰川，融水化为数百条河流的源头。一号冰川是世界上离城市最近的冰川，2018 年起，北斗高精度定位，开始用于对一号冰川的观测，帮助人类发现冰川难以用肉眼观察的细微变化；一号冰川的东、西两支，正在不断退缩。按照这样的速度，不到 100 年，一号冰川将会彻底从地球上消失。虽然在全球变暖的大环境下，冰川逐步消融，无法完全避免，但在它彻底消失之前，人们正在竭尽全力延缓消融速度。

除了定位和导航，北斗卫星系统还有精准授时功能，这意味着中国人把时间，这一物质周期变化的规律，掌握在自己手里。每颗北斗卫星都装载着高精度原子钟，通过原子跃迁计时，代表着目前人类对精准时间计算的极致。中国纵横南北的高速列车，对精准时间要求极高；中国第一条智能高铁，京张高铁动车组，考验着对时间的精准把控，在 350km/h 最高时速下，以北斗授时为基准，京张高铁实现运行、故障、通信和自动化程序的时间同步，列车自带的北斗多合一天线，对列车的时间、位置等信息进行实时监控。

我们为什么要制造北斗卫星导航系统，这个问题有无数个答案。但归根结底这个答案就是："我们日复一日地生活，我们正在创造更美好的世界，我们在努力触摸想象力和创造力的边界，努力让我们的下一代有机会实现他们的理想。"而北斗正在让这种美好的想象力成为现实。

今天，北斗系统已全面服务于交通运输、公共安全、救灾减灾、农林牧渔、城市治理等各行各业；融入电力、金融、通信等国家核心技术设施建设，与新一代通信、区块链、物联网、人工智能等新技术深度融合。不断将美好的想象力变为现实的途径，每一颗北斗卫星，都是我们这一代人，最具想象力的恢宏巨作。这种想象力的终极价值，是我们自己，是日复一日的生活，是对美好的向往，是关乎全人类命运的共同未来。

技能考核工单

考核工作单名称			像片控制测量			
编号	5-1	场所/载体	实验室（实训场）/实装（模拟）		工时	1
项目	内容		考核知识技能点		评价	
1. 电台模式	1. 架设基准站并设置		1. 架设基准站：（1）将接收机设置为基准站外置模式。（2）架好三脚架，放电台天线的三脚架最好放到高一些的位置，两个三脚架之间保持至少 3m 的距离。（3）固定好基座和基准站接收机，打开基准站接收机。（4）安装好电台发射天线，把电台挂在三脚架上，将蓄电池放在电台的下方。（5）用多用途电缆线连接好电台、主机和蓄电池 2. 启动并设置基准站：（1）使用手簿上的工程之星连接基准站。（2）基准站设置：配置→仪器设置→基准站设置。（3）对基站参数进行设置。一般的基站参数设置只需设置差分格式就可以，其他使用默认参数。（4）保存好设置参数后，单击"启动基站"。（5）设置电台通道，在外挂电台的面板上对电台通道进行设置		
	2. 架设移动站并设置		1. 移动站的架设。（1）将接收机设置为移动站电台模式。（2）打开移动站主机，将其固定在碳纤维对中杆上面，拧上 UHF 差分天线。（3）安装好手簿托架和手簿 2. 设置移动站：（1）手簿及工程之星连接。（2）移动站设置：配置→仪器设置→移动站设置。（3）对移动站参数进行设置，一般只需要设置差分数据格式，选择与基准站一致的差分数据格式即可，确定后回到主界面。（4）通道设置：配置→仪器设置→电台通道设置，将电台通道切换为与基准站电台一致的通道号		
	3. 新建工程		1. 新建工程 2. 打开工程 3. 工程设置：主要是天线高、存储、显示、其他 4. 坐标系统设置。输入参考系统名，在椭球名称后面的下拉选项框中选择工程所用的椭球系统，输入中央子午线等投影参数。然后在顶部的选择菜单（水平、高程、七参、垂直）选择并输入所建工程的其他参数，并且勾选"使用四参数"或者"使用七参数"前的复选框，表明新建的工程中会使用此参数		
	4. 求转换参数		1. 四参数 操作：（1）输入→求转换参数，打开之后单击"增加"，根据提示输入控制点的已知平面坐标，控制点已知平面坐标输入完毕之后，单击右上角的"OK"或		

（续）

项目	内容	考核知识技能点	评价
1. 电台模式	4. 求转换参数	"确定"。（2）根据提示输入控制点的大地坐标。查看调入的原始坐标是否正确，确定无误后单击右上角"OK"，至此，第一个点增加完成。（3）单击"增加"，重复上面的步骤，增加另外的点。（4）所有的控制点都输入以后，向右拖动滚动条查看水平精度和高程精度，确定无误后，单击"保存"。（5）单击"应用"按钮，单击"是"，就可以将四参数应用于当前工程 2. 七参数 操作同四参数，先输入至少3个已知点的工程坐标和原始坐标，单击"设置"，在坐标转换方法的下拉框中选择"七参数"，单击"确定"或"OK"，返回到求参数界面，单击"保存""应用"即可 3. 校正向导 （1）基准站架在已知点校正 ①在参数浏览里先检查所要使用的转换参数是否正确，然后进入"校正向导" ②选择"基准站架设在已知点"，单击"下一步" ③输入基准站架设点的已知坐标及天线高，并且选择天线高形式，输入完后即可单击"校正" ④系统会提示是否校正，并且显示相关帮助信息，检查无误后单击"确认"，校正完毕 （2）基准站架在未知点校正（直接校正） ①在参数浏览里先检查所要使用的转换参数是否正确，然后进入"校正向导" ②在校正模式选择里面选择"基准站架设在未知点"，再单击"下一步" ③系统提示输入当前移动站的已知坐标，再将移动站对中立于点A上，输入A点的坐标、天线高和天线高的量取方式后单击"校正"，系统会提示是否校正，单击"确定"即可。通常情况下，非地方坐标系或非自定义坐标系的平面校正参数在几百米之内 （3）基准站架在未知点校正（先采点再校正） ①在点采集界面进行平滑存储。 ②在校正模式选择里面选择"基准站架设在未知点"，再单击"下一步" ③输入①中所采点的已知平面坐标，勾选上"选择经纬度模式"后单击进入"坐标管理库"中，选择所采点的原始RTK坐标，单击"校正"	

（续）

项目	内容	考核知识技能点	评价
1.电台模式	5.文件的导入和导出	1.文件导入 操作：工程→文件导入导出→文件导入 2.文件导出 操作：工程→文件导入导出→文件导出 在数据格式里面选择需要输出的格式，如果没有需要的文件格式，单击"自定义"填入格式名和描述以及扩展名，在数据列表中依次选中导出的数据类型后单击"增加"，全部添加完之后单击"确定"或"OK"，则自定义的文件类型出现在文件类型列表中	
2.网络RTK模式	1.网络基准站和移动站的架设	1.基准站切换为基准站网络模式，无需架设电台和蓄电池，需要安装GPRS差分天线 2.移动站切换为移动站网络模式，且安装GPRS差分天线	
	2.网络基准站和移动站的设置	网络RTK模式基准站和移动站的设置完全相同，先设置基准站，再设置移动站即可 1.配置→网络设置，单击"增加"进入网络参数设置界面，依次输入相应的网络配置信息，接入点不必输入 2.输完后单击"获取接入点"，进入获取源列表界面，工程之星会对主机模块进行输入信息的设置以及登录服务器，获取到所有的接入点 3.然后在网络配置界面下，接入点后面的下拉框中选择需要的接入点，单击"确定"会将该参数配置到主机的模块，系统返回到网络配置界面 4.单击"连接"，进入网络连接界面，主机会根据程序步骤一步一步地进行拨号连接，下面的对话框会分别显示连接的进度和当前进行到的步骤的文字说明。连接成功，上发GGA之后单击"确定"，进入到工程之星初始界面	
	3.新建工程、求转换参数	与电台模式相同	

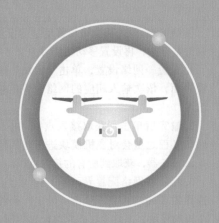

06 模块六   无人机影像数据处理

无人机现场飞行结束后获取到影像、POS 等数据，就可以进行影像的数据处理了。本模块首先介绍了 ContextCapture 软件基本功能及应用、集群的建设方法，随后重点介绍了 ContextCapture 倾斜摄影测量数据处理流程，然后介绍了 Mirauge3D 软件，以及 Mirauge3D 与 ContextCapture 相结合的作业模式，最后介绍了用大疆智图进行倾斜摄影测量数据处理的流程。通过对本模块的学习，你应该掌握倾斜摄影测量数据处理的基本流程；掌握 ContextCapture、Mirauge3D、大疆智图等软件的基本操作；能熟练应用这些软件进行影像数据导入、POS 导入、空三加密、模型重建等操作，完成无人机影像数据处理。

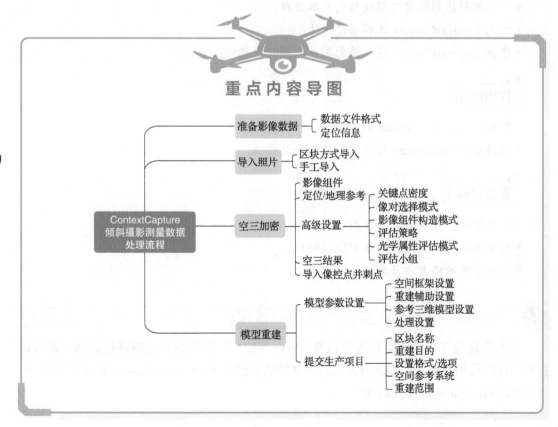

学习任务 1　ContextCapture 软件介绍及应用

无人机影像数据处理是利用摄影测量软件处理无人机影像数据，解求影像的精确外方位元素，获取数字测绘产品的过程。与传统的机载航空影像的数据处理过程相比，低空无人机航摄大多搭载 GPS，可获取初始的外方位元素用于辅助空中三角测量。但是由于无人机机身轻，受惯性影响大，姿态不稳定，GPS/IMU 系统精度不高，生产高精度、大比例尺的测绘产品尚需依赖少量地面控制点。同时，由于无人机搭载相机属于非量测数码相机，在摄影测量影像数据处理时无须内定向，但是需进行相机检校，解求相机畸变差，进行影像改正。除此之外，其他的数据处理过程与传统的航空影像数据处理相差不大。而倾斜摄影测量系统进行三维建模的主要过程是，基于多角度倾斜相机摄影数据获取系统飞行拍摄的影像、拍摄时同步记录的 POS 数据、该区域 DSM 数据和 DLG 数据等资料，进行必要的加工处理，建立基于机载多角度倾斜摄影影像的三维测量系统。本节主要介绍 ContextCapture Center 倾斜摄影测量软件三维建模的基本流程。

知识目标

- 掌握倾斜摄影测量数据处理的基本流程。
- 掌握 ContextCapture 集群搭建方法。
- 掌握 ContextCapture 倾斜摄影测量数据处理操作。

技能目标

- 能搭建 ContextCapture 集群。
- 能用 ContextCapture 处理倾斜摄影测量数据。

素养目标

- 培养学生严谨认真的工作态度。
- 培养学生不怕失败，不断尝试的精神。
- 培养学生的终身学习意识。

❓ 引导问题 1

无人机现场飞行结束后获取到影像、POS 等数据，结合像片控制测量数据，就可以进行影像的数据处理了。能进行影像数据处理的软件很多，ContextCapture 就是其中之一，那么 ContextCapture 有哪些功能？

知识点　ContextCapture 介绍

1. ContextCapture Center 简介

实景建模软件 ContextCapture（CC）是 Bentley 公司于 2015 年收购法国 Acute3D 公司的产品，Bentley 为全球基础设施行业提供 BIM 解决方案的定位，需要一款能够通过扫描、拍摄等手段获取现实模型的应用软件，解决将现实的模型转变为"电子模型"的应用需求。

ContextCapture 是一种基于前 Smart3D Capture 技术开发的允许从简单照片生成高分辨率 3D 模型的 cax\ead 工具。ContextCapture 的原理是分析来自不同视点的静态主体的几张照片，并自动检测对应于同一物理点的像素，从许多这样的对应关系中，可以推断出照片的相对方向和场景的准确 3D 形状。借助 ContextCapture，用户可利用数码相机所拍摄的照片，为当前环境轻松生成高分辨率的三维模型。此软件还可生成包含参考照片的详细实景网格，为用户生成可导航的三维模型，该模型具有逼真的精美细节、清晰的边缘以及精确的几何特性。用户可以按照自己的需求，以任意尺寸（大到城市规模）或分辨率创建模型，而创建速度比其他技术迅速得多，非常实用。

1）使用来自不同相机和传感器的图像：使用各种各样的相机，从智能手机到专业化的高空或地面多向采集系统。利用各种可以获得的图像格式和元数据来制作三维模型。

2）创建动画、视频和漫游场景：通过呈现任何大小的快照，生成高分辨率的平剖图和透视图。使用输出标尺、刻度和定位来设置图像大小和刻度，以便能够准确重复利用。充分利用基于时间的、直观逼真的漫游场景和对象动画系统，轻松快速地生成电影。

3）创建高保真图像：支持精确的制图和工程设计，将几乎任何格式的影像和投影组合在一起。

4）创建可扩展的地形模型：使用和显示大型可扩展地形模型，提高大型数据集的投资回报。以多种模式显示可扩展的地形模型，例如，带阴影的平滑着色、坡向角、立面图、斜坡和等高线等。使用 DGN 文件、点云数据等源数据同步地形模型。

5）采用可扩展的计算能力：使用台式计算机和群集处理设备的最新计算系统，利用 GPU 计算、多核计算、高级光束法区域网平差、拼接机制、任务排队和监控、网格计算和超大型项目管理功能，加快生产速度。

6）生成二维和三维 GIS 模型：使用一系列完整的地理数据类型（其中包括真实正射影像、点云、栅格数字高程模型和 Esri I3S 格式），生成准确的地理参考三维模型。包含 SRS 数据库接口，可确保与选择的 GIS 解决方案的数据互用性。

7）生成三维 CAD 模型：通过使用一系列传统的 CAD 格式，包括 STL、OBJ 或 FBX、点云格式生成三维模型。

8）集成数据来自许多途径：通过将附加数据附加到网格的特定部分，提供基于相关联的数据搜索和可视化网格区域的能力，以丰富现实网格与诸如地理空间信息的附加数据。

9）整合位置数据：利用地面控制点或者 GPS 标签来生成精确的地理参照模型。能够定位项目，并更精确的测量坐标、长度、面积和体积。

10）测量和分析模型数据：通过在三维视图界面内直接精确地测量距离、体积和表面积，节省获取准确答案所需的时间。

11）几何模型源于实景建模数据：从现实网格和点云中提取断裂线、漆线、表面、位面、柱面及柱面中心线。有效的剪辑和截断点云和现实网格，以精简矢量提取。

12）执行自动空中三角测量和三维重建：通过自动识别每张相片的相对位置和方向，充分校准所有图像。利用自动三维重建、纹理映射以及对捆绑关系和重建约束的重新处理，可确保得到高度精确的模型。

13）发布和查看支持 Web 的模型：生成专门为 Web 发布而优化且可使用免费插件 Web 查看器进行查看的任何大小的模型。这允许实时在 Web 上共享并以可视化方式呈现三维模型。

14）可视化、操作和编辑现实建模数据：可视化和编辑数十亿点点云，更改其分类、颜色，删除或编辑点。操纵现实网格和可扩展地形模型与数亿个三角瓦片。

2. ContextCapture 版本介绍

实景建模软件 ContextCapture 有两个版本，一个是普通版 ContextCapture，一个是中心版 ContextCapture Center。顾名思义，后者可以进行集群计算，而且提供了水面约束功能以及 SDK。普通版除了没有这些功能外，对数据量也有要求，如图 6-1-1 所示。

项目	ContextCapture	ContextCapture Center
Windows版本	√	√
照片格式（JEPG/RAW/TIFF）-数据导入/项目的限制（千兆像素）	100	不受限制
三维网格导出格式（3MX/OBJ/FBX/KML/Collada/STL/OSGB）	√	√
三维彩色散点图导出（POD/LAS）	√	√
真实正射影像+2.5D数字表面模型（TIFF/GEOTIFF）	√	√
地理参考	√	√
缩放比例项目的并行（群集）处理		√
模块化和可扩展性（增加了额外的主控/引擎模块）		√
开发套件		√

图 6-1-1　ContextCapture 版本介绍

3.ContextCapture 版本差异

无论是普通版还是中心版，当安装完毕后，都会有两个功能模块，一个是 ContextCapture Engine，一个是 ContextCapture Master。

实景建模的工作流程是，首先通过采集的照片计算它拍摄的位置，这是第一步，空间三角测量，这个过程是通过 Master 来完成的，而后通过 Engine 对这些数据进行优化计算，形成实景模型。

　　Master 相当于一个前端操作界面，通过它可以导入照片、视频等数据，进行空三计算，根据计算量划分为不同的区域，形成不同的任务，调用 Engine 进行计算。而 Center 版是可以调用多个任务的并行计算版本。

❓ 引导问题 2

　　倾斜摄影测量的数据量相当大，所以一般会考虑集群来完成空三及三维建模的工作，那么 ContextCapture 如何进行集群建设？

技能点 1　计算机集群的建设

　　通过上述对 ContextCapture Center 的介绍，我们了解到在建模或者空三的过程中软件支持并行任务运行，支持计算机集群操作。因为倾斜摄影测量的数据量相当大，所以一般会考虑集群来完成空三及三维建模的工作。

　　计算机集群简称集群，是一种计算机系统，它通过一组松散集成的计算机软件和 / 或硬件连接起来高度紧密地协作完成计算工作。在某种意义上，它们可以被看作是一台计算机。集群系统中的单个计算机通常称为节点，通常通过局域网连接，但也有其他的可能连接方式。集群计算机通常用来改进单个计算机的计算速度和 / 或可靠性。一般情况下集群计算机比单个计算机，比如工作站或超级计算机性价比要高得多。

1. 采用集群的目的

（1）提高性能

　　一些计算密集型应用，如天气预报、核试验模拟等，需要计算机有很强的运算处理能力，现有的技术，即使普通的大型机也很难胜任。这时，一般都使用计算机集群技术，集中几十台甚至上百台计算机的运算能力来满足要求。提高处理性能一直是集群技术研究的一个重要目标之一。

（2）降低成本

　　通常一套较好的集群配置，其软硬件开销要超过 100000 美元。但与价值上百万美元的专用超级计算机相比已属相当便宜。在达到同样性能的条件下，采用计算机集群比采用同等运算能力的大型计算机具有更高的性价比。

（3）提高可扩展性

　　用户若想扩展系统能力，不得不购买更高性能的服务器，才能获得额外所需的 CPU 和存储器。如果采用集群技术，则只需要将新的服务器加入集群中即可，对于客户来说，服务无论从连续性还是性能上都几乎没有变化，好像系统在不知不觉中完成了升级。

（4）增强可靠性

集群技术使系统在故障发生时仍可以继续工作，将系统停运时间减到最小。集群系统在提高系统的可靠性的同时，也大大减小了故障损失。

2. 集群硬件要求

主副机系统要求：Windows 10、Windows 7 皆可，但一定要用同一个版本。

集群硬件要求：CC 的主要作业流程包括空三和建模，其中空三性能主要由 CPU、内存决定，建模性能主要由显卡决定，其对硬件配置有一定要求。

1）交换机：万兆交换机，不能低于千兆，以提高数据传输的速度。使用网线构建局域网，不要和外网连接，否则数据会走外网，严重影响传输速度。

2）主机和从机：主机为主工程操作界面，一般进行空三，也可同时建模，从机主要进行并行建模。一般主机可配备显示器，其他则不需要，仅插显卡线即可。

3）主机和从机的硬件配置模式有以下几种。

①主机从机配置相同，可为最高配，这样任意节点只要挂上大的固态磁盘都可以作为主机使用，成本较高，不过所有节点都可以进行空三和建模，数据处理比较方便。

②主机内存和 CPU 配置较高，从机显卡配置高，CPU 和内存配置无须过高，不过也不要过低，否则会影响建模速度。这样空三在主机上运行，建模使用其他机器，成本较低，只是空三只能指定某台机器使用，对于 CC 多台机器运行空三时，有可能会随机指定机器空三，存在失败风险，还须人工切换高配置机器。

3. 集群设置

将集群的所有机器连接到局域网（这里假设主机为 A，副机为 B）共享磁盘、映射网络驱动器。

存放数据、工程和任务的共享盘，能够被所有节点访问，一般设置在主机上。

（1）主机共享盘设置

如将主机上的 D 盘设置为共享盘，则设置如下：

右键单击属性→共享→高级共享，如图 6-1-2 所示。

勾选共享文件夹，单击"应用"，单击"确定"，如图 6-1-3 所示。

由于配置集群，主机驱动器的分享盘符不能与集群任何设备上的盘符一样。因此为方便从机设置，最好将盘符改为一个靠后的字母，如 Y、Z、M 盘，将其作为共享盘设置。

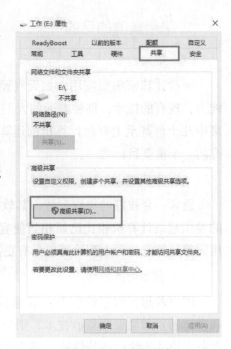

图 6-1-2　高级共享

（2）从机设置

对每一个从机进行如下设置：

选择计算机→单击右键→映射网络驱动器，如主机是 Y 盘，则在从机上填写能访问主机 Y 盘的路径（可以为计算机名，也可以是网络地址名），驱动器的名字必须为 Y 盘（和主机相同的磁盘名），如图 6-1-4 所示。

图 6-1-3　共享此文件夹　　　　　　　　图 6-1-4　映射网络驱动

设置好后，从机即会显示和主机共享盘相同的盘符，如图 6-1-5 所示。

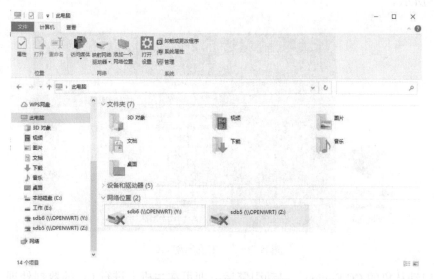

图 6-1-5　共享设置完成

（3）CC 任务路径设置

CC 是通过任务分发进行集群运行的，须进行任务路径的指定，且必须设置在共享盘上，这样所有的节点均可访问到该路径。

选择"ContextCapture Center Settings"，所有节点的任务路径均设置和主机相同，可为主机共享盘文件夹下的任一文件夹，如图 6-1-6 所示。

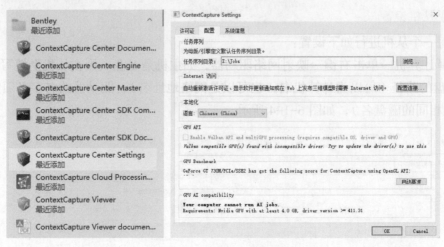

图 6-1-6　CC 任务路径设置

（4）CC 集群运行

CC 所有计算都是通过引擎来进行的，因此需要打开各个节点的引擎，才可以运行集群。

1）主机启动。主机配有显示器，直接单击"ContextCapture Center Engine"即可启动。注意查看 DOS 窗口下的路径是否和集群设置的一致，如果不一致则无法执行，如图 6-1-7 所示。

图 6-1-7　主机启动 CC

2）启动从机的 CC Engine。启动引擎后，即可在主机上进行 CC 的数据处理。

将数据复制到主机共享盘上，启动主机上的"ContextCapture Center Master"，进行 CC 创建工程，并进行数据处理的相关设置，如图 6-1-8 所示。

当提交空三（特征点提取步骤会并行）及三维建模任务时，多个节点就会同时运行。单击提交任务下的"Monitor job queue"，可以查看有几个节点在运行，如图 6-1-9 所示。

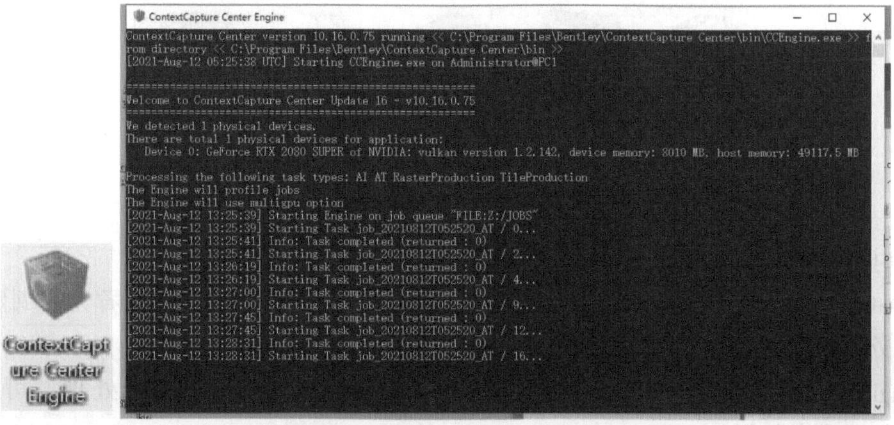

图 6-1-8 从机启动 CC

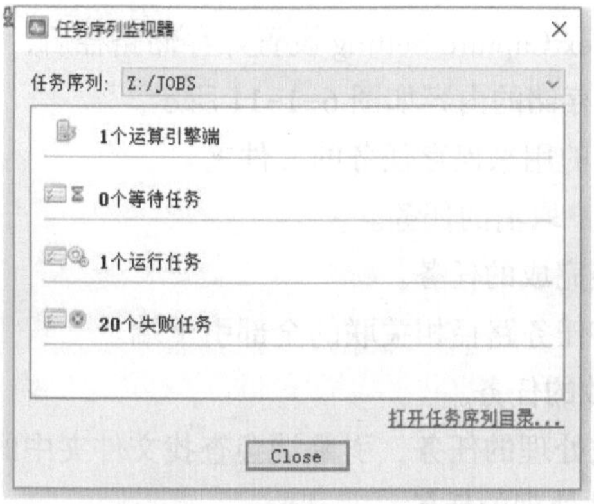

图 6-1-9 查看节点任务队列

注意三维建模一定要进行分块，集群才能发挥其作用。只有一个块的话，就只有一个节点运行。

? 引导问题 3

ContextCapture 如何下载安装，ContextCapture 倾斜摄影测量数据处理流程是什么，每个流程具体是怎么操作的？

技能点 2　ContextCapture 倾斜摄影测量数据处理流程

1. ContextCapture 软件的安装

具体安装步骤扫描二维码查看。

ContextCapture 软件包括 Master（主控台）、Setting（设置）、Engine（引擎）、Viewer（浏览）等几部分，图 6-1-10 所示为软件安装完成后桌面生成的快捷方式。

ContextCa...   ContextCa...   ContextCa...   ContextCapt   ContextCa...
Center Ma...   Cloud Pro...   Center En...   ure Viewer   Center Set...

图 6-1-10　快捷方式

Setting：工作路径设置。主要是帮助 Engine 指向任务的路径。

Master：主控模块。主要是进行人机交互的界面，相当于一个管理者，它创建任务、管理任务、监视任务等。

Engine：从属模块。只负责对所指向的 Job Queue 中的任务进行处理，可以独立 Master 打开或者关闭。

Viewer：可预览生成的三维场景和模型，同时还可以测量坐标、边长、面积和土方。

安装完成并利用 ContextCapture Setting 设置好存储路径后，在设置的路径下会新建几个文件夹，这几个文件夹存储的内容如图 6-1-11 所示。

Archive：为用户保留的用来保存任务的文件夹。

Cancelled：包含被用户取消的任务。

Completed：包含已经完成的任务。

Engines：包含与当前任务路径相关联的全部引擎端。

Failed：包含处理失败的任务。

Pending：包含等待被处理的任务，引擎端会查找文件夹中的任务。

Running：包含正在被处理的任务。

図 6-1-11　存储目录结构

2. 数据处理基本流程

（1）新建作业项目

ContextCapture 软件是以作业项目进行管理的，可以同时创建多个独立项目。

（2）新建区块

ContextCapture 中作业项目以区块（Block）进行管理，一个项目可以同时管理多个区块，也可以只有一个区块。

各区块可以独立空三加密，空三加密后可以合并为一个区块。此外，第三方软件生成的空三加密成果可以直接读入区块。

（3）读入照片组

将像片读入新创建的区块中。像片是以组（Group）为单位管理的。所谓组，是指相同的像片参数（焦距、传感器尺寸、影像精度等）为一个组。一般说来，同一相机同一架次可作为一个照片组。一个区块可以有多个照片组，也可以只有一个照片组。

（4）空三计算

空三计算的目的主要是查找并计算每个像片的关键点，根据摄影测量原理计算内方位元素和外方位元素，重新恢复像片在摄影瞬间空中的位置和姿态。模型的好坏、精度的高低与空三计算质量直接相关。

（5）模型生产

ContextCapture 作业生产的模型有三维模型、DOM 和 DSM，每次只能单个计算。通常先生产三维模型，然后再生产 DOM 和 DSM，这样速度很快。

三维模型有很多种格式，对于测绘工作而言，目前生产最多的格式是 OSGB 格式，这是一个二进制的文件格式，便于提供给其他绘制线画图的软件应用。

3. 准备数据影像

（1）输入数据文件格式

ContextCapture 本身支持 JPEG 和 TIFF 格式的影像。此外，它还可以读取一些更常见的 RAW 格式。

ContextCapture 使用 Exif 原数据（如果存在）。

（2）支持的文件格式

- JPEG
- 标记图像文件格式（TIFF）
- Pasonic RAW（RW2）
- Canon RAW（CRW、CR2）
- Nikon RAW（NEF）
- Sony RAW（ARW）
- Hasselblad（3FR）
- Adobe Digital Negative（DNG）

ContextCapture 还可以从下列格式的视频文件导入帧：

- Audio Video Interleave（AVI）
- 1/MPEG-2（MPG）
- MPEG-4（MP4）
- Windows Media Video（WMV）
- Quicktime（MOV）

ContextCapture 支持两种可存储扫描位置的通用点云格式：

- ASTM E57 文件格式（.e57）
- Cyclone 点云导出格式（.ptx）

（3）定位信息

ContextCapture 的突破性功能之一是能够处理没有定位信息的影像。在这种情况下，ContextCapture 将使用任意位置、角元素和比例以及合理的向上矢量生成三维模型。不过，ContextCapture 还原生支持多种类型的定位信息，其中包括 GPS 标签、控制点，并且

可以通过位置 / 角元素导入或完整区块导入功能来导入任何其他定位信息。

GPS 标签（如果存在于 Exif 元数据或随附的 XMP 文件中）是自动提取的，且可用于对生成的三维模型标注地理参考。

除了 GPS 标签和控制点以外，ContextCapture 还可以通过位置 / 角元素文本文件或者通过专用的 XML 或 Excel 格式，导入任何其他定位信息（例如，惯性导航系统数据）或第三方空中三角测量计算结果。导入之后，ContextCapture 可以按原样使用这些数据，或者略作调整，而不是从头开始计算。这将进一步提高可扩展性和可靠性。

倾斜摄影的数据一般为五镜头数据，数据量相当大，有可能像片是好几个架次在一起处理，添加的影像中不能有重名影像，如有重名影像，建议修改影像名，如添加前缀或后缀；POS 中影像名称要和数据影像名称一致也是为了防止大量的数据有重名的情况导致空三失败，所以照片名字都是统一进行修改的，这样像片的管理也有利于无 Exif 信息的照片根据 POS 文件进行一一对应写入 Exif。

整理好的照片一定要存储到网络路径下面，以便其他计算机可以访问改路径下的像片数据，如图 6-1-12~ 图 6-1-14 所示。

图 6-1-12　五镜头像片数据

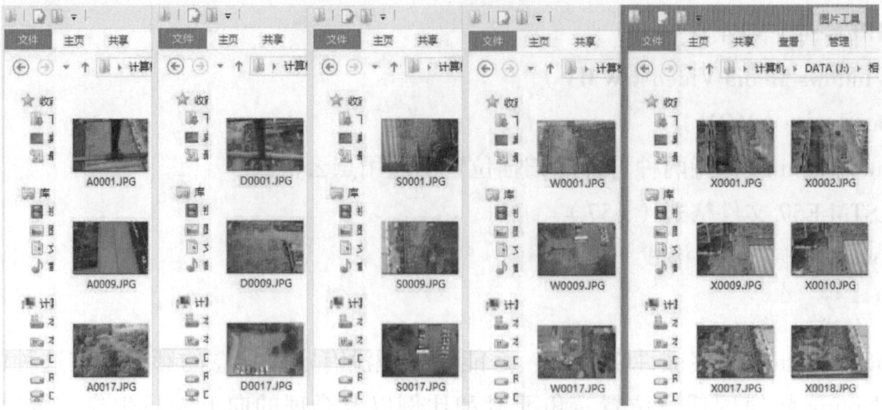

图 6-1-13　像片存放网络路径

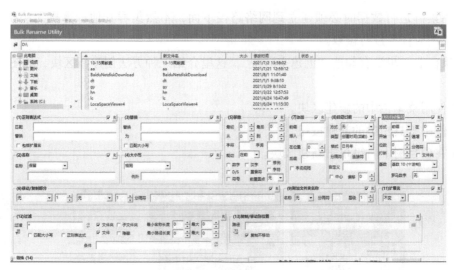

图 6-1-14　批量命名工具

4. 新建项目

双击运行 ContextCapture Master，出现图 6-1-15 所示界面。运行 Master 之前，最好先启动 ContextCapture Engine。

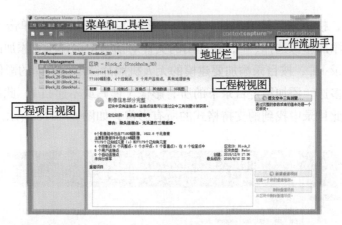

图 6-1-15　ContextCapture Master 界面

单击"新工程"新建项目。输入项目名称、存储路径等信息，勾选"创建空区块"，如图 6-1-16 所示。

这里有几点说明：

①软件中诸如项目名称、照片名、区块名、模型名，以及所有的照片文件夹、临时文件夹、目标成果文件夹等尽量为英文状态下的字母、数字或下画线等组成的英文名，最好不要出现汉字。

②文件名和项目名等尽量用有意义和能够标识本项目的字符和数字。

图 6-1-16　新建工程

③用集群运行数据时必须建立到网络路径下面，不然集群其他计算机无法找到存储路径，无法对任务进行读取。

如果在上一步没有勾选"创建空区块"，这里介绍三种方法创建新区块，如图6-1-17所示。

1）使用菜单栏中的新建区块。

2）使用工具栏中的新建按钮。

3）在项目树中右键单击新建区块。

图 6-1-17　创建新区块

5. 导入照片

新建项目后，接下来要读入照片。选择"影像"选项卡，然后单击"添加影像"按钮，可以选择"添加影像选择…"，在弹出的文件对话框中选择所要添加的照片；可以选择"添加整个目录…"，按目录添加要建模的无人机照片。添加选择的影像文件使用 Shift 键或 Ctrl 键执行多选。添加给定目录下的所有影像（递归或不递归），此命令将浏览所选目录，并添加在此目录中找到的支持格式的所有影像，如图 6-1-18 所示。

图 6-1-18　添加影像

为了获得最佳性能，必须将影像分为一个或多个影像组。影像组是同类影像的集合，所有这些影像来自内部定向（影像尺寸、传感器尺寸、焦距……）完全相同的同一物理相机。如果根据用于拍摄的相机将影像组织到不同的子目录中，ContextCapture 可以自动确定相关影像组。

导入照片有两种方式，一种是以导入区块的方式导入照片，优点是像片的 Exif 都已经写在照片中，无需手工加入 Exif 信息；另外一种方式就是手工导入照片。

（1）以导入区块的方式导入照片

从 XML 或 MS Excel XLS 文件导入完整或部分区块定义。导入完整区块定义是通过 ContextCapture 处理大量影像的唯一方法。

ContextCapture 支持以下两种区块导入格式。

BlocksExchange XML 格式：Bentley 指定的一种开放交换格式，用于导入 / 导出区块定义。

MS Excel XLS 格式：基于 Microsoft Excel XLS 文件的区块定义。利用导入区块的方式导入区块在创建工程时无需勾选"创建空区块"，因为 XML 文件或者 XLS 文件导入后会自动创建区块，如图 6-1-19 所示。

直接单击导入区块选择文件存储路径即可。

导入照片后设置采样率：该参数只会在空三的过程中对照片进行重采样空三，建模时仍旧使用原始分辨率影像，如图 6-1-20 所示。

图 6-1-19　导入区块方式导入照片

图 6-1-20　设置照片采样率

检查航片完整性：建模失败时可以用此功能进行数据完整性检查。由于照片的数据量很大，检查航片完整性一般时间较长，所以一般勾选只检查文件头。对于显示有问题的照片可以直接删除，以便提高空三加密的执行效率，如图 6-1-21 所示。

图 6-1-21　检查航片完整性

如果相机参数文件是 *.opt 格式的，可以直接选择影像组右键单击导入相机参数即可，因为倾斜摄影测量一般为五个镜头，每个镜头的相机参数不同，所以要清楚导入时对应的相机镜头，如图 6-1-22 所示。

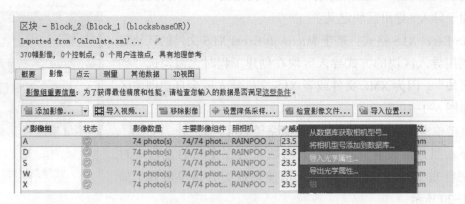

图 6-1-22　导入相机参数

如果没有提供相机参数，只要有对应相机的传感器尺寸、焦距大小，也可以手工进行输入。

相机参数输入完毕后，可以直接右击影像组，将填写好的相机参数增加到相机型号库。这样下次处理相同相机的影像照片时就不用再导入相机参数或者输入相机参数了，直接在相机库内选择即可。

（2）手工导入影像位置

如果像片下载后利用无人机管理软件已经将像片的 Exif 信息写入了照片，这一步可以忽略。

像片内如果没有 Exif 信息，则需要对 POS 数据进行导入，软件支持各种类型的文本文件。通常情况下，对于所有格式，每幅影像必须用一行表示。导入数据必须至少包括影像参考和影像位置的 3 个坐标，角元素是可选的。输入的文本文件类型为文本文件格式，如图 6-1-23 所示。

1）由于导入规则是按照像片的名称与文件内像片名称是否一致来填写对应像片的 Exif 信息，所以如果有多个照片组（Photogroup），则必须保证每个照片组中的照片名称唯一，否则会导入失败。

2）POS 路径必须为英文。

选择要导入的 POS 文件，如图 6-1-24 所示。

加载输入文件之后，ContextCapture 会尝试对该文件的内容进行第一次推测。可以调整导入参数，使"数据预览"表中的每列都包含有意义的信息，如图 6-1-25 所示。

- 要在文件开头忽略的行数：定义文件头的长度并在导入过程中将其忽略。
- 分隔符：定义列分隔符。可以指定多个字符。

可能需要合并连续的分隔符选项，例如，将空格序列用作分隔符时。

- 十进制分隔符：点（123.456）或逗号（123，456）。

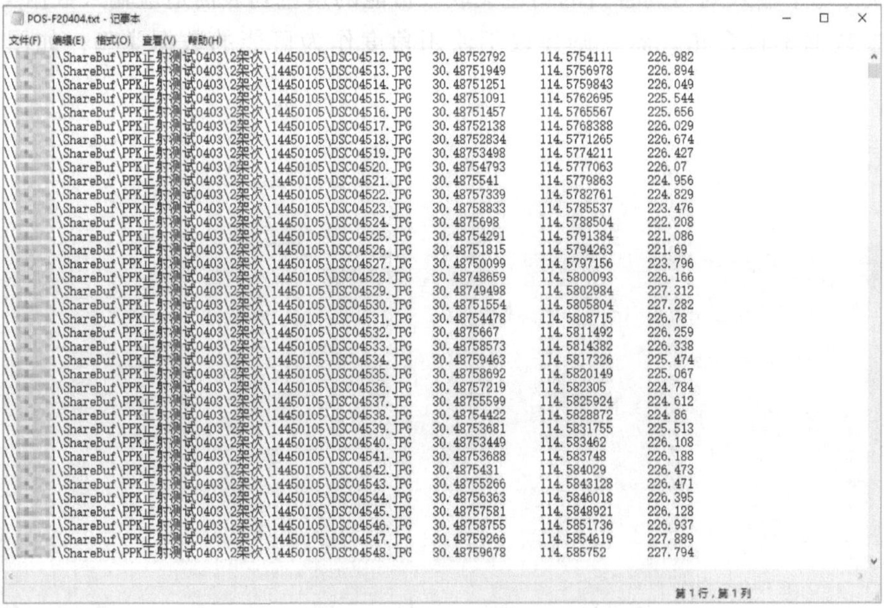

图 6-1-23　导入文本格式 POS 数据

图 6-1-24　选择 POS 文件

图 6-1-25　调整导入参数

➢ 定义导入数据

定义导入位置和可选角元素参数的空间参考系统，如图 6-1-26 所示。

➢ 定义空间参考系统

对于没有地理参考位置的数据，选择"非地理参考笛卡尔坐标系"。

如果输入文件包含影像角元素，选中此选项并选择角元素属性。角元素属性如下：

- 角度：角度类型包括 Omega、Phi、Kappa 或偏航角、俯仰角、翻滚角。
- 相机方向：为姿态旋转指定的相机传感器 x 轴、y 轴。
- 角度单位：度或弧度。

➢ 指定对应于导入数据的列

必须将每个输入列与其各自的角色关联。可能的角色列表需适应输入数据类型。例如，如果数据不包含角元素，则建议不使用角度作为可能的数据类型，如图 6-1-27 所示。

图 6-1-26 定义导入数据

图 6-1-27 数据关联列

将每种数据类型与一个唯一的列关联之后，则可以继续导入。然后，ContextCapture 会尝试将每行与区块中的一幅影像匹配，并将影像细节应用于匹配影像。如果失败，会显示错误或警告消息，提醒出现了问题，然后可以选择取消操作。

6. 空三加密

导入 POS 数据后的照片与未导入 POS 数据的照片有如下不同之处，如图 6-1-28 所示。

这里还要特别提示，有的作业技术人员在读入照片后立即进行添加像控点步骤，然后接着进行空三加密。一般来说，如果无人机飞行质量和摄影质量高的话，添加完像控点后进行空三加密计算是没有多大问题的。但是无人机质量较轻，飞行过程中其姿态往往控制不好，这种作业流程下空三加密通过率不高，再加上不进行一遍空三计算，像控点是相当难刺的。因此对于无人机来说，最好先进行一次无像控点的空三加密计算，然后再添加像控点，添加完像控点后再进行第二次空三加密。

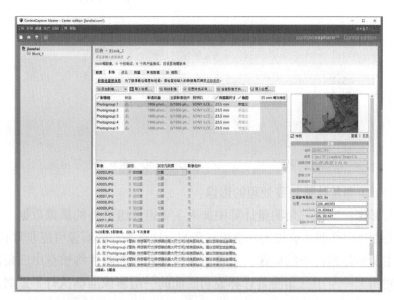

图 6-1-28　导入与未导入 POS 数据照片对比

（1）第一次空三加密计算

要基于影像执行三维重建，ContextCapture 必须准确地掌握每个输入影像组的属性及每个输入影像的姿态。如果忽略这些属性，或者如果无法足够准确地了解这些属性，ContextCapture 可以通过名为"空中三角测量计算"（AT）的过程自动进行估算。空中三角测量计算从输入区块开始，然后使用计算出的或调整过的属性创建新的区块。空中三角测量计算可以考虑当前的相机位置（例如，从 GPS 初始化）或用于地理参考的控制点。尽管 ContextCapture 无需有关输入影像姿态的初始信息即可执行空中三角测量计算，但是如果存在大量影像，建议不要这样做；在这种情况下，不含任何输入定位信息的空中三角测量计算不太可能提供令人满意的结果。庞大的数据集最好应包括近似姿态信息（例如，INS），然后，ContextCapture 可以通过空中三角测量计算调整非常大的导入区块，唯一的限制在于作为计算机内存的区块大小。

通过空中三角测量计算创建新区块。

从区块"概要"选项卡或从工程树视图的上下文菜单中，单击"提交空中三角测量"可通过空中三角测量计算创建新区块。通过完整的参数或者初值来处理一个新区块，如图 6-1-29 所示。

1）输出区块名称。

2）影像组件：根据影像组件选择空中三角测量计算需要处理的影像（仅当区块包含属于不同影像组件的影像时，才会启用此页面），如图 6-1-30 所示。

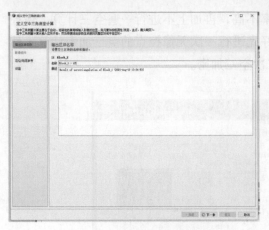

图 6-1-29　输出区块名称　　　　图 6-1-30　定义空中三角测量计算——影像组件

选择空中三角测量计算需要处理的影像。

使用所有影像：空中三角测量计算中加入主要影像组之外的影像数据。这对新添加到区块的主要影像组件照片或被上一空中三角测量计算丢弃的影像可能非常有用。

只使用主要影像组件中的影像：主要影像组件外部的照片将被空中三角测量计算忽略。在重新对由上一空中三角测量计算成功匹配的一组影像准确执行平差时，这可能非常有用。

3）定位 / 地理参考：选择空中三角测量计算放置和定位区块的方式，如图 6-1-31 所示。

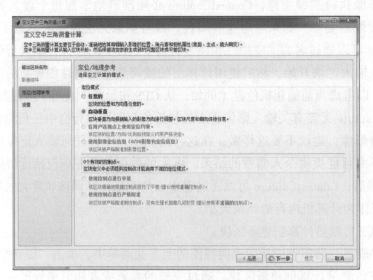

图 6-1-31　定义空中三角测量计算——定位 / 地理参考

定位模式是根据输入区块属性启用的。

任意的：区块的位置和方向是任意的。

自动垂直：区块垂直方向根据输入的影像方向进行调整。区块尺度和朝向保持任意。

在用户连接点上使用定位约束（仅当输入区块具有定位约束时才可用）：该区块的位置／方向／比例由预定义约束严格决定。

使用影像定位信息进行平差（仅当输入区块至少有 3 个影像位置已知时才可用）：该区块精确地根据影像位置进行平差（建议使用精确位置）。

使用影像定位信息进行严格配准（仅当输入区块至少有 3 个影像位置已知时才可用）：该区块被严格配准到影像位置（建议使用非精确位置）。

使用控制点进行平差（需要有效的控制点集）：该区块精确地根据控制点进行了平差（建议在控制点精度与输入影像分辨率一致时使用）。

使用控制点进行严格配准（需要有效的控制点集）：该区块被严格配准到控制点，没有处理长距离几何形变（建议用于不准确的控制点）。

对于使用控制点的定位模式，选定影像上需要有效的控制点集：至少 3 个控制点，每个控制点有 2 个以上测量。

4）设置：选择空中三角测量估算方法和高级设置，如图 6-1-32 所示。

➤ 关键点密度

可以更改关键点密度值来管理特定数据集。

普通：建议用于大部分数据集。

高：增加关键点的数量，建议用于纹理不足的物体或小影像，以匹配更多影像。此设置降低了空中三角测量计算的速度。建议先尝试普通模式。

➤ 像对选择模式

可以使用不同的选择算法计算连接点对。

默认值：应根据多个条件（其中包括图像间的相似度）进行选择。

图 6-1-32　定义空中三角测量计算——设置

仅限类似影像：根据关键点相似度估算相关像对。如果足以辨别图像相似度，该模式将在合理的计算时间内提供理想的结果。

详细：使用所有可能的像对，建议在影像之间的重叠有限时（例如，对于相机装备）使用。详细选择计算更加密集（二次而非线性），因此应保留用于少量影像（几百个）。

序列：仅使用给定距离内的邻近对，如果"默认"模式失败，建议用于处理单一影像序列。影像插入顺序必须对应于序列顺序。

循环：仅使用循环中给定距离内的邻近对，如果"默认"模式失败，建议用于处理单一影像循环。影像插入顺序必须对应于序列顺序。

建议先尝试默认模式。

➤ 影像组件构造模式

可以更改影像组件构造算法来管理特定数据集。

一步：建议用于大部分数据集。

多步：建议仅当一步模式无法将大比例的影像包含在主要影像组件时才使用。多步模式需要更多的计算时间。建议先尝试一步模式。

➤ 评估策略

可以根据区块中的可用数据选择不同的区块属性评估策略。

空中三角测量计算中涉及的不同属性的可能评估行为如下：

重新计算：不使用任何输入估计值进行估算。

平差调整：通过调整输入估计值进行估算（根据调整的属性，可以提出其他选项用于管理自由度）。

在容差范围内平差：通过调整输入估计值进行估算，同时保持接近输入估计值（不超过用户定义的容差）。

保持：按原样使用输入估计值。

➤ 光学属性评估模式

建议先尝试一步模式。如果空中三角测量计算因初始参数与实际值相去甚远（例如，焦距或大畸变未知）而失败，则多步模式非常有用。该模式需要更多的计算时间。如果可能，首选更快速、更稳定的方法，即导入使用某些参考数据集评估的影像组光学属性。

➤ 评估小组

设置此选项可忽略影像组结构并评估每幅影像的相机属性。

采集变焦 / 焦距有所变化或使用多相机系统（相机装备）的图像时可能需要此选项。

如果不使用此选项，则会影响空中三角测量计算的精度。

使用此选项会创建一个输出区块，其中每幅影像具有一个影像组。

5）空中三角测量计算。在定义空中三角测量计算向导的最后一页中，单击"提交"，可创建输出区块并提交空中三角测量计算任务，系统开始计算，如图 6-1-33 所示。

空中三角测量计算在引擎端进行处理。如果目前没有引擎端监听任务序列，则必须立即或稍后运行引擎端才能处理空中三角测量计算。

当空中三角测量计算正在等待或运行时，可以继续使用 ContextCapture Master，甚至是关闭界面，该任务将保留在序列中，而计算将在引擎端执行。

在空中三角测量计算期间，将显示丢失影像的数量。如果丢失的影像太多，可以取消空中三角测量计算并删除该区块，以便使用不同设置执行新的空中三角测量计算。如果重叠不足或输入数据不当，该空中三角测量计算可能会失败。

6）空中三角测量计算结果。成功的空中三角测量计算应当会计算每幅影像的位置和角元素。所有影像均须包含在主要影像组件中，以供用于未来重建步骤，如图 6-1-34 所示。

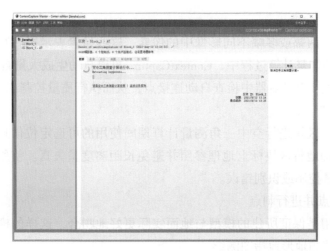

图 6-1-33　空中三角测量计算

图 6-1-34　空中三角测量计算结果

> 结果显示

要概述空中三角测量计算结果，可使用输出区块的"3D 视图"选项卡。它允许可视化影像的位置、角元素和视野以及连接点的三维位置和颜色，如图 6-1-35 所示。

> 空中三角测量计算报告

单击查看空中三角测量计算报告，该报告将显示空中三角测量计算的主要属性和统计，如图 6-1-36 所示。

图 6-1-35　空中三角测量计算结果显示

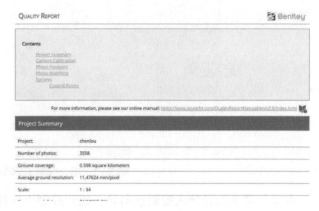

图 6-1-36　空中三角测量计算报告

➢ 自动连接点检查

连接点对应于两幅或多幅不同影像中的像素，这些像素表示同一物理点在场景中的投影。在空中三角测量计算过程中，ContextCapture 可以自动生成大量自动连接点。

可以从自动连接点导航器中检查自动连接点，从而执行质量控制或识别错误。

➢ 控制点检查

控制点是在对区块进行空中三角测量计算期间使用的可选定位信息。向区块添加控制点后，可以准确地将区块标上地理参照并避免长距离度量失真。使用控制点时，控制点可用于执行质量控制或识别错误。

➢ 导入像控点并进行刺点

像控点的作用是保证所建的模型与地面实际更好地吻合，这样的模型才能应用于实际，才能进行后续的地形地籍图测绘。

单击"测量"，如图 6-1-37 所示，然后单击"编辑控制点"按钮，系统弹出"控制点编辑器"对话框，如图 6-1-38 所示。

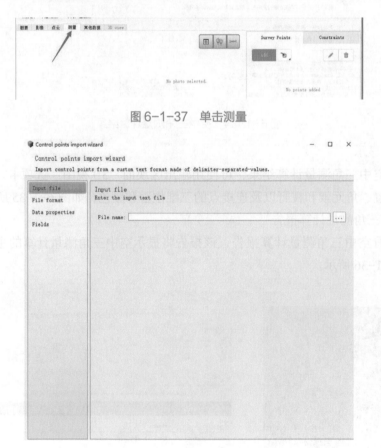

图 6-1-37　单击测量

图 6-1-38　控制点编辑器

在文件菜单选择导入控制点向导，找到控制点文件并导入，如图 6-1-39 所示。

图 6-1-39　选择控制点文件

指定控制点文件坐标分隔方式以及是否忽略文件内前几行，如图 6-1-40 所示。

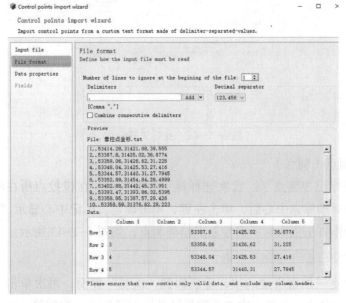

图 6-1-40　导入格式设置

选择控制点文件对应的投影坐标系，如图 6-1-41 所示。

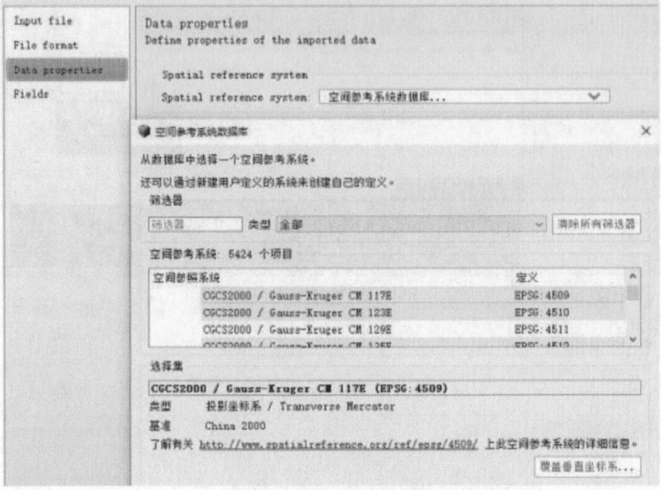

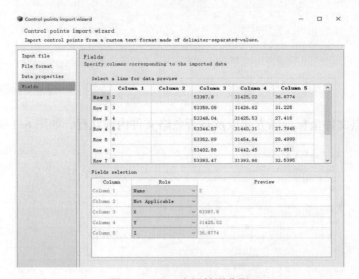

图 6-1-41 坐标系选择

指定控制点文件列数对应方向，其中 Y 代表北，X 代表东，如图 6-1-42 所示。

图 6-1-42 坐标关联分列

➤ 标记控制点（刺点）

接下来就是标记控制点了。首次选择显示全部影像，在像控点所在的照片上找到像控点标记，精确对准标志中心后，单击左键，单击确定，标记中心显示"+"。

按照上述操作方法依次对所有控制点精确刺点，如图 6-1-43 所示。

（2）第二次空三加密与空三报告

单击第一次空三加密所建的块，重新回到"概要"界面，再次单击"提交空中三角测量"，在系统弹出的"定义空中三角测量计算"对话框中，按照第一次空三加密的设置

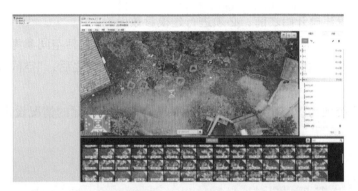

图 6-1-43　刺像控点

填写。由于输入了像控点，所以"地理参考"栏中要选择"使用控制点进行严格配准"，最后单击"提交"，程序就开始执行第二次空三加密计算。

空三加密完成后，在界面上方显示"影像信息完整""区块可进行三维重建"等信息，表示可以进行模型生产了，如图 6-1-44 所示。但是在进行模型生产之前要导出空三报告进行查看，查看精度是否满足作业的要求，如果满足作业要求，则可以进行模型生产。

图 6-1-44　第二次空三加密完成

7. 模型重建

在空三结果中开启一个重建，可使用"概要"选项卡右下角的"新建重建项目"按钮，如图 6-1-45 所示。

图 6-1-45　新建 Reconstruction

重建参数设置建模开始之前，必须进行建模参数设置。

"空间框架"选项卡专门用于定义三维重建工作，其中包括空间参考系统、兴趣区域和切块。必须先编辑空间框架，然后再开始生产。开始生产之后，"空间框架"选项卡为只读。

空间参考系统项为模型生产项目的坐标系统，可根据实际的情况设定，如图 6-1-46 所示。

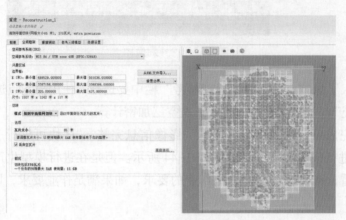

图 6-1-46　空间参考系统设置

使用图 6-1-47 所示箭头指向的图标，可以编辑兴趣区域，由于倾斜摄影的拍摄范围会大于实际测区，实际生产中一般都需要对输出区域进行编辑。默认情况下，兴趣区域自动集中于分辨率明显的区域。在每幅影像中，系统将计算区块连接点的分辨率统计数据并选择位于分布核心的点。兴趣区域定义为这些选定区块连接点的边界框。"重置边界 ..."按钮允许将兴趣区域重置为上述默认设置（"智能"模式），或重置为仅在拒绝全局离群值后获得的区块连接点边界框（"最大"模式）。"最大"模式可能包括兴趣区域中距离较远的背景区域，并且需要手动对兴趣区域进行一些调整。如果重建项目具有地理参考，则可使用挤出多边形从 KML 文件更精确地定义该区域。单击"从 KML 文件导入"

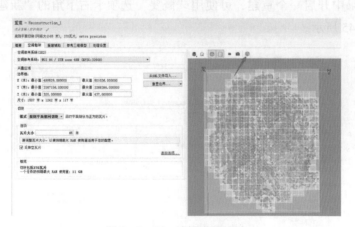

图 6-1-47　编辑兴趣区域

按钮，从 KML 文件指定兴趣区域。KML 文件仅定义二维多边形，可从界面定义顶部和底部高度。有时，这涉及定义小于默认边界框的兴趣区域（例如，当"智能"模式不会自动检测距离较远的背景区域时，重建项目将丢弃这些区域）。但在某些情况下，特别是当区块连接点未覆盖某些感兴趣的场景部分（例如，高度隔离的建筑物）时，放大默认兴趣区域非常有用。

➢ 切块的设置

ContextCapture 生成的三维模型可以覆盖整个测区，因此可能无法完整无损地放入计算机的内存。这样一来，通常需要将它们划分为若干瓦片。

有四种切块模式可用。

不切块：不细分重建。

规则平面切块：沿 XY 平面划分为正方瓦片。

规则立体切块：划分为立方瓦片。

自适应切块：以自适应方式将重建细分成若干框，从而实现目标内存使用量。这对重建分辨率高度不均匀的三维模型（例如，使用少数地标的航空影像和地面影像重建一个城市）特别有用。在这种情况下，不可能找到适合所有区域的规则网格大小。

由于工作区域一般为不规则区域，所以一般都用导入 KML 文件来约束兴趣区域，并且由于计算机内存的问题，一般都采用自适应切块模式，填写瓦片大小从而使计算机内存能正常运行完每一个瓦片（瓦片的大小根据集群内计算机最小的内存能承受的瓦片大小来设定）。

默认情况下，切块将丢弃不含任何连接点的瓦片，启用"丢弃空瓦片"可使所有瓦片保留在指定的兴趣区域。对于具有地理参考的重建项目，可以 KML 格式导出切块（菜单→重建→切块→导出到 KML...），从而快速了解标准 GIS 工具或 Google Earth 中的空间框架，如图 6-1-48 所示。

图 6-1-48　Google Earth 中的空间框架

➤ 重建辅助设置

"重建辅助"选项卡允许使用现有的三维数据控制重建并避免重建误差。

重建辅助仅在 ContextCapture Center Edition 中可用。在某些情况下，自动重建可能会存在需要修复的重建误差。例如，在看不见的区域、可反射部分或水面上，可能会出现这种情况。ContextCapture 考虑使用现有的三维数据帮助在影像不足的区域执行重建过程，而不是在重建后利用第三方工具解决问题。在工作流中，可以随时定义重建辅助。如果参考三维模型已存在，系统将重置与重建辅助重叠的瓦片，通过考虑新的重建辅助，它们将在后续生产中重新计算。

ContextCapture 可以使用下列各项定义的表面约束：多边形的 KML 文件（仅限具有地理参考的重建项目）；包含三维网格的 OBJ 文件。

对于具有地理参考的工程，导入的 OBJ 文件可以使用任何空间参考系统。可相应地选择空间参考系统和原点；对于没有地理参考的工程，OBJ 文件的空间参考系统必须对应于内部重建的空间参考系统。在重建过程中，ContextCapture 使用这些数据作为软约束。仅当区域中没有其他可靠数据时才使用重建辅助，只要能够从输入影像推断出可靠的三维信息，就会覆盖重建辅助。与在三维建模软件中自动生成三维模型后修复错误相比，在 GIS 软件中创建 KML 约束（例如，基于现有的正射影像）通常更有效。

➤ 参考三维模型设置

"参考三维模型"选项卡用于管理重建项目的内部三维模型。它允许控制三维模型质量、应用修饰模型或重置，如图 6-1-49 所示。

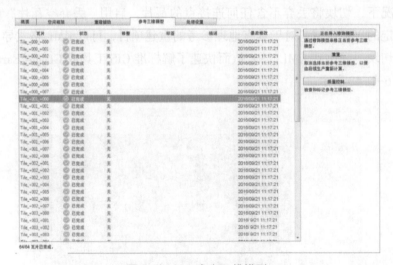

图 6-1-49　参考三维模型

参考三维模型是重建项目的沙盒。它以原生格式存储三维模型，该模型将随着生产项目的推进而逐步完成，且可应用修饰模型并从中派生未来生产项目。

➤ 处理设置

"处理设置"选项卡可用于重建处理设置，其中包括几何精度和高级设置。必须先编辑处理设置，然后再开始生产。开始生产之后，"处理设置"为只读，如图 6-1-50 所示。

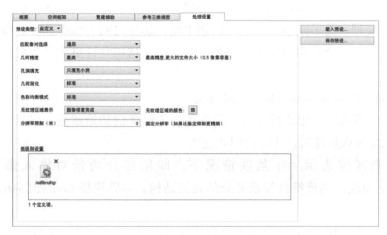

图 6-1-50 处理设置

①匹配像对选择。此高级选项允许优化特定输入影像数据集的匹配像对算法。

通用（默认）：建议用于大部分影像数据集。

对于结构化的空中飞行：建议仅用于结构性航空影像数据集，通过定期扫描平行线中的区域获得且传感器的杠杆臂倾角固定。

②几何精度。此选项指定输入影像中的容差级别，这会导致计算的三维模型中产生或多或少的细节。

超高：超高精度。这将消耗大量内存和计算时间，建议不要用于较大区域。

最高（默认）：最高精度、更大的文件大小（输入影像中为 0.5 像素容差）。

高：高精度、较小的文件大小（输入影像中为 1 像素容差）。

中等：中等精度，最适合正射影像 /DSM 生产（输入影像中为 2 像素容差）。此为最快且最节省内存的模式。

③孔洞填充。此选项可用于控制孔洞填充算法。

只填充小洞（默认）：建议用于大部分数据集。

填充除瓦片边界处以外的所有孔洞：增强孔洞填充算法，以便最大限度地减少网格中的孔洞数量。如果采用此选项，该算法将尝试实施闭合曲面。这个选项可能创建异常的几何结构来填充大孔。不过，修饰这些异常部分可能会比填充不需要的孔洞更加容易。

④几何简化。

标准（默认）：基于网格简化的标准几何简化。

平面：基于平面检测的几何简化。

此算法力图查找平面（例如，墙体和屋面）并确保它们在重建和简化阶段保持平面。平面简化基于容差阈值：如果以像素为单位指定，则在输入影像中以像素为单位定义容差，简化取决于输入影像分辨率。如果以米为单位指定（或采用非地理参考区块的单位），则在三维坐标空间中定义容差，在整个三维模型中，简化是均匀的。

⑤色彩均衡模式。ContextCapture 将从可能在不同的照明条件下采集的各种输入影像生成三维模型纹理。为了减小三维模型纹理中输入影像之间的辐射差异，ContextCapture 会自动继续执行高级色彩均衡操作。此色彩均衡模式选项允许更改用于处理纹理的色彩均衡算法。

标准：高级 ContextCapture 自动色彩均衡。

无：禁用色彩均衡。生成的纹理中将保留输入影像的初始颜色。仅当已在单色恒光照明条件下采集输入影像时，才应使用此选项。

⑥无纹理区域表示。在某些情况下，即使部分场景对输入影像不可见，ContextCapture 也能够创建符合邻近部分的几何结构。可以选择 ContextCapture 如何设置其纹理。

图像修复完成（默认）：通过图像修复填充中小型无纹理区域。此方法不适用于大型无纹理区域，后者使用为无纹理区域选择的颜色填充。

统一颜色：使用选定颜色填充所有无纹理区域。

无纹理区域的颜色：用于填充无纹理区域的自定义颜色。

⑦分辨率限制。默认情况下，ContextCapture 会使用自动适应输入影像分辨率的分辨率生成三维模型。但是，某些应用程序可能需要更严格地控制输出分辨率。分辨率限制设置允许将输出三维模型的分辨率钳制为用户以米为单位（或采用非地理参考重建项目的单位）指定的限制。如果输入影像的分辨率比某些区域中的限制更精细，则将使用与这些区域中的指定限制相等的分辨率生成三维模型。默认情况下，分辨率限制设置为零，因此从不钳制该分辨率。

⑧低级别设置。低级别设置只能通过加载的预设来设定。它们可以直接控制重建的所有设置。

一般情况下只需输入空间参考选项卡内的内容即可，其余重建辅助、参考三维模型、处理设置如果没有特殊的要求都默认设置即可。设置完成后单击右下角"提交新的生产项目"，如图 6-1-51 所示。

图 6-1-51　提交新的生产项目

①定义重建区块名称，如图 6-1-52 所示。

②设置重建目的，如图 6-1-53 所示。

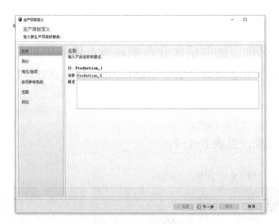

图 6-1-52 定义重建区块名称   图 6-1-53 设置重建目的

③根据不同的重建目的设置格式 / 选项，如图 6-1-54 所示。

④空间参考系统选择正确的坐标系，如图 6-1-55 所示。

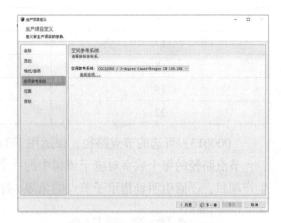

图 6-1-54 设置格式 / 选项   图 6-1-55 选择空间参考系统

⑤范围在前面已经定义好，但是这里可以单击编辑选项对需要进行模型生产的瓦片进行选择，如图 6-1-56 所示。

⑥提交生产，如图 6-1-57 所示。

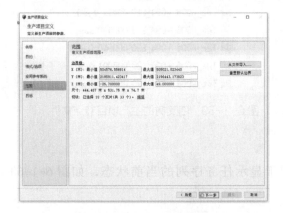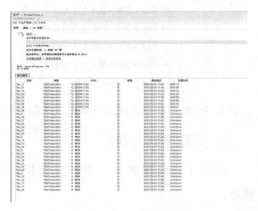

图 6-1-56 设置生产范围   图 6-1-57 提交生产

8. 关于 LOD 命名约定

采用 LOD 的三维网格生产项目根据瓦片名称、细节层次分辨率和节点路径（对于 LOD 树）对节点文件使用特定的命名约定。对于节点文件 "Tile_+000_+003_L20_000013. dae"，含义如下：

- Tile_+000_+003：瓦片名称。
- L20：与地面分辨率相关的标准化细节层次，见表 6-1-1。

表 6-1-1　细节层次和地面分辨率对应表（示例）

细节层次	地面分辨率 /（m/ 像素或单位 / 像素）
12	16
13	8
14	4
15	2
16	1
17	0.5
18	0.25
19	0.125
22	0.0625

- 000013：可选的节点路径，仅适用于 LOD 树。

节点路径的每个数字对应于该树中的一个子索引（从零开始）。对于四叉树和八叉树生产项目，子索引明确指示子节点的象限 / 卦限，如图 6-1-58、图 6-1-59 所示。

图 6-1-58　单一级别的生产项目节点文件示例　　图 6-1-59　四叉树的生产项目节点文件示例

9. 任务序列监视器

任务序列监视器是一个独立面板，用于显示任务序列的当前状态，如图 6-1-60 所示。

如果为活动工程设置的任务序列不同于默认值，该监视器允许从一个任务序列转移到另一个任务序列，在"任务序列"组合框中，选择要显示的任务序列。

该监视器显示了任务序列状态的摘要：

引擎：显示当前监听任务序列的引擎数。

等待任务：显示正在等待处理的任务数。

运行任务：显示当前正由引擎处理的任务数。

失败任务：显示出错后已被引擎拒绝的任务数。

图 6-1-60　任务序列监视器

实际上，任务在任务序列目录中作为文件进行管理。通过处理任务序列目录中的任务文件，可以直接管理任务序列。单击"打开任务序列目录"可以访问任务序列目录。

拓展课堂

自然资源部全面推进实景三维中国建设

2022 年 2 月 24 日，自然资源部办公厅印发《关于全面推进实景三维中国建设的通知》（以下简称《通知》），明确了实景三维中国建设的目标、任务及分工等。

据悉，实景三维作为真实、立体、时序化反映人类生产、生活和生态空间的时空信息，是国家重要的新型基础设施，可以通过"人机兼容、物联感知、泛在服务"实现数字空间与现实空间的实时关联互通，为数字中国提供统一的空间定位框架和分析基础，是数字政府、数字经济重要的战略性数据资源和生产要素。实景三维中国建设是面向新时期测绘地理信息事业服务经济社会发展和生态文明建设新定位、新需求，对传统基础测绘业务的转型升级，是测绘地理信息服务的发展方向和基本模式，已经纳入"十四五"自然资源保护和利用规划。

《通知》明确了实景三维中国建设的两大建设目标。到 2025 年，5m 格网的地形级实景三维实现对全国陆地及主要岛屿覆盖，5cm 分辨率的城市级实景三维初步实现对地级以上城市覆盖，国家和省市县多级实景三维在线与离线相结合的服务系统初步建成，地级以上城市初步形成数字空间与现实空间实时关联互通能力，为数字中国、数字政府和数字经济提供三维空间定位框架和分析基础。此外，50% 以上的政府决策、生产调度和生活规划可通过线上实景三维空间完成。到 2035 年，优于 2m 格网的地形级实景三维实现对全国陆地及主要岛屿的必要覆盖，优于 5cm 分辨率的城市级实景三维实现对地级以上城市和有条件的县级城市覆盖，国家和省市县多级实景三维在线系统实现泛在服务，地级以上城市和有条件的县级城市实现数字空间与现实空间实时关联互通，服务数字中国、数字政府和数字经济的能力进一步增强，80% 以上的政府决策、生产调度和生活规划可通过线上实景三维空间完成。

根据《通知》，实景三维中国建设主要包括五大建设任务。一是地形级实景三维建设。在国家层面，完成 10m 和 5m 格网数字高程模型（DEM）、数字表面模型（DSM）制作，覆盖全国陆地及主要岛屿，并以 3 年为周期进行时序化采集与表达；完成 2m 和优于 1m 分辨率数字正射影像（DOM）制作，覆盖全国陆地及主要岛屿，并以季度和年度为周期进行时序化采集与表达；完成覆盖全国陆地及主要岛屿的基础地理实体数据制作。在地方层面，完成优于 2m 格网 DEM、DSM 制作，覆盖省级行政区域，并以 3 年为周期进行时序化采集与表达；完成优于 0.5m 分辨率 DOM 制作，覆盖重点区域，按需进行时序化采集与表达；完成覆盖省级行政区域的基础地理实体数据制作；完成沿海省份近岸海域 10m 以浅 DEM 制作。

二是城市级实景三维建设。国家层面将整合省级行政区域基础地理实体数据，形成全国基础地理实体数据，覆盖全国陆地及主要岛屿。地方层面将获取优于 5cm 分辨率的倾斜摄影影像、激光点云等数据，并完成基础地理实体数据制作，根据地方实际确定周期进行时序化采集与表达。

三是部件级实景三维建设。鼓励社会力量积极参与，通过需求牵引、多元投入、市场化运作的方式，开展部件级实景三维建设。

四是物联感知数据接入与融合。国家和地方层面将完成物联感知数据接入与融合能力建设，支撑物联感知数据实时接入及空间化，采用空间身份编码等方式实现其与基础地理实体数据的语义信息关联。

五是在线系统与支撑环境建设。全国将构建统一的基于云架构、兼顾结构化和非结构化数据特征、分版运行的国家和省市县实景三维数据库，实现"分布存储、逻辑集中、互联互通"。国家和省市县将分级、分节点构建适用本级需求的管理系统，并依托不同网络环境（互联网、政务网和涉密网等），为智慧城市时空大数据平台、地理信息公共服务平台及国土空间基础信息平台等提供适用版本的实景三维数据支撑，并为数字孪生、城市信息模型（CIM）等应用提供统一的数字空间底座，实现实景三维中国泛在服务。

《通知》要求，各地要坚持系统观念，强化顶层设计，构建技术体系，创新管理机制，形成统一设计和分级建设相结合、国家和省市县协同实施的"全国一盘棋"格局。坚持"只测一次，多级复用"的原则，在高精度实景三维数据覆盖区域基于已有成果整合、不重复生产，在非覆盖区域进行新测生产。

学习任务 2　Mirauge3D+ContextCapture 的作业模式

近年来，随着无人机倾斜摄影测量技术的快速发展，利用无人机搭载多视镜头进行倾斜摄影，快速生成实景三维模型，已成为获取地面三维信息的重要技术手段。目前国内三维数据生产中，比较有代表性的技术软件有 ContextCapture、Photoscan、Pix4DMapper、DP、Smart3D2019、SVS、街景工厂、大疆智图等。当用这些软件处理海量倾斜数据，遇到空三结果断裂、分层、弯曲等问题时，往往只能选择这样做：

1）首先会根据高度不同分开空三，另外也要考虑拍摄时间过长导致拍照时有阴天、晴天等差别，如果这种光线的差别较明显，也有必要区分开来，比如定义到不同的组别里。空三运算的第一步就是解算同名点，即匹配多张照片中同一物体的位置信息。对于田地、海水等纹理不明显的物体，解算同名点比较困难，需要在边界处人为多定义一些控制点。另外如果结果显示的模型大小形状基本匹配，而只是方向倾斜的话，可以在空三前另外定义一些连接点来控制方向。

2）选择多次进行空三，借助多次失败积累的经验反复调整参数，或者反复进行人工干预，比如手工添加连接点，从而得到比较合适的结果。

3）可以先使用相关软件进行初始空三计算，将空三结果作为初值导入三维软件中，再次进行空三计算，以提高空三的成功率。

通过以上的操作，可在一定程度上提高空三成功率，减少失败的次数。但是这种方法治标不治本，本质上还是无法解决倾斜空三的问题，并且会消耗掉大量的时间。在经过长期实战测试和对比后，发现一套优化三维建模的方案：在 Mirauge3D 完成倾斜空三的处理后，将 Mirauge3D 空三结果导入 ContextCapture 进行建模。结合 Mirauge3D 较强的空三计算能力和 ContextCapture 较好的建模效果，达到取之以长，补之以短的良好效果。本节就 Mirauge3D+ContextCapture 的作业模式做一个简单的介绍。

知识目标

● 掌握 Mirauge3D 倾斜摄影测量数据处理操作。

技能目标

● 能用 Mirauge3D 处理倾斜摄影测量数据。

素养目标

● 培养学生严谨认真的工作态度。

- 培养学生的探究精神、分析解决问题的能力。
- 培养学生的综合学习能力。

? 引导问题 1

Mirauge3D+ContextCapture 优化三维建模的方案，可以解决用 ContextCapture、Photoscan 等软件处理海量倾斜数据时遇到的空三结果断裂、分层、弯曲等问题，那么 Mirauge3D 相比 ContextCapture 有何特点？

知识点　Mirauge3D 软件介绍

Mirauge3D（M3D）是由北京中测智绘科技有限公司自主研发的一款影像全自动三维建模软件，可自动地将由手机、手持数码相机、无人机及专业航摄相机拍摄的二维数码照片转换成真实纹理三维模型。软件具备飞行航迹质量检查、影像质量增强、全自动空中三角测量、高精度区域网平差、影像快速拼接、真实纹理三维模型生成及真正射影像生成等功能。

软件生产的高精度真实纹理三维模型，可广泛应用于数字文物保存、电商商品三维展示、精准农业、数字化施工管理、智慧城市等诸多领域。

1. 软件特点

1）具备完全自主的核心知识产权。

2）软件 M3AT 模块采用分裂融合式的 AAT 算法，M3AT 智能、高效，同时能够处理多源数据。该设计可以应对海量数据的处理，不受数据量的限制。

3）软件具备超快的平差速度，同时能够解决稀少控制点的 GPS 辅助 UAV 高精度空三的问题。

4）产品类型包括 DSM、DEM、DOM 以及精细的三维模型。

5）支持并行分布式处理。

2. 软件优点

越来越多的国家级和省级项目实施手段由传统的摄影测量过渡到倾斜摄影测量，数据也由 DOM、DEM 和 DLG 过渡到实景模型。在国内外众多的实景建模软件中，M3D 软件解决了行业内如下问题，推动了倾斜建模在国内的发展和技术手段的变革。

（1）单测区大面积空三

倾斜摄影测量往往意味着海量数据，如果单个测区无法支持超大量数据运算，则意味着从测区航飞设计到外业控制测量、内业数据处理都会增加任务量，同时尽量少的分块接边也会提高最终成果的质量。M3D 软件解决了大面积测区单个工程一次空三的问题，10 万级影像空三一次通过已是常态，如图 6-2-1、图 6-2-2 所示。

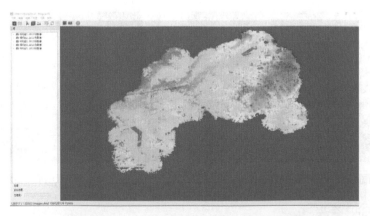

图 6-2-1　无人机数据 13 万张，覆盖 37km²

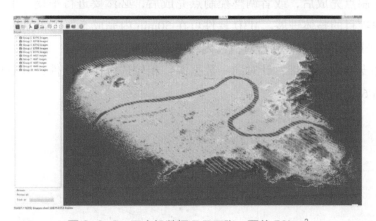

图 6-2-2　无人机数据 7.7 万张，覆盖 50km²

（2）空三稳定性

倾斜摄影测量软件超大数据量无疑对空三的稳定性提出较高的要求，M3D 软件在满足基本重叠度的情况下，对于多架次不同航高、高差变化大、照片色差大、弱纹理区域可实现很好的匹配效果。空三的稳定性是项目整体进度的有效保证，如图 6-2-3~图 6-2-6 所示。

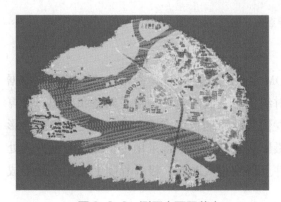

图 6-2-3　测区大面积落水

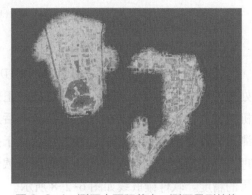

图 6-2-4　测区大面积落水、测区异形结构

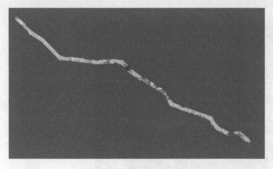

图 6-2-5　带状数据

图 6-2-6　环绕飞行、多源数据融合

（3）超强的平差速度

在添加控制点完成后，或者调整控制点完成后，必然要进行平差，平差速度的提升也意味着加快项目的整体进展。M3D 软件可在 30min 内完成 5 万张影像的平差，可在 1h 内完成 10 万张影像的平差，并且对机器内存需求较低。

同时软件支持划分航带，针对同一数据源，相较传统倾斜软件，可明显提高测区最终精度，如图 6-2-7 所示。

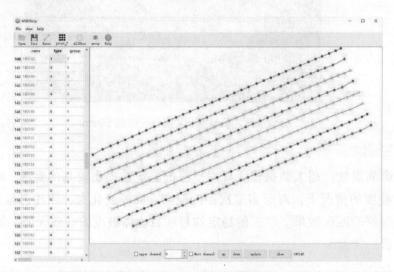

图 6-2-7　提高测区最终精度

（4）二三维一体化

M3D 软件除了可进行快拼 DOM 和 TDOM 生产之外，同时具备完整的摄影测量数据处理流程，包括点云提取、点云滤波、正射纠正、镶嵌匀色、拼接线调整和出图。计算机视觉算法比传统摄影测量的算法具有后发优势，原理也更完善，这就决定了倾斜摄影测量软件普遍采用的相机检校方法会优于摄影测量软件。很多采用传统摄影测量方式处理会存在模型差的情况在倾斜摄影测量软件上得到很大改善，极大程度上决定了最终成果的精度。软件镶嵌线如图 6-2-8 所示。

图 6-2-8 软件镶嵌线

3. Mirauge3D 软件安装

双击 Mirauge3D 程序安装文件，选择安装目录（注：不要安装到 Program Files（x86）或 Program Files 目录下，安装目录、数据处理目录不能有空格；需要进行并行计算的，需要将 Mirauge3D 安装到计算机的局域网共享目录下，如 \\m3client4\data）。安装完成后就可以安装加密程序深思数盾。

引导问题 2

我们学过 ContextCapture 倾斜数据处理的流程，那么 Mirauge3D 如何处理倾斜摄影数据？

技能点 1 Mirauge3D 工作流程

1. 打开 Mirauge3D

双击主程序 Mirauge3D.exe，出现图 6-2-9 所示的主程序界面，表示软件已成功安装，可以正常运行。如果需要进行局域网并行计算，需要从网络磁盘路径打开 Mirauge3D.exe，而不是从本地路径打开，如程序安装在 D:/Mirauge3D/ 目录下，而该目录的网络路径是

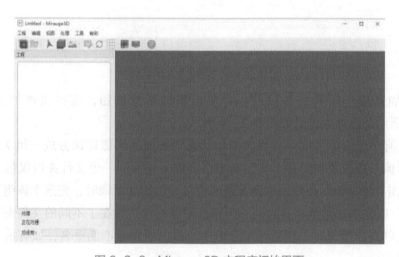

图 6-2-9 Mirauge3D 主程序初始界面

//user-pc/z/Mirauge3D/，需要切换到 //user-pc/z/Mirauge3D/ 目录并从中打开 Mirauge3D.exe。同时，也需在网络路径下处理数据和工程。Win7 系统需检查软件目录下 AT 文件夹中的 M3ATRecon.exe，双击 M3ATRecon.exe 看是否提示缺少必要的 .dll 文件。

2. 新建工程

1）单击菜单：工程→新建工程，或者单击工具栏"新建工程"按钮，如图 6-2-10 所示。

输入工程名、工程路径，单击"下一步"进入下一步。工程目录、影像存放目录、工程名等所有输入文件和路径中，不能有空格。如果需要局域网并行计算，路径需要是网络路径，如图 6-2-11 所示。

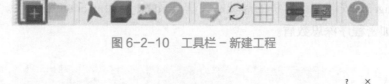

图 6-2-10　工具栏 - 新建工程

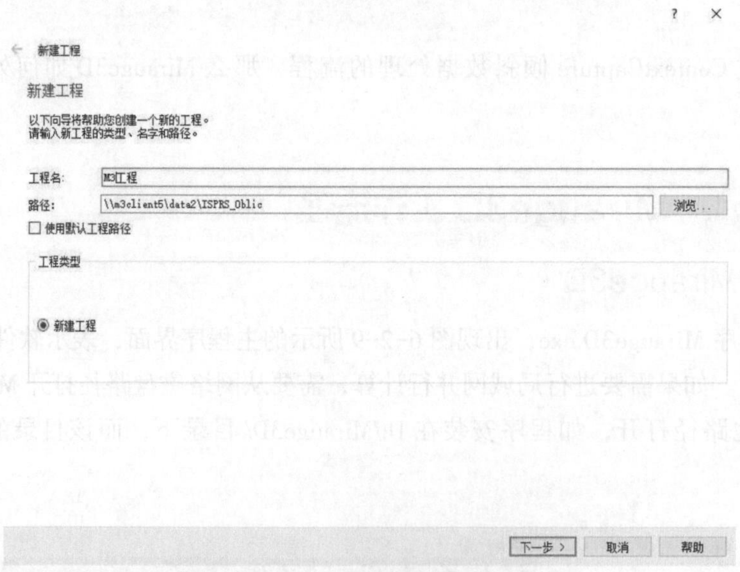

← 新建工程

新建工程

以下向导将帮助您创建一个新的工程。
请输入新工程的类型、名字和路径。

工程名：　　　M3工程

路径：　　　　\\m3client5\data2\ISPRS_Oblic　　　　　　　浏览…

☐ 使用默认工程路径

工程类型

◉ 新建工程

下一步 >　　取消　　帮助

图 6-2-11　设置工程名及路径

2）添加影像。如图 6-2-12 所示，单击添加影像按钮，选择要添加的影像，如图 6-2-13 所示，添加完成后如图 6-2-14 所示。

如果只有一组影像（同一相机未变焦状态下拍摄的影像建议分成一组），则直接单击"添加影像"按钮添加影像。如果有多组影像（建议同一个文件夹内仅包含同一组的影像），单击"添加组"按钮添加影像组，为每一组添加影像时，先选中该组，然后单击"添加影像"按钮添加影像。有时同一个相机拍摄的像片放在了不同的文件夹下，应尽量将这几个文件夹的影像导入到同一个分组中。添加的影像不能重名，如有重名影像，建议修改影像名。

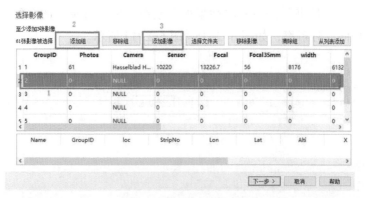

图 6-2-12 添加影像

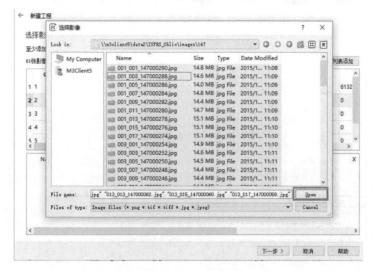

图 6-2-13 选择影像

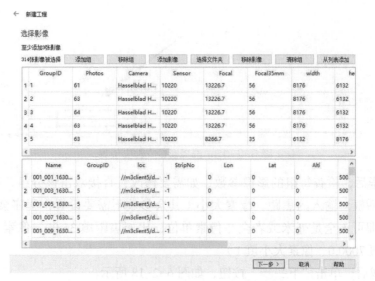

图 6-2-14 影像添加完成

可使用"选择文件夹"按钮一次性添加存放在一个根目录下的多组影像，但是每一组影像需要有相同的分辨率，如图 6-2-15~ 图 6-2-17 所示。

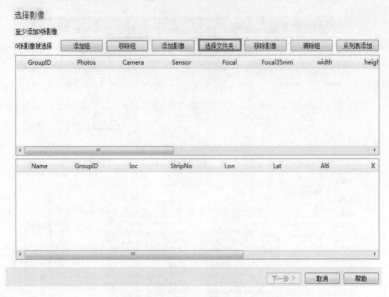

图 6-2-15　选择文件夹

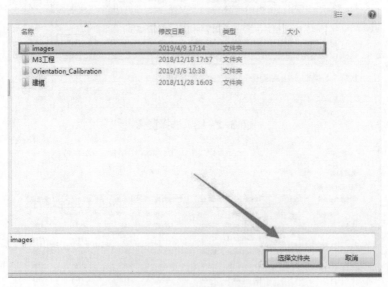

图 6-2-16　选择影像文件夹位置

添加完毕后，检查每组的影像参数，如需要修改，直接双击该分组，系统弹出相机参数设置对话框，输入的焦距、像素大小（其余参数不需要设置，程序会进行自检校）的单位一致即可（全是毫米或者全是像素单位，比如焦距填 35.00、像素大小填 0.005，等同于焦距填 7000.0、像素大小填 1）。

设置完成后，单击"下一步"按钮，如图 6-2-18 所示。

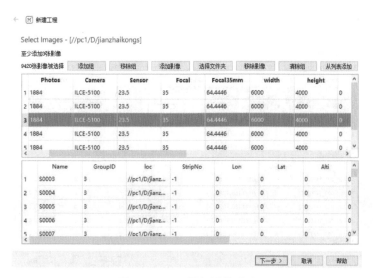

图 6-2-17 添加影像成功

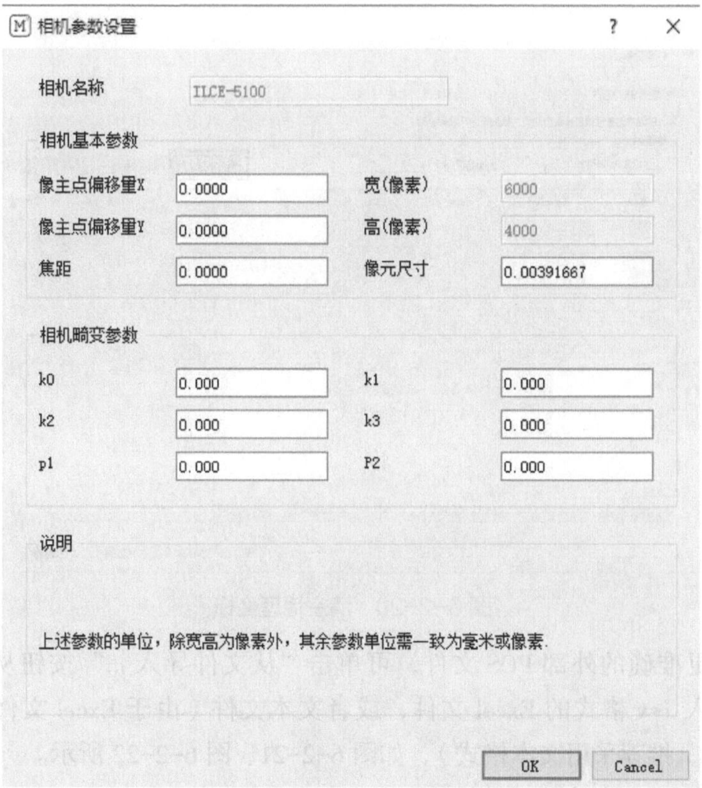

图 6-2-18 检查影像参数

若需要合并等焦距相机组，可按 Shift 键选择需要合并的相机组，右击选择合并，检查设置该组相关参数，如图 6-2-19 所示。

3）设置 POS 信息。如果影像 Exif 信息里面有 GPS 信息，软件会自动读取并显示在对话框中。若不想采用 Exif 里的 GPS 信息，可以单击"清空地理坐标"按钮清空 GPS 信息，如图 6-2-20 所示。

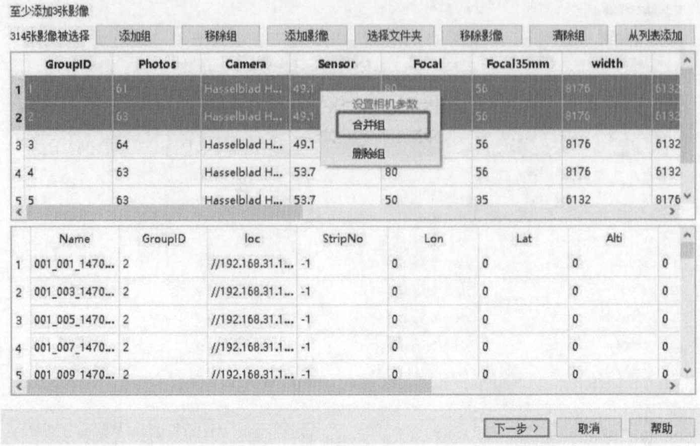

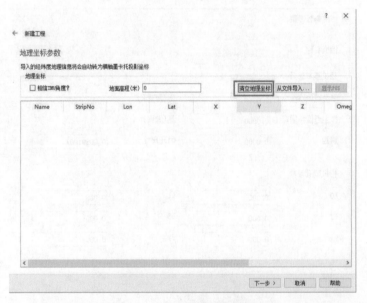

图 6-2-19　合并等焦距相机组

图 6-2-20　清空地理坐标

　　若想采用更准确的外部 POS 文件，可单击"从文件导入 ..."按钮从外部读取 POS 数据。可以导入 .csv 格式的 Excel 文件，或者文本文件（由于 Excel 文件受系统安装的 Office 版本影响，推荐采用文本格式），如图 6-2-21、图 6-2-22 所示。

　　Excel 格式的 POS 在软件目录的 /Support/Mirauge3D-POS-Sample.xlsx 文件中有详细说明，建议使用 *.csv 格式 POS。

　　文本格式的 POS 后缀为 *.txt/*.pos，若 POS 后缀为 *.txt，则每列之间需要逗号分隔，每张影像的 POS 记录占一行（如有多镜头倾斜影像，每张影像占一行），每行列数相同，每一行中至少四列，影像名为必须有的列，其搭配经度－－纬度－－高程，或者 X–Y–Z，

图 6-2-21　从文件导入

图 6-2-22　选择 POS 文件

其余字段为可选，其中 POS 姿态角在软件中暂时不需要。stripID 为影像航带号，在高精度控制点、POS 辅助平差时需要。POS 中影像名和数据中影像名称要保持一致。

　　导入文本文件时可自定义列属性，根据 POS 文件选择合适坐标系，如图 6-2-23~图 6-2-25 所示。

　　每种格式数值间分隔符可为空格、逗号等，其中 stripID 从 0 开始编号，属于同一条航带的影像编号相同，倾斜摄影的影像，不同相机拍摄的影像应属于不同的航带。可用 M3Strip 插件编辑航带。

　　如果导入的是经纬度的 POS，在对话框中会自动将经纬度转换为 XY，并进行显示，采用的投影在工程目录下的 .m3d 文件中。

　　设置地面高程。单击"下一步"，继续工程设置。

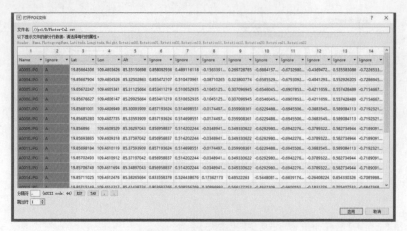

图 6-2-23 数据分列

图 6-2-24 显示 POS

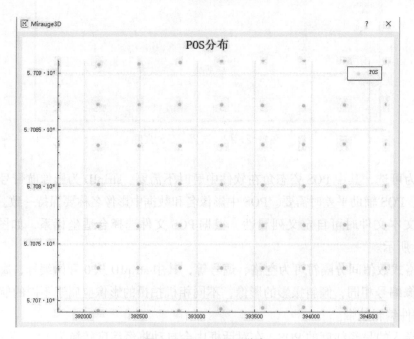

图 6-2-25 POS 分布

4）设置工程参数。在"特征点密度"选项里，可选"Lowest，Low，Normal，High，Ultrahigh"，快拼模式推荐 Lowest，高精度空三推荐 High，原始影像幅面大小超过 10000 的高精度空三推荐 Ultrahigh；在"空三方法"中可选快速空三"FastAT"或正常空三

"NormalAT"模式，"FastAT"模式可满足一般生产精度要求；在"特征点提取方法"和"特征点匹配方法"中可选"CPU"和"Cuda"模式，可根据计算机配置（处理器性能和显卡性能）；在"空三融合方式"可选"整体融合"和"分步融合"，整体融合不会生成融合过程文件，速度较分步融合更快、精度更高。其他参数默认即可，如图6-2-26所示。

图 6-2-26　设置工程参数

单击"结束"，工程创建完成，如图6-2-27所示。

图 6-2-27　工程创建完成

在左侧相机组中右键单击某一影像，可查看影像信息和匹配点信息，如图6-2-28所示。

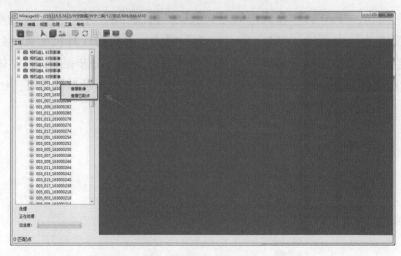

图 6-2-28　查看影像信息和匹配点信息

3. 打开已有工程

单击菜单"工程"→"打开"，或者单击工具栏"打开"按钮，如图 6-2-29 所示，在弹出的对话框中输入 .m3d 文件，可打开已有工程，如图 6-2-30 所示。

图 6-2-29　"打开"按钮

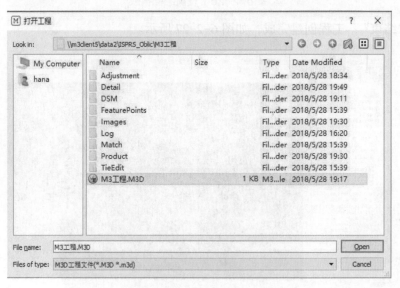

图 6-2-30　打开已有工程

影像分组信息将显示在左边的树状控件中，双击影像名，可以弹出影像查看窗口，如图 6-2-31 所示。

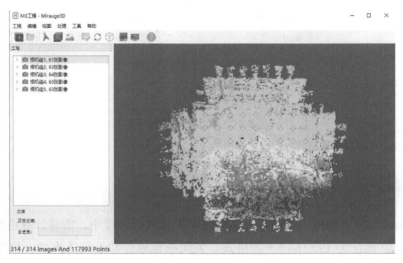

图 6-2-31　双击影像名查看影像

4. 智能空三

新建或打开工程后，选择"处理"→"空三"，系统自动进行空三，如图 6-2-32 所示。

图 6-2-32　智能空三

由于软件支持多机并行空三，在有 POS 数据的情况下，会自动划分多个空三任务显示在图 6-2-33 所示的列表中。

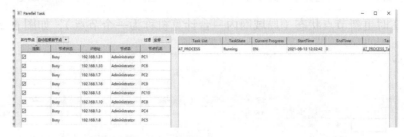

图 6-2-33　多机并行空三

单击主界面上的"节点管理"按钮，如图 6-2-34 所示，开启计算节点，如图 6-2-35 所示。

图 6-2-34　"节点管理"按钮

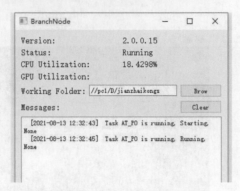

图 6-2-35　计算节点

在 BranchNode 内选择工作路径。在局域网多机并行环境中，需将计算机设置成固定 IP 地址，且 IP 地址为 192.168.*.* 的格式。关闭杀毒软件和系统防火墙、移除可能使 IP 地址不停改变的设备，如图 6-2-36 所示。

等待几秒，任务接收成功，如图 6-2-37 所示。

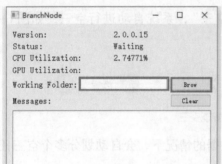

图 6-2-36　选择工作路径

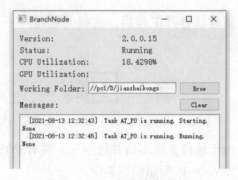

图 6-2-37　任务接收成功

主界面实时更新节点状态（局域网内一台计算机称为一个节点），如图 6-2-38 所示。

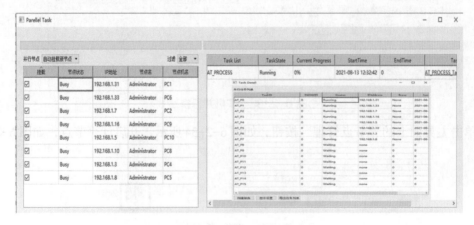

图 6-2-38　节点状态

可继续在其他计算机上打开共享路径下软件安装目录中的 M3Engine.exe，进行同样操作，增加节点（同一台计算机上只能开启一个 M3Engine.exe）。

可继续在其他计算机上访问网络共享路径下的"开启工程的 Mirauge3D"，开启安装目录下的 BranchNode.exe，选择工程路径，增加节点（同一台计算机只能开启一个 BranchNode.exe），如图 6-2-39 所示。等待直至空三完成。

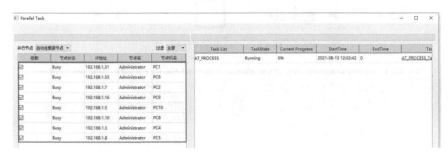

图 6-2-39　增加节点

节点机可不安装软件，但是需要安装软件目录 /support 下的必要驱动，如图 6-2-40 所示。

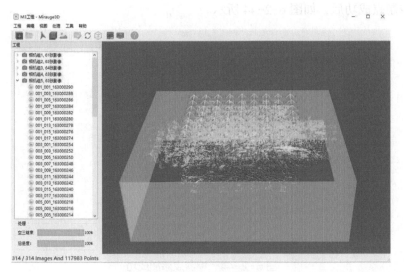

图 6-2-40　驱动安装

可用鼠标在右边的三维显示窗口浏览空三结果，如图 6-2-41 所示。操作方式：左键旋转，中键滚动缩放，右键平移；Ctrl+ 滚轮调整三维点大小，Alt+ 滚轮调整相机大小。

图 6-2-41　空三结果

5. 控制点编辑及平差

空三结果生成后，在主界面菜单选择"工具"→"控制点编辑"，或图 6-2-42 所示的按钮，系统弹出控制点编辑界面，如图 6-2-43 所示。

图 6-2-42　"控制点编辑"按钮

图 6-2-43　控制点编辑界面

（1）控制点导入

单击"导入"导入外部控制点 *.gct/*.gci，也可逐一添加控制点（单击"添加"按钮，在列表中会新增一行记录，填写控制点名、属性、坐标等相关信息）。

控制点 .csv 文件的两种格式：①点名，X、Y、Z，类别。②点名、经度、纬度、高程、类别。

其中，类别为 int 型，1 表示控制点，2 表示检查点（类别可在导入控制点以后，在控制点编辑界面修改），每次修改控制点信息后需单击"提交"提交修改。

添加控制点成功后，如图 6-2-44 所示。

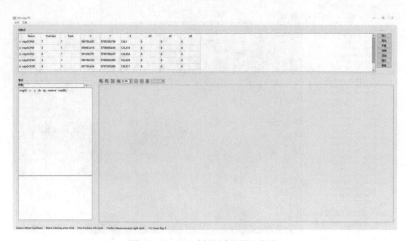

图 6-2-44　控制点添加成功

用鼠标选中某一控制点行,单击"预测"按钮,将自动预测控制点对应的像点,显示对应的影像,并用红色圆点标示出初始预测点位,如图6-2-45所示。

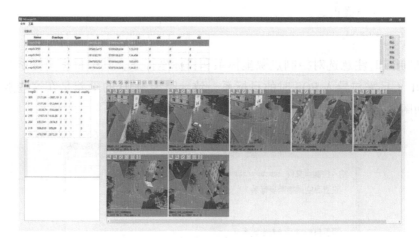

图 6-2-45 控制点预测

（2）像点编辑

选中某一像点记录后,按下键盘"A""S""F"键可分别对影像进行放大、缩小及适应屏幕(或1:1)操作。

如图6-2-46所示,控制点编辑功能键具体功能如下。

1）放大所有相片。

2）缩小所有相片。

3）1:1缩放相片。

4）自动匹配(跟据刺点的样本像点自动匹配,使得其他影像预测位置偏向样本点,右键单击影像来设置样本点)。

5）过滤匹配相似性(1.0表示自动匹配最好,不需要手动调整)。

6）确定所有刺点位置。

7）取消所有刺点位置。

8）删除影像。

9）显示的影像数(根据左侧预测的影像列表智能选出不同角度影像,用户可根据预计刺点的影像数来调整显示影像)。

如图6-2-47所示,当某一像点记录无用时,选中该记录,单击上方的"-"按钮将其删除;当某张影像上有控制点,但未成功预

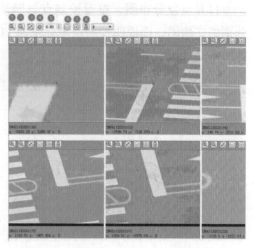

图 6-2-46 像点编辑

图 6-2-47 控制点检测

测时，在上方的输入框输入影像名，单击"+"按钮添加像点。刺过的像点记录最后一列的 reserve 值将由 0 变为 1，表示该像点已经确认。依次对每一个控制点进行"检测"操作及调整它的每一个像点。

（3）像点量测方法

导入控制点时注意选对控制点源坐标系和目标坐标系，其中目标坐标系必须为投影系或者 ENU（且需与导入 POS 时的目标系一致，因为 M3D 的平差是在这些坐标系下进行的），如图 6-2-48 所示。

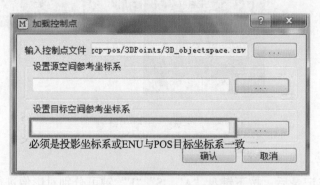

图 6-2-48　加载控制点设置坐标系

打开点位分布图，查看控制点与照片位置的相对关系；如果分布图中控制点与照片分别缩在两团，则说明控制点坐标系与 POS 坐标系不一致，需要检查二者的坐标系设置，如图 6-2-49 所示。

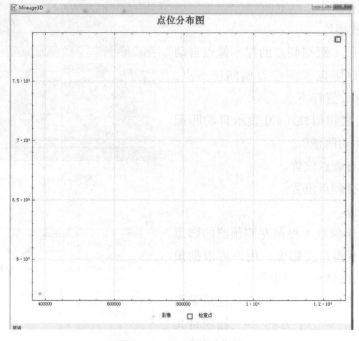

图 6-2-49　点位分布图

如果二者确实相差很远或者确实不知道二者的实际坐标系，则按以下方法处理。

将控制点平面坐标用 Excel 画散点图，或者直接在 M3D 的控制点分布图中放大控制点区域，看清控制点分布形状；选择测区四角的四个控制点，在表单中将其属性设置为 1，并提交修改；对于这四个点，需要人工在影像中寻找其位于哪些照片上，每个控制点至少寻找对应的两张照片；选定其中某个控制点，用 M3D 控制点量测界面左边的输入框输入其所在的照片名（有无扩展名都可），添加像点，并确认点位。每个控制点至少用这样的方式添加两个像点。到此处，测区中共设置了四个控制点，且每个控制点都手动添加了至少两个像点。在表单中依次选中以上四个控制点，分别单击"预测"，此时会发现能准确地预测出这四个控制点的大致位置，只需人工略微调整即可。用此方法将每个控制点的其他像点补全，或者至少每个控制点量测 10~20 个像点；此时，选择以上四个控制点外的任意一个控制点，单击"预测"，会发现当前的预测结果已经很准确了，只需人工略微调整即可。

单击"平差"，选择"绝对定向"。单击"平差"，选择"前方交会"。

如遇特殊情况，发现预测点仍然不准时，则采用人工查找的方式为每个控制点检查点添加两个像点以后，再进行前方交汇，接着进行预测，会发现预测结果准很多。经验告诉我们，在测区内均匀分布了四个控制点（属性为 1），且每个控制点有足够像点（>10）的情况下，进行绝对定向，再进行预测，此时其他控制点的像点预测结果也会很准确。

（4）控制点导出

单击"导出"按钮，以默认路径和文件名（*.gct/*.gci）导出控制点。其中 gci 是直接以影像名进行索引，可方便地导入包含该测区影像的另一个测区。

6.区域网平差

在添加了控制点后，单击"平差"，进行控制点平差。系统弹出"平差参数设置"对话框，可在其中设置控制点和 GPS 精度（单位为 m），以达到较好的平差结果，如图 6-2-50 所示。当 POS 坐标与控制点坐标存在偏移时，自动预测的控制点像点位置会存在偏差。可在测区均匀量测四个控制点后，进行一次绝对定向，然后再次预测，结果会更加准确。当 POS 坐标与控制点坐标存在偏移时，在对影像进行了航带排列的情况下，可为 GPS 设置一定的精度值（如 1.0），否则，需要将 GPS 精度设置为 0（表示不参与计算）。含 POS 或影像 Exif 信息可勾选"使用 GPS 辅助平差"和"修正常数条带误差"；含 POS 信息且排过航带可勾选"使用 GPS 辅助平差""修正

图 6-2-50　平差参数设置

常数条带误差"和"修正线性条带误差"。2.0 版本不勾选 GPS 下三个选项平差效果会更好（其他参数默认即可）。

平差结果保存在"工程目录 /Adjustment/XBundleResult"目录下，XResult.rst 为平差结果。单击菜单"工具"→"控制点分布"，可查看控制点分布图，如图 6-2-51 所示。

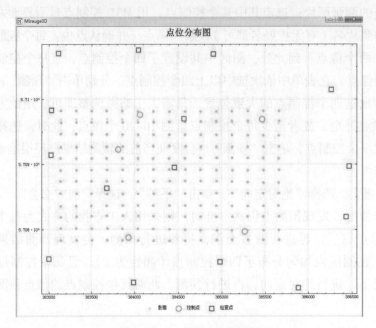

图 6-2-51　控制点分布图

单击菜单"工具"→"平差报告"，可查看平差报告。

在控制点编辑过程中会出现控制点坐标系与 POS 坐标系选取不一致，导致控制点与像点偏离较远，预测点位不准的情况。可以通过下面方法进行校正：首先把所有控制点类型"1"改为"2"，由控制点改为检查点，单击提交，如图 6-2-52 所示。

图 6-2-52　控制点与像点偏离较远的校正

然后根据点位分布图选取三四个点，将控制点类型改为"1"（选取的点要分布均匀，控制点名称在点位分布图左下角查看），如图 6-2-53 所示。

对控制点类型为"1"或"2"的点进行预测，并在影像上对控制点对应像点进行确认（确认一两个像点），如图 6-2-54 所示。

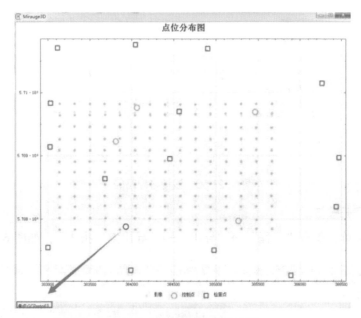

图 6-2-53　控制点名称查看

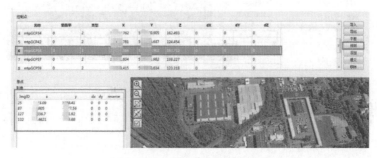

图 6-2-54　预测控制点并确认

最后单击平差，控制点校正完成。

7. 导出空三结果和空三报告

（1）导出空三结果

在主界面菜单，单击"工程"→"导出"→"导出空三结果"，结果输出在"工程目录 \Adjustment\XBundleResult"中，如图 6-2-55、图 6-2-56 所示。

图 6-2-55　导出空三结果

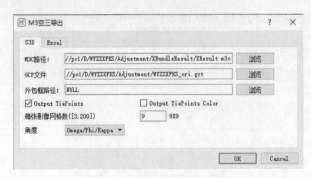

图 6-2-56　设置导出路径

（2）导出空三报告

在主界面菜单，单击"工程"→"导出"→"导出空三报告"，如图 6-2-57 所示。

图 6-2-57　导出空三报告

8. 三维模型重建

（1）利用 ContextCapture 软件进行三维模型重建

在 ContextCapture 新建工程后，单击右侧导入区块，把在 Mirauge3D 运算完成的空三成果导入新建工程中，如果照片路径不一致一定要更换路径，否则无法读取照片进行建模，如图 6-2-58、图 6-2-59 所示。

确认所有路径无误，照片都为可访问之后开始建模。

图 6-2-58　导入区块

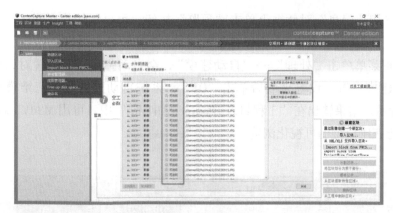

图 6-2-59 参考管理器

（2）利用 M3D 软件进行三维模型重建

调整建模范围：单击工具栏上的"切片编辑"按钮，如图 6-2-60 所示，弹出"设置切片信息"对话框，如图 6-2-61 所示。在感兴趣区域可通过滑动滚轮或者修改 XYZ 的数值来调节外包框的范围以确定三维建模的区域。通过设置切片大小和切片重叠决定建模切片的分块大小和重叠度（切片大小一般设置为稍小于自动计算的值的整数）。其中"切片原点"决定第一个切片左下角点的位置，可以根据需要选择默认"自动原点"，或者选择"用户自定义原点"通过滑动下方滚轮调节原点位置。

图 6-2-60 切片编辑按钮

M 设置切片信息	? ×

感兴趣区域

外包框：

X: 最小	1390692.452123	最大:	1395691.264187
Y: 最小	5705889.674873	最大:	5710164.583073
Z: 最小	66.978173	最大:	186.812540

维度 4998.812m* 4274.908m *119.834m

[重置外包框]

切片

| **切片大小** 198.989440 | m | [应用] | **切片重叠** 0.994947 | m |

☑ 丢弃空白切片 　　　　　　　　　 [重置切片大小]

切片原点

⦿ 自动原点（X, Y, Z）

X:1390692.452123m, y:5705889.674873m, Z:66.978173m.

○ 用户自定义原点

| X: | 1390692.452123 | Y: | 5705889.674873 |
| Z: | 66.978173 | | [重置原点] |

工程包含572个切片（包括空的切片）　　　切片面积:22.6494（平方公里）

[预览] [确定] [取消]

图 6-2-61 切片编辑界面

在"设置切片信息"对话框上单击"预览"按钮，可显示切片在测区中的情况，如图 6-2-62 所示。单击"确定"，会保存设置结果并退出设置对话框。

在主界面菜单单击"处理"→"自动建模"，会自动弹出一个设置对话框，可以选择所需要的建模设置，设置完成后单击"OK"，系统自动进行数字三维模型生产，如图 6-2-63 所示。结果输出在"工程目录 /Product/AllTiles"中，可用 M3dViewer 打开其中的 *.m3s 进行三维模型的可视化浏览。

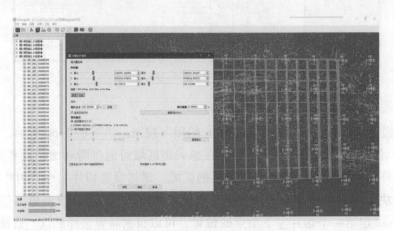

图 6-2-62　预览切片情况

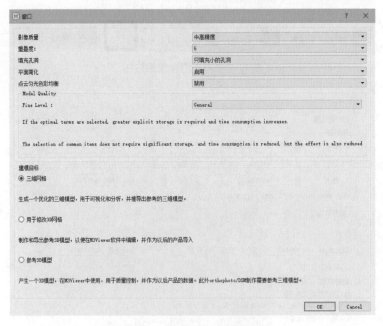

图 6-2-63　自动建模设置

1）影像质量：目前影像质量分 4 个等级，即中高精度、常规精度、中低精度和低精度。选择的精度越高，建模质量越好，同时建模时间也会增加。

2）重叠度：默认是 5，表示只选择每张影像重叠度最大的前 5 张用于三维建模。

3）填充孔洞：可以选择只填充模型中小的孔洞和除边缘外所有孔洞（待启用）。

4）平面简化：启用平面简化，会在三角网简化中自动检测平面并对平面再次简化，可以使生成的结果文件更小。

5）点云匀光色彩均衡：启用后可改善模型中光线不均匀和色彩不均衡的情况，消耗时间会比禁用略长。

6）精细化等级：选用最优级精细化会使建模效果更精细，但是也会消耗更多的显存和时间；选择常规精细化消耗较少显存和时间（待启用）。

7）建模目标：默认三维网格即可。

在建模之前需要开启 BranchNode .exe。

纠正影像完毕后会自动创建建模任务，如图 6-2-64 所示。

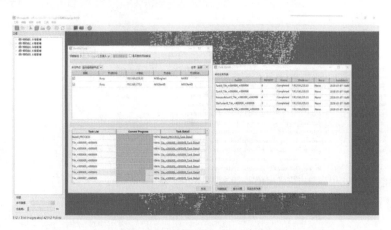

图 6-2-64 建模任务创建

? 引导问题 3

POS 数据是倾斜摄影数据处理不可或缺的数据，我们学过 ContextCapture 导入 POS 数据，那么 Mirauge3D 如何导入 POS 数据？

技能点 2 Mirauge3D 重新导入 POS 数据的流程

在数据生产工作中，如果在新建工程的时候导入的 POS 坐标系和地面控制点坐标系不一致，可采用下述步骤在建立工程以后修改 POS 数据。

1. 导入新的 POS 文件

1）打开工程，如图 6-2-65 所示。

2）单击工程→导入→导入 POS，如图 6-2-66 所示。

3）单击"清空地理坐标"，清除掉旧的 POS 数据，如图 6-2-67 所示。

图 6-2-65 打开工程　　　　　　　　　　图 6-2-66 导入 POS

图 6-2-67 清空地理坐标

4）单击"从文件导入"，导入新的 POS 文件，如图 6-2-68、图 6-2-69 所示。

图 6-2-68 从文件导入

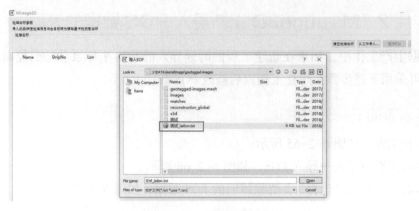

图 6-2-69 选择 POS 文件

5）自定义导入的 POS 文件的格式，如图 6-2-70 所示。

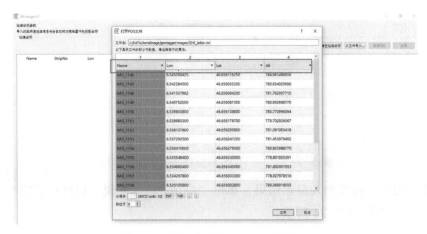

图 6-2-70　自定义 POS 文件格式

6）设置导入的 POS 数据的空间参考系统信息，以及设置目标坐标系信息（即地面控制点所在的投影坐标系），将 POS 数据转换至目标坐标系，如图 6-2-71~ 图 6-2-73 所示。

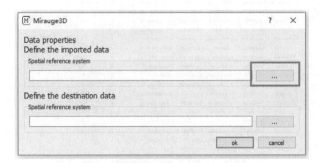

图 6-2-71　设置 POS 数据的空间参考系统

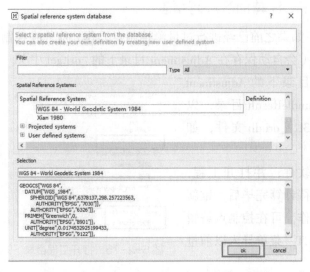

图 6-2-72　选择 POS 数据的空间参考系统

图 6-2-73 将 POS 数据转换至目标坐标系

7）导入成功，查看列表显示结果，单击"应用"，可发现工程目录下的 *_xyz.txt 文件进行了更新，如图 6-2-74 所示。

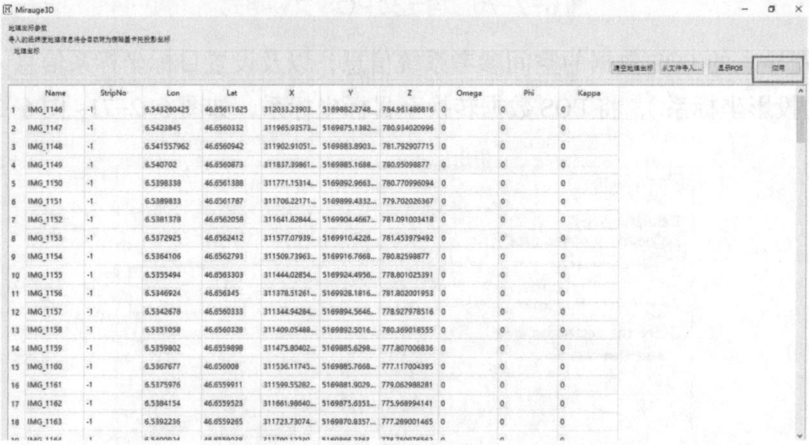

图 6-2-74 单击"应用"按钮

2. 重新进行 POS 辅助区域网平差

1）关闭软件。如果之前已经进行过量测控制点操作，应先在控制点编辑界面将已经量测的控制点导出（会自动保存在 Adjustment 目录下的 _ori.gct 中）。

2）打开工程目录下的 Adjustment 文件夹，删除 XBundleResult 目录，以及 _ori.m3c、_ori.m3t、_ori.db 文件，如图 6-2-75 所示。

3）重新打开软件，并打开工程，单击空三按钮，等待计算完毕后，重新进行控制点编辑工作。可在控制点编辑界面通过"导入 GCT"菜单导入以前量测的 .gct 文件。

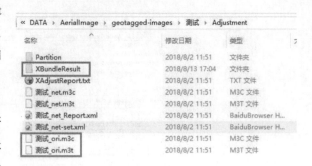

图 6-2-75 打开工程目录下的 Adjustment 文件夹

拓展课堂

ContextCapture 与 Mirauge3D 对比分析

1. ContextCapture：建模效果佳，空三能力偏弱，数据量 1.5 万左右

若谈起业内最熟悉的建模软件，莫过于 ContextCapture。这是一套经过 25 年研发的、基于图形运算单元（GPU）的快速三维场景运算软件，在 Smart3D 被 Bentley 收购后正式更名为 ContextCapture。

这款软件的建模优势有四点。第一，快速、简单、全自动。前期输入需要处理的照片，设置好参数后便可完成空三加密、三维建模重建、DOM 和 DSM 生成等工作。第二，三维模型效果逼真。第三，支持多种三维数据格式，如 OSGB（Open Scene Graph Binary），Smart3D 生成的三维模型格式，是由二进制存储的带有嵌入式链接纹理的数据（.jpg）；OBJ，国际通用的标准 3D 模型格式，大部分三维软件都支持这种格式的三维数据，最初由 Alias|Wavefront 公司开发。第四，支持多种数据源，包括固定翼无人机、载人飞机、旋翼无人机甚至手机数据都可以进行建模运算。

2. Mirauge3D：空三能力突出，特别是遇到大面积、弱纹理、高差大等问题的数据，空三能力相比其他软件优势很大

Mirauge3D 是一款专业的影像智能建模系统，它可以全自动、高效的从影像中重建真实三维模型，不限于影像的采集手段和设备；生成数字模型产品，支持主流模型格式，可满足测绘、地图产品、3D 打印、数字城市、虚拟旅游、虚拟购物、游戏、以及工业零件建模等领域进一步生产和处理需求。

软件优势：

1）解决了大面积测区单个工程一次空三问题，10 万级影像空三一次通过已是常态。

2）解决多架次不同航高、高差变化大、照片色差大，导致的空三不易通过的问题。

3）超强的并行平差系统，已经达到 10 万张 /h 的超高平差效率。

4）亲民的集群方案，打破进口软件昂贵的集群方案，实现 1~50 节点集群处理。

5）专业研发团队，为客户解决生产技术痛点。

学习任务 3　大疆智图软件介绍及应用

- 掌握大疆智图倾斜摄影测量数据处理操作。

- 能用大疆智图处理倾斜摄影测量数据。

- 培养学生独立思考、自主学习的能力。
- 培养学生的综合学习能力。

？ 引导问题 1

大疆智图是深圳市大疆创新科技有限公司自主研发的一款软件，相较于 ContextCapture 和 Mirauge3D，大疆智图有何特点？

知识点　大疆智图介绍

大疆智图是深圳市大疆创新科技有限公司自主研发的一款以二维正射影像与三维模型重建为主，同时提供二维多光谱重建、激光雷达点云处理、精细化巡检等功能的 PC 应用程序。一站式的解决方案帮助行业用户全面提升内外业效率，重点针对测绘、电力、应急、建筑、交通、农业等垂直领域提供一套完整的重建模型解决方案。

1. 产品亮点

1）处理效率高：单机重建处理速度是其他主流软件的 3~5 倍以上，集群重建更可成倍提升处理效率。

2）重建效果好：模型效果好，针对贴近摄影采集的数据可还原细小结构；重建精度高，免像控精度可达厘米级。

3）处理规模大：主机 64GB 内存，单机重建可处理 2.5 万张影像，集群重建可处理 40 万张影像。

4）支持集群重建：二、三维重建均支持将局域网内所有 PC 组网并行集群处理，成倍提升重建效率。

5）易用性高：操作简单，无需复杂参数设置，上手门槛低。

2. 软件版本

大疆智图分农业版、测绘版、电力版和集群版四种商业版本，集群计算仅集群版支持。

我们已经学习了 ContextCapture 和 Mirauge3D 倾斜摄影数据处理流程，那么大疆智图如何进行倾斜摄影测量数据处理？

技能点　大疆智图倾斜摄影测量数据处理流程

1. 软件的下载、安装

1）首先打开大疆官网，单击行业应用，找到大疆智图，单击 exe 进行下载，如图 6-3-1 所示。

图 6-3-1　官网下载界面

2）下载完成后找到安装包双击安装，如图 6-3-2 所示。

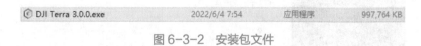

图 6-3-2　安装包文件

3）选择中文简体，如图 6-3-3 所示。

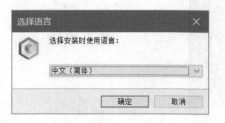

图 6-3-3　安装语言

4）选择安装位置（尽量不安装在 C 盘），按照系统提示完成安装并运行大疆智图，如图 6-3-4~ 图 6-3-6 所示。

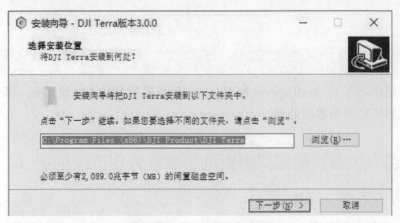

图 6-3-4　安装位置选择

图 6-3-5　软件安装完成

图 6-3-6　软件界面

2. 重建三维模型大疆智图软件操作

（1）新建任务

打开大疆智图 DJI Terra →重建任务（图 6-3-7）→新建任务可见光（图 6-3-8）→输入任务名称（图 6-3-9），然后单击"确定"。

图 6-3-7　重建任务、新建任务

图 6-3-8　可见光

可见光重建包括二维重建和三维重建，其中二维重建是基于摄影测量原理利用无人机采集的影像生成所摄区域的数字表面模型（DSM）及数字正射影像（DOM）的过程。三维重建是基于摄影测量、计算机视觉中的多视几何及计算机图形学等原理利用无人机采集的影像生成所摄物体实景三维模型的过程。

图 6-3-9　编辑任务名

（2）数据导入

1）数据预处理。

①使用大疆无人机及大疆负载（如 P4R、P1 等）采集的数据，无需进行数据预处理。

②使用第三方五相机/三相机负载，如果这些相机未区分相机型号（即所有照片的相机型号属性都是一样的），且相机内参没有以 XMP 形式写入照片，则需要对照片做以下预处理。

a. 以五相机为例，将采集的照片以每个镜头为单位分别存放在五个文件夹内，在每个文件夹中全选影像，右键单击"属性"，单击"详细信息"，下拉找到照相机型号，双击右侧参数值框进入编辑模式，输入数字或字母，分别在五个文件夹内修改所有照片的照相机型号，不可重复。例如，可将不同相机的照片相机型号分别设置为 1、2、3、4、5 或 A、B、C、D、E，如图 6-3-10 所示。

b. 对于第三方设备采集的"35mm 焦距"参数未定义的影像，可定义该参数以提升重建效率和效果。将所有影像储存在一个文件夹下全选照片，右键单击"属性"，单击"详细信息"，下拉找到"35mm 焦距"参数项，双击右侧参数值框进入编辑模式，输入正确的 35mm 焦距参数，如图 6-3-11 所示。

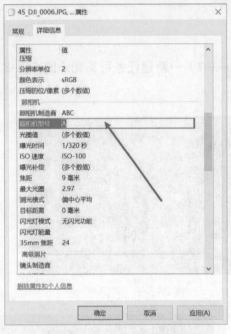

图 6-3-10 修改照相机型号

图 6-3-11 修改焦距

2）添加影像。

①可通过以下两种方式添加原始影像：单击 ，从计算机中选择影像进行数据添加，可使用快捷键 <Ctrl+A> 全选所有照片进行导入。

单击 ，从计算机中选择影像所在文件夹，进行数据添加；若文件夹下有子文件夹，会自动添加所有子文件夹下的影像。影像所在的文件夹文件路径不能带特殊字符，如 #，否则页面刺点视图将无法显示。

②相机位姿展示。添加完成后，地图界面右上角显示图标，打开拍照点显示，影像对应的地理位置将以圆点形式显示在 2D 地图上，如图 6-3-12 所示。

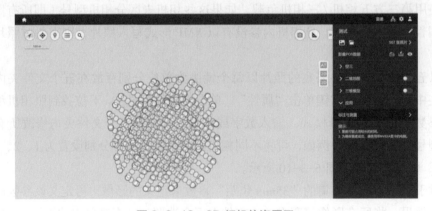

图 6-3-12 2D 相机位姿展示

亦可切换至 AT 或 3D 视图下，查看三维空间下相机点位分布，如图 6-3-13 所示。

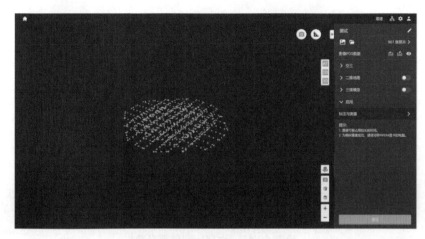

图 6-3-13　3D 相机位姿展示

③影像管理，如图 6-3-14 所示。单击影像右侧的 ">" 来管理影像。影像按照所在文件夹进行分组显示，打开各个分组的列表以查看并管理影像。

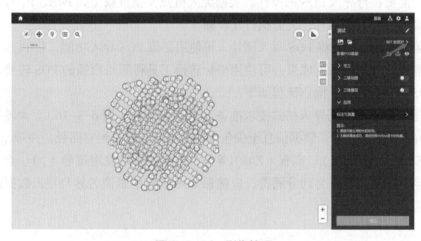

图 6-3-14　影像管理

④选择指定范围影像，如图 6-3-15 所示。若需要保留或删减指定范围内的影像，可在影像管理界面进行如下操作。

a. 添加区域边界点。单击 图标，使用鼠标左键在地图上添加边界点以绘制框选区域。如果事先设置了 KML 范围，也可单击 图标以导入 KML 文件，文件中所包含的点将作为边界点形成框选区域。

b. 编辑边界点。使用鼠标左键单击边界点将其选中，按住鼠标左键并拖动可调整边界点位置，在边界线上单击鼠标左键可插入新的边界点。单击 删除当前选中的边界点，单击 删除所有边界点。

c. 选定区域后，单击鼠标右键，在弹出的菜单中选择删除框内或框外照片。完成操作后，单击返回重建页面。

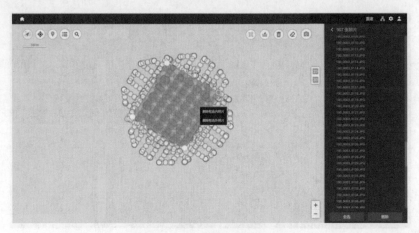

图 6-3-15　选择指定范围影像

3）导入影像 POS 数据。影像 POS 数据记录了影像的地理位置、姿态以及其他定位辅助信息，准确的影像 POS 可提升重建速度及成果精度。部分第三方相机的 POS 与影像是分开的，需要执行导入 POS 的操作。大疆无人机及大疆负载（如 P4R、P1 等）采集的数据，都是将 POS 写入照片，无需执行此步骤。

某些第三方相机没有将 POS 写入照片，可使用影像 POS 导入功能，将 POS 与照片对应。如果需要地方坐标系的成果，可使用坐标转换工具将原始影像的 POS 转换成地方坐标系的 POS 再进行导入。操作流程如下：

①根据影像 POS 数据导入格式要求准备 POS 数据文件（图 6-3-16）。大疆智图支持导入 txt 和 csv 格式的数据。数据信息至少包含影像名称（需为绝对路径，并带 .jpg 后缀）、纬度（X/E）、经度（Y/N）、高程（Z/U）等信息，文件可以使用逗号（，）、点（.）、分号（；）、空格、制表符作为列分隔符，应确保 POS 信息中影像名称与导入数据的影像数据名称对应且唯一。

注意：如需对影像自带的 POS 数据进行坐标转换，可在"影像 POS 数据"右侧单击"导出 POS 数据"按钮，将影像 POS 数据导出，使用第三方坐标转换工具（如 Coord）转换后再导入。

	A	B	C	D	E	F	G	H	I
1	照片名称	纬度	经度	高度	Yaw	Pitch	Roll	水平精度	垂直精度
2	D:/DATA/	22.5	56 113.9	9	274.02	-97.1	-90	0	0.03	0.06
3	D:/DATA/	22.5	56 113.9	3	274.04	-92.2	-90	0	0.03	0.06
4	D:/DATA/	22.5	55 113.9	4	274.05	-91.3	-89.9	0	0.03	0.06
5	D:/DATA/	22.5	55 113.9	2	274.07	-91.3	-90	0	0.03	0.06
6	D:/DATA/	22.5	54 113	6	274.09	-91.7	-90	0	0.03	0.06
7	D:/DATA/	22.5	53 113.9	8	274.08	-91.6	-90	0	0.03	0.06
8	D:/DATA/	22.5	53 113.9	5	274.09	-91.3	-90	0	0.03	0.06
9	D:/DATA/	22.5	52 113.9	3	274.1	-91.6	-90	0	0.03	0.06
10	D:/DATA/	22.5	51 113.9	1	274.07	-91.7	-90	0	0.03	0.06

图 6-3-16　POS 数据

②在"影像 POS 数据"右侧单击"导入 POS 数据"按钮，如图 6-3-17 所示，选择需要导入的 POS 数据文件。需注意的是，如果影像本身不带 POS，导入 POS 后软件页面

也不会显示 POS 点位，但在重建时会使用导入的 POS 数据进行重建。如果影像本身带POS，导入转换后会覆盖原有 POS 数据。

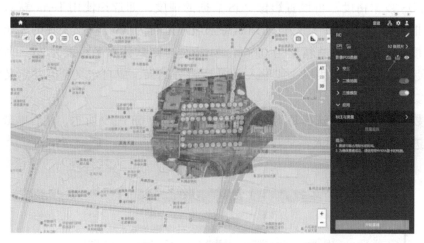

图 6-3-17　导入 POS 数据

③在"文件格式"中按导入数据的格式分别设置"忽略文件前几行""小数分隔符""列分隔符"，如图 6-3-18 所示。

"数据列定义"窗口将根据"文件格式"的设置显示数据。

"忽略文件前几行"用于删除数据文件中的标题及样例行。

"小数分隔符"用于定义小数点的显示形式（不同国家小数点的标识方式不同）。

"列分隔符"用于定义文件内容各列间的分隔符号。

④在"数据属性"中设置"POS 数据坐标系统"及"高程设置"。如坐标系特殊可选择任意坐标系。对于系统中没有的高程系统，可以将高程设置为 Default（椭球高）。

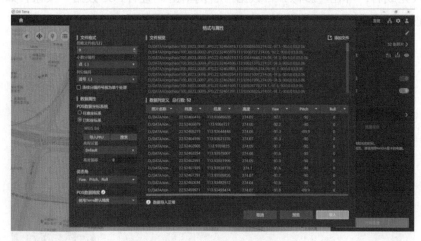

图 6-3-18　设置导入数据格式

⑤"高度偏移"可整体增加或降低高度，小范围椭球高与海拔高的高程异常可视为固定值，可通过该参数设置快速将椭球高调整为海拔高。

⑥ "姿态角"可选择影像姿态信息，大疆智图支持 Yaw、Pitch、Roll 以及 Omega、Phi、Kappa 格式的姿态信息，如没有姿态信息可选择无。

⑦ "POS 数据精度"可设置影像 POS 数据的精度，如选择使用 Terra 默认精度，大疆智图将根据影像的 XMP 信息自动判断每张照片是否为 RTK 状态采集的。如是，则默认水平精度为 0.03m，垂直精度为 0.06m；如不是，则默认水平精度为 2m，垂直精度为 10m。如使用的是第三方相机，或导入 PPK 后差分结果，应自定义精度并定义数据列的精度选项。

⑧ "数据列定义"可选择每列数据的对应项，如图 6-3-19 所示，然后单击下方"导入"按钮进行 POS 数据导入。

数据列定义 总行数：25

未定义 ▼	未定义 ▼	未定义 ▼	未定义 ▼	未定义 ▼	未定义 ▼	未定义 ▼
照片名称	纬度	经度	高度	Yaw	Pitch	Roll
100_0001_171...	123.10 53535	31.7! '8992	23.13423423	-179.9633456	-89.476576546	0
100_0001_172...	123.10 89989	31.7! l9223	23.36525445	-179.9663678	-89.637746546	0
100_0001_173...	123.10 59989	31.7! l6378	23.26243534	-179.9645676	-89.987976789	0
100_0001_174...	123.10 59979	31.7! l1232	23.56464565	-179.9879788	-89.768798546	0
100_0001_175...	123.10 45346	31.7! l9889	23.67648356	-179.5789868	-89.786586465	0
100_0001_176...	123.10 98979	31.7! l7782	23.13443545	-179.9885777	-89.989605456	0
100_0001_177...	123.10 22424	31.7! l9682	23.89876454	-179.9898599	-89.786965764	

图 6-3-19 数据列定义

注意：

a. 照片名称、纬度（X/E）、经度（Y/N）、高度（Z/U）为必选内容。

b. 不可选择相同的数据列定义。

⑨导入完成后，可在"影像 POS 数据"右侧单击"查看 POS 数据"按钮，如图 6-3-20 所示，检查 POS 数据是否正常导入，如图 6-3-21 所示。

图 6-3-20 单击"查看 POS 数据"按钮

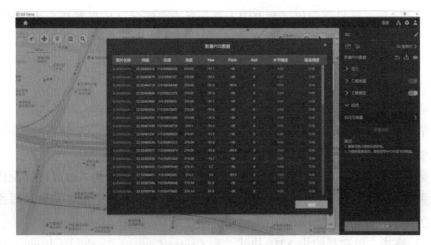

图 6-3-21　查看 POS 数据

⑩确认无误后即可进行下一步操作。

（3）空三

空三是指摄影测量中利用影像与所摄目标之间的空间几何关系，通过影像点与所摄物体之间的对应关系计算出相机成像时刻相机位置姿态及所摄目标的稀疏点云的过程。处理空三后，能快速判断原始数据的质量是否满足项目交付需求以及是否需要增删影像。二维重建和三维重建都必须先做空三处理，如图 6-3-22 所示。

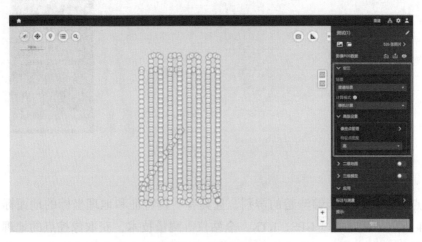

图 6-3-22　空三

空三参数设置：

1）场景。不同的场景对应不同的匹配算法，可根据拍摄方式的不同选择合适的场景。其中：

普通：适用于绝大多数场景，包括倾斜摄影和正射拍摄的数据。

环绕：适用于环绕拍摄的场景，主要针对细小垂直物体的重建，如基站、铁塔、风力发电机等。

电力线：适用于可见光相机（如 P4R）采用垂直电线的 Z 字形拍摄电力线的场景。

2）计算模式。如果计算机有集群权限，此处可选择单机计算或集群计算。如果计算机仅有单机权限，则看不到"计算模式"选项。

3）高级设置。

①特征点密度。

高：单张影像提取较多的特征点，适用于对成果精度和效果要求较高的场景。

低：单张影像提取较少的特征点，适用于需要快速出图等场景。

②被摄地物距离。如果使用的是集群计算，则此处可以看到"被摄地物距离"设置项，表示采集数据时，相机与被摄地物的距离，如有多个不同距离，则取最短距离。此参数用于指导空三分块，被摄地物距离越大，空三解算越慢。

③ XML 格式。可选择输出 XML 格式，即 ContextCapture Blocks Exchange，坐标系建议与二、三维重建坐标系保持一致，如图 6-3-23 所示。大部分的修模软件需要此文件。

注意：XML 仅支持投影坐标系，暂不支持选择地理坐标系。

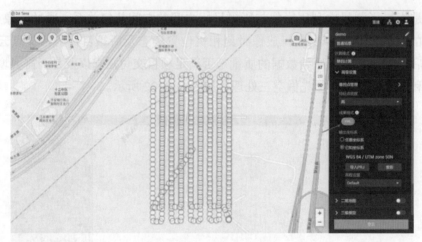

图 6-3-23　XML 格式

（4）像控点编辑

像控点是在影像上能够清楚的辨别，且具有明显特征和地理坐标的地面标识点，如图 6-3-24 所示。可以通过 GPS、RTK、全站仪等测量技术，获取像控点的地理坐标。然后通过软件刺像控点的方式将像控点与拍摄到该点的照片关联起来。像控点分为控制点和检查点，控制点用于优化空三的精度，可提升模型精度，也可实现地方坐标系或 85 高程系统的转换。检查点用于检查空三的精度，可通过检查点来定量对精度做评价。

在进行二维重建或三维重建时，用户可在添加影像后导入像控点，利用像控点提高空三的精度和鲁棒性、检查空三的精度以及将空三结果转换到指定的像控点坐标系下，提高重建结果的准确度。

1）像控点文件准备。

图 6-3-24　像控点

①使用像控点功能前应先准备像控点文件，像控点文件中的信息应遵循每行从左至右分别为像控点名称、纬度 /X/E、经度 /Y/N、高程 /Z/U、水平精度（可选）、高程精度（可选），各项之间用空格或制表符隔开。需要注意的是，如果是投影形式的像控点，X 指的是东方向的值，一般是 6 位数或 8 位数（加带号）；Y 指的是北方向的值，一般是 7 位数。切记 X、Y 不要弄反了，如图 6-3-25 所示。

名称	纬度	经度	高程	名称	X		Y	H
1	22.5 67203	114.00 729	38.85	CT1	4936 4.0909	352	75.038	3757.1
2	22. 5226	114.00 206	39.08	CT2	498 7.849	351	57.586	3979.2
3	22.5 18469	114.00 449	38.98	CT3	4946 8.2436	352	50.938	3876.3
4	22.5 96214	114.00 063	39.1	CP1	5048 7.0318	352	87.766	4401
5	22.5 61553	114.00 774	39.09	CP2	506 5.3541	352	45.618	4321.1
6	22.5 09275	114.00 108	37.89	CP3	5069 1.0078	352	26.287	4281.1

图 6-3-25　像控点文件示意（左为经纬度形式，右为投影形式）

②单击"像控点管理"按钮，如图 6-3-26 所示，进入像控点管理页面，页面主要包括像控点列表、像控点信息、照片库、空三视图、刺点视图。刺点视图在选择照片库中的影像后，将出现在空三视图左侧，如图 6-3-27 所示。可在此页面添加像控点、刺点，进行空三解算及优化。

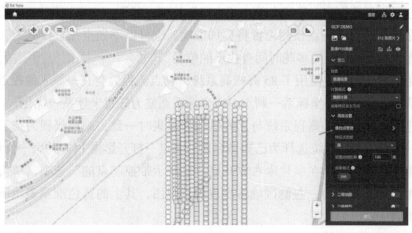

图 6-3-26　单击"像控点管理"按钮

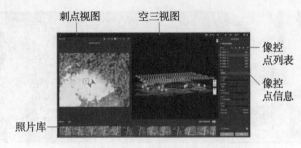

刺点视图　　　空三视图

像控点列表

像控点信息

照片库

图 6-3-27　像控点管理页面

2）像控点导入。

①导入像控点文件前，应先选择像控点的坐标系统及高程系。如果 POS 高程为椭球高，像控点高程为 85 高，或者像控点使用的是地方坐标系，则应将坐标系选择为"任意坐标系"。

②在像控点列表，单击"导入像控点文件"按钮，将像控点文件导入。如果是通过其他设备刺点，可以将整个刺点文件导出，再通过"导入刺点文件"按钮导入 json 格式的刺点文件。

3）像控点编辑。

①如需添加或删除像控点，可单击像控点列表的"+"/"-"按钮进行操作，按住 Ctrl 键可选中多个像控点，按住 Shift 键可选中两次鼠标单击之间的所有控制点。

②在像控点列表选中一个像控点，可在下方编辑该像控点信息，如设置像控点为控制点或检查点，编辑水平精度、垂直精度以及符合像控点坐标系的坐标值。

③在进行刺点操作前，先单击"空三"按钮，对影像进行空三处理，处理完成后将在左侧区域显示空三解算结果，包括相机位姿和点云。

4）刺点优化。刺像控点是把外业采集的像控点的地理坐标与看到这个点的照片相关联的过程，无论是控制点还是检查点，要想起作用都需要做刺点操作。

①在进行刺点操作前，建议先单击"空三"按钮，如图 6-3-28 所示，对影像进行空三处理，做完空三后像控点预测位置将更加准确。也可以不做空三直接刺点，这样像控点预测位置会不准确，需要多花时间查找点的位置。

对于特殊的坐标系或使用了 85 海拔高系统，刺点流程为空三→导入像控点文件→像控点坐标系统选择为已知坐标系→刺点→将坐标系调整为任意坐标系→优化。

对于已知坐标系，且高程系统与无人机数据采集时一致，刺点流程为空三→导入像控点文件→像控点坐标系统选择为已知坐标系→刺点→打开影像 POS 约束→优化。

②选中任一像控点，在照片库右方开启"仅展示带控制点的"选项，单击照片库中包含此像控点的某张影像，左侧区域将出现刺点视图，其上的蓝色准星表示所选像控点投影到此影像中的预测位置。

③在刺点视图的影像上，按住鼠标左键可拖动影像，滑动滚轮可缩放影像。单击影像使用黄色准星进行刺点，标记像控点在影像上的实际位置。刺点在刺点视图和照片库

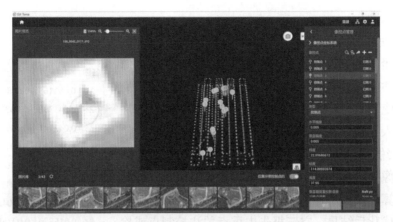

图 6-3-28　刺点前空三

缩略图中显示为绿色十字，同时照片库缩略图右上角将显示对勾标记，表示此为刺点影像。

④单击刺点视图上方的"删除"图标，可删除该影像上的刺点信息。

⑤对于同一像控点，在第三张影像刺点完成后，蓝色准星的预测位置会根据刺点位置变化实时更新，像控点信息下方的刺点"重投影误差"和"三维点误差"亦会更新。

⑥"重投影误差"及"三维点误差"可用于判断刺点精度与原始 POS 精度的误差，依据误差不同，数字颜色会呈绿色、黄色、红色变化，如果刺完某张照片之后该误差突然变大，应核查是否刺错了位置。建议在一个测区使用至少 5 个分布均匀的控制点，单个控制点的刺点影像不少于 8 张（若为五镜头的数据，建议每个镜头的刺点影像不少于 5 张），影像位置尽可能分散，且刺点点位避开影像边缘。当新加入照片的预测位置与实际位置基本一致时，则该像控点无需再刺点，如图 6-3-29 所示。

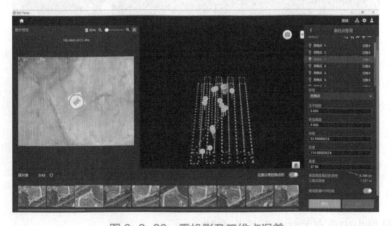

图 6-3-29　重投影及三维点误差

⑦如果开启"使用影像 POS 约束"，则 RTK 照片初始 POS 的平面精度 0.03m，高程精度 0.06m，此初始 POS 会与像控点同时对空三起到约束的功能。

a. 如果 POS 与像控点在同一个坐标系及高程系统下，建议打开此功能，会大幅提升重建效率和精度。

b. 如果使用了地方坐标系或 85 高程系统的像控点，建议像控点坐标系选择"任意坐标系"，打开"使用影像 POS 约束"功能。

c. 如果使用地方坐标系且制作了地方坐标系的 PRJ 文件，采用导入 PRJ 形式定义像控点坐标系，建议关闭"使用影像 POS 约束"功能。

⑧所有像控点刺点完成后，单击"优化"按钮，进行空三优化解算，完成后将生成空三报告，左侧区域的空三也将更新为优化后结果。空三报告中重点关注控制点或检查点的误差及整体误差，如图 6-3-30 所示，如误差过大，则精度不合格，需要对误差较大的点重新刺点或增加像控点数量。

⑨选中像控点，可在下方的像控点信息查看优化后的重投影误差和三维点误差。亦可查看空三质量报告中的控制点 / 检查点的误差情况。

⑩单击"导出像控点"按钮可将控制点及刺点信息导出为 json 文件用于其他任务。确认精度无误后，返回任务主界面进行下一步操作。

大疆智图支持免像控数据处理，也可省去刺像控点步骤，直接单击"空三"，如图 6-3-31 所示，等待空三处理完成，单击"质量报告"，可查看空三成果质量，如图 6-3-32 所示。

像控点信息概览

地面检查点

名称	dx(米)	dy(米)	dz(米)
1	0.051165	0.003647	0.045461
2	0.047788	-0.003096	0.063930
3	0.042141	-0.007247	0.105185
4	0.022170	-0.001203	0.045899
5	0.007752	-0.000452	0.020029
6	0.021198	-0.001716	-0.032660
7	0.011155	0.000429	-0.043956
8	0.015570	0.007580	0.013435
9	0.010142	-0.002590	0.038509

检查点均方根误差

dx(米)	dy(米)	dz(米)
0.025454	-0.000516	0.028426

图 6-3-30　像控点信息概览

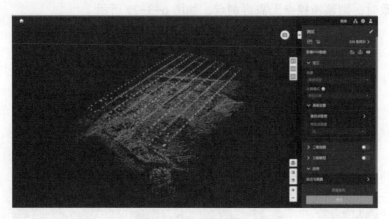

图 6-3-31　直接空三

空三质量报告应重点关注如下几个参数。

①已校准影像：即成功参与空三运算的影像数，若校准影像数量少于导入影像数量，则说明部分影像无法参与空三计算，可能是这些影像拍摄区域全是无纹理或弱纹理区域（比如水、雪等），也有可能是这些影像拍摄区域与其他数据的拍摄角度、分辨率差异过

大疆智图空三质量报告

参数

参数	值
特征点密度	低
使用集群	否

影像信息概览

内容	值
影像数量	526
带位姿影像	526
已校准影像	526
影像POS约束	是
地理配准均方根误差	0.019 m
连通区域数量	1
最大连通区域影像数量	526
空三时间	3.052分钟

RTK Status

状态	影像数量
固定解	526
浮动解	0
单点解	0
无解	0

相机校准信息

相机型号 FC6310R

相机序列号 6538366823bfa73004f40001e9283dec

内容	焦距	Cx	Cy	K1	K2	K3	P1	P2
初始	3682.30	2423.08	1823.10	-0.26321300	0.11568700	-0.04491990	0.00107242	-0.00052538

内容	焦距	Cx	Cy	K1	K2	K3	P1	P2
优化	3674.57	2423.90	1827.96	-0.26619515	0.11029384	-0.03230476	0.00033355	-0.00043748

图 6-3-32 空三质量报告

大。如果因为此原因导致成果部分缺失，则需要重新做外业补拍。

②地理配准均方根误差：解算出来的影像位置与影像中记录的位置之间的均方根误差，该参数能体现出初始 POS 的相对精度，数值越小精度越高。

③影像 RTK 状态：固定解影像的数量，定位精度为厘米级，固定解影像的数量越多越好（浮点解的定位精度为分米级，单点解的定位精度为米级，无解代表无 RTK 定位解算）。如果全部是固定解，则能保证在 POS 坐标系统下免像控精度达到厘米级。如果固定解只占一小部分，则成果绝对精度会较差，需要加适当的像控点才能确保较高的绝对精度。

④相机校准信息：关注初始相机焦距参数 cx、cy 和空三优化后相机焦距参数 cx、cy 的对比，各项优化前后差异一般不超过 50pixel，若优化前后差异较大，可按如下方法排查。

a. 若焦距优化前后差异较大，用于重建的影像是统一朝向的（例如全正射或全部朝向某一建筑立面），则增加其他角度拍摄的影像（例如增加倾斜拍摄的影像）。

b. 若参数 cx、cy 优化前后差异较大，检查采集的影像是否有变换传感器朝向（例如航测采集过程中无人机掉转机头采集数据）的情况。

（5）二维重建

单击"二维地图"按钮，设置相关参数，如图 6-3-33 所示。

图 6-3-33　单击"二维地图"按钮，设置相关参数

1）选择重建分辨率：高为原始分辨率，中为原始分辨率的 1/4（即图片长和宽均为原片的 1/2），低为原始分辨率的 1/9（即图片长和宽均为原片的 1/3）。例如：拍摄原片的分辨率为 6000×6000，高清晰度即为此分辨率，中则对应 3000×3000，低则对应 2000×2000。

2）选择建图场景：无论是城市还是农村，测绘作业都应选择城市场景。农田场景和果树场景是适配大疆农业植保机使用的，当地形有起伏时，农田场景和果树场景重建结果可能出现错位或拉花现象。

3）选择计算模式：若计算机有集群版权限，则可选择集群计算或单机计算进行重建。若只有单机版权限，则无此选项。

4）兴趣区域。在二维重建/三维重建时，用户可在添加照片后，选择兴趣区域进行建模，只生成兴趣区域内的建模成果，以节省建模时间，提高效率。空三完成后，单击高级设置的"兴趣区域"，如图 6-3-34 所示，进入兴趣区域编辑页面，如图 6-3-35 所示。

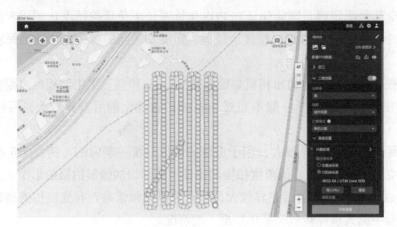

图 6-3-34　高级设置——兴趣区域

①定义兴趣区域：用户可通过以下四种方式定义重建的兴趣区域。此处采用的坐标系与输出坐标系设置中的坐标系一致。

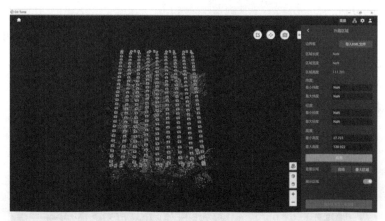

图 6-3-35　兴趣区域编辑

a. 单击"导入 KML 文件"，将 KML 文件中的点转化为兴趣区域的边界点。

b. 在文本框中输入兴趣区域的最小最大纬度、经度和高度或 XYZ 值，然后单击"应用"以确定兴趣区域。

c. 在"重置区域"的选项处，单击"自动"或"最大区域"，软件将自动生成兴趣区域。自动：按照空三点云分布，自动计算合适的长方体区域。最大区域：覆盖所有空三点云的长方体区域。

d. 单击屏幕上方的 进入编辑模式，然后单击地图上的位置手动添加兴趣区域的边界点，在高度文本框中输入高度值，以确定兴趣区域。

②平移兴趣区域：单击 进入平移模式，拖拽已定义的兴趣区域进行平移。

③编辑兴趣区域：单击 进入编辑模式。单击地图上的位置添加兴趣区域边界点。拖拽边界点调整位置以改变区域形状。选中边界点，然后单击 可删除边界点。单击 可清除所有边界点。单击 退出编辑模式。

5）其他信息及设置。

①当兴趣区域为长方体时，页面上方将显示区域长度、宽度及高度信息。

②展示相机位置：展示 / 隐藏所添加照片的相机位置。

③展示区域：展示 / 隐藏已定义的兴趣区域。

④若同时进行二维、三维重建，可单击"复制区域至三维重建"，将兴趣区域复制至三维重建中，如图 6-3-36 所示。

6）输出坐标系。在二维重建和三维重建时，用户可在添加照片后，设置输出坐标系。若照片不包含 POS 信息，则输出坐标系默认为"任意坐标系"。若已添加的照片包含 POS 信息，二维重建默认设置为该任务所处的 UTM 投影坐标系。需要注意的是，如果刺了像控点，则输出坐标系一定要与像控点坐标系保持一致，否则会出现成果与像控点坐标不匹配的情况。

也可自定义设置坐标系和高程，操作如下：

①已知坐标系设置：用户可通过导入 PRJ 文件和在大疆智图坐标系库中搜索两种方

式设置已知坐标系。

a. 导入 PRJ 文件：在 https://spatialreference.org 网站查询并下载需要的坐标系 .prj 文件，然后在大疆智图中单击"导入 PRJ"将其导入。如果是自定义坐标系，可下载一个公开的 PRJ，然后修改目标坐标系统名称、七参数、目标椭球中央子午线、目标椭球东加常数、目标椭球北加常数这 5 个参数，如图 6-3-37 所示。

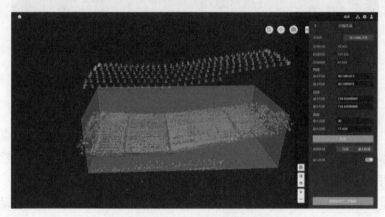

图 6-3-36　复制区域至三维重建

```
PROJCS["Sample",
    GEOGCS["China Geodetic Coordinate System 2000",
        DATUM["China_2000",
            SPHEROID["CGCS2000", 6378137, 298.257222101,
                AUTHORITY["EPSG", "1024"]],
            TOWGS84[1, 2, 3, 4, 5, 6, 7],
            AUTHORITY["EPSG", "1043"]],
        PRIMEM["Greenwich", 0,
            AUTHORITY["EPSG", "8901"]],
        UNIT["degree", 0.0174532925199433,
            AUTHORITY["EPSG", "9122"]],
        AUTHORITY["EPSG", "4490"]],
    PROJECTION["Transverse_Mercator"],
    PARAMETER["latitude_of_origin", 0],
    PARAMETER["central_meridian", 120.666667],
    PARAMETER["scale_factor", 1],
    PARAMETER["false_easting", 300000],
    PARAMETER["false_northing", -3000000],
    UNIT["metre", 1,
        AUTHORITY["EPSG", "9001"]],
    AUTHORITY["EPSG", "4549"]]
```

图 6-3-37　修改 PRJ 文件

b. 搜索：在大疆智图中单击"搜索"，输入坐标系名称或授权代号，选择对应的坐标系搜索结果，然后单击"应用"。国内常见的 CGCS2000 3 度带坐标系如图 6-3-38 所示，其中 EPSG 代号为 4513~4533 的是含代号的 3 度带，此投影坐标系下的 X 值都会加上代号作为前缀，如 EPSG：4513 投影带所有的坐标，X 都是 25 开头的，共 8 位。而 EPSG 代号为 4534~4554 的是不含代号的 3 度带，此投影坐标系下的 X 值不会加上代号作为前缀。一般情况下，如果测区较大，涉及多个投影带，则会使用带代号的投影带（EPSG：4513~EPSG：4533）。测区较小，则使用不带代号的投影带（EPSG：4534~EPSG：4554）。

②高程设置。大疆智图目前支持 Default（椭球高）、EGM96、EGM2008、NAVD88、NAVD88（ftUS）、NAVD88（ft）、JGD2011（vertical）。

EPSG	坐标系名称	经度最小	经度最大	中央经线
	国家2000的投影坐标系			
4513	CGCS2000 / 3-degree Gauss-Kruger zone 25	73.5	76.5	75
4514	CGCS2000 / 3-degree Gauss-Kruger zone 26	76.5	79.5	78
4515	CGCS2000 / 3-degree Gauss-Kruger zone 27	79.5	82.5	81
4516	CGCS2000 / 3-degree Gauss-Kruger zone 28	82.5	85.5	84
4517	CGCS2000 / 3-degree Gauss-Kruger zone 29	85.5	88.5	87
4518	CGCS2000 / 3-degree Gauss-Kruger zone 30	88.5	91.5	90
4519	CGCS2000 / 3-degree Gauss-Kruger zone 31	91.5	94.5	93
4520	CGCS2000 / 3-degree Gauss-Kruger zone 32	94.5	97.5	96
4521	CGCS2000 / 3-degree Gauss-Kruger zone 33	97.5	100.5	99
4522	CGCS2000 / 3-degree Gauss-Kruger zone 34	100.5	103.5	102
4523	CGCS2000 / 3-degree Gauss-Kruger zone 35	103.5	106.5	105
4524	CGCS2000 / 3-degree Gauss-Kruger zone 36	106.5	109.5	108
4525	CGCS2000 / 3-degree Gauss-Kruger zone 37	109.5	112.5	111
4526	CGCS2000 / 3-degree Gauss-Kruger zone 38	112.5	115.5	114
4527	CGCS2000 / 3-degree Gauss-Kruger zone 39	115.5	118.5	117
4528	CGCS2000 / 3-degree Gauss-Kruger zone 40	118.5	121.5	120
4529	CGCS2000 / 3-degree Gauss-Kruger zone 41	121.5	124.5	123
4530	CGCS2000 / 3-degree Gauss-Kruger zone 42	124.5	127.5	126
4531	CGCS2000 / 3-degree Gauss-Kruger zone 43	127.5	130.5	129
4532	CGCS2000 / 3-degree Gauss-Kruger zone 44	130.5	133.5	132
4533	CGCS2000 / 3-degree Gauss-Kruger zone 45	133.5	136.5	135
4534	CGCS2000 / 3-degree Gauss-Kruger CM 75E	73.5	76.5	75
4535	CGCS2000 / 3-degree Gauss-Kruger CM 78E	76.5	79.5	78
4536	CGCS2000 / 3-degree Gauss-Kruger CM 81E	79.5	82.5	81
4537	CGCS2000 / 3-degree Gauss-Kruger CM 84E	82.5	85.5	84
4538	CGCS2000 / 3-degree Gauss-Kruger CM 87E	85.5	88.5	87
4539	CGCS2000 / 3-degree Gauss-Kruger CM 90E	88.5	91.5	90
4540	CGCS2000 / 3-degree Gauss-Kruger CM 93E	91.5	94.5	93
4541	CGCS2000 / 3-degree Gauss-Kruger CM 96E	94.5	97.5	96
4542	CGCS2000 / 3-degree Gauss-Kruger CM 99E	97.5	100.5	99
4543	CGCS2000 / 3-degree Gauss-Kruger CM 102E	100.5	103.5	102
4544	CGCS2000 / 3-degree Gauss-Kruger CM 105E	103.5	106.5	105
4545	CGCS2000 / 3-degree Gauss-Kruger CM 108E	106.5	109.5	108
4546	CGCS2000 / 3-degree Gauss-Kruger CM 111E	109.5	112.5	111
4547	CGCS2000 / 3-degree Gauss-Kruger CM 114E	112.5	115.5	114
4548	CGCS2000 / 3-degree Gauss-Kruger CM 117E	115.5	118.5	117
4549	CGCS2000 / 3-degree Gauss-Kruger CM 120E	118.5	121.5	120
4550	CGCS2000 / 3-degree Gauss-Kruger CM 123E	121.5	124.5	123
4551	CGCS2000 / 3-degree Gauss-Kruger CM 126E	124.5	127.5	126
4552	CGCS2000 / 3-degree Gauss-Kruger CM 129E	127.5	130.5	129
4553	CGCS2000 / 3-degree Gauss-Kruger CM 132E	130.5	133.5	132
4554	CGCS2000 / 3-degree Gauss-Kruger CM 135E	133.5	136.5	135

图 6-3-38　国内常见的 CGCS2000 3 度带坐标系

7）分幅输出。当原始影像数据过大时，生产的二维 DOM/DSM TIF 图数据量较大，导入第三方软件时可能出现无法加载或加载较慢的情况，此时建议使用分幅输出功能，将一个大的 tif 文件规则地裁切成若干个小的 tif 文件。单击"分幅输出"按钮，如图 6-3-39 所示，以像素为单位，设置最大切块边长。

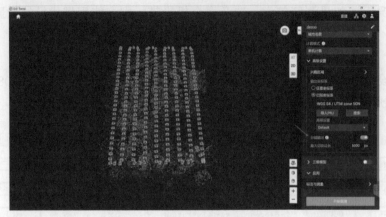

图 6-3-39　打开分幅输出

软件会对 DOM/DSM 成果进行分块裁切（以 5000px 为例），
如图 6-3-40 所示。

注意：

①分幅输出的成果图不会替换原来的 DOM 或 DSM 大图，
两者并存。

②存放在对应任务的成果文件夹下：任务名称 \map\dsm_
tiles；任务名称 \map\result_tiles。

③分幅输出的切块边长最小值为 1000px。

④成果图文件尺寸大于 4GB 会带 BigTIFF 参数，小于 4GB 则无（部分第三方软件不
支持 BigTIFF 图片，则应将分块边长设置小一些）。

设置相关参数后，单击开始重建，即可进行二维重建。

8）二维地图文件格式以及储存路径。二维地图文件默认存储在以下路径，用户可在
设置中更改缓存目录。

C:\Users\< 计算机用户名 >\Documents\DJI\
DJI Terra\<DJI 账号名 >\< 任务名称 >\map\，用
户亦可在重建页面使用快捷键 <Ctrl+Alt+F> 打
开当前所在任务的文件夹，如图 6-3-41 所示。
成果文件应重点关注：

result.tif：正射影像成果文件（DOM），二
维重建最主要的成果。

dsm.tif：数字表面模型，任务区域的高程
文件（DSM），每个像素均包含经纬度和高程。

gsddsm.tif：采样为 5m 分辨率的 DSM，可
在 M300 或 P4R 仿地飞行时导入使用。

图 6-3-40　分块裁切

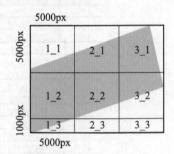

图 6-3-41　成果文件夹

数字文件夹（如 12~21）：地图瓦片数据，用于在大疆智图中展示二维模型，瓦片分级标准与谷歌瓦片分级保持一致。

地图瓦片为标准瓦片，如第三方平台需要调用，可根据瓦片调用规范直接调用即可。

result_tiles 文件夹：开启分幅输出后，正射影像分幅裁切结果存放文件夹。

dsm_tiles 文件夹：开启分幅输出后，高程文件分幅裁切结果存放文件夹。

成果文件夹中还会有一个 .temp 文件夹，体积一般比较大，该文件夹存放的是模型重建过程中的中间文件。如果处于重建过程中，或重建完成后还想要进行新增格式、修改坐标系等额外操作，则需保留该中间文件。如果重建完成后不需要进行其他操作，可手动删除该文件夹释放磁盘空间。

9）二维质量报告。模型重建完成后，可单击"质量报告"查看整体情况，如图 6-3-42 所示。可从报告中查看成果分辨率、覆盖面积、重建时间等。需要注意的是，整个二维重建时间应该包括空三、影像去畸变及匀色、稠密化、真正射影像生成四个步骤的时间。

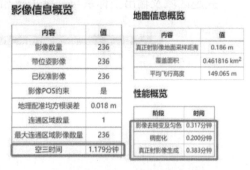

图 6-3-42　二维质量报告

（6）三维重建

单击"三维重建"按钮，设置相关参数，如图 6-3-43 所示。

1）选择重建分辨率：高为原始分辨率，中为原始分辨率的 1/4（即图片长和宽均为原片的 1/2），低为原始分辨率的 1/16（即图片长和宽均为原片的 1/4）。例如：拍摄原片的分辨率为 6000×6000，高清晰度即为此分辨率，中则对应 3000×3000，低则对应 1500×1500。

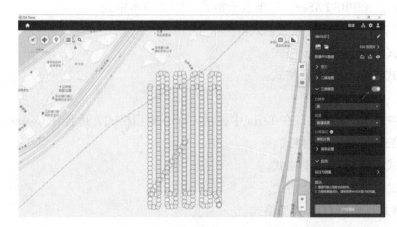

图 6-3-43　单击"三维重建"按钮，设置相关参数

2）选择合适的建图场景。

普通：适用于绝大多数场景，包括倾斜拍摄和正射拍摄的场景。

环绕：适用于环绕拍摄的场景，主要针对细小垂直物体的重建，如基站、铁塔、风力发电机等。

电力线：适用于可见光拍摄电力线且只想要重建电力线点云的场景。注意电力线场景只生成点云，不生成三维模型。电力线场景仅电力版和集群版功能开放。

3）选择计算模式：若使用集群版，则可选择集群计算进行重建，能大幅提升效率和处理规模。

4）高级设置——兴趣区域，如图 6-3-44 所示。

兴趣区域及输出坐标系与二维重建相同。

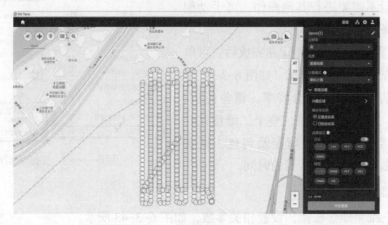

图 6-3-44　高级设置——兴趣区域

5）成果格式。大疆智图输出的三维成果包含以下格式。

①点云。

PNTS 格式：默认生成以在 Terra 中显示（LOD 点云格式，适合在 Cesium 中显示）。

LAS 格式：ASPRS LASer，三维点云格式，V1.2 版本格式。

S3MB 格式：超图 LOD 点云格式。

PLY 格式：非 LOD 点云格式。

PCD 格式：非 LOD 点云格式。

②模型。

B3DM 格式：默认生成以在 Terra 中显示（LOD 模型格式，适合在 Cesium 中显示）。

OSGB 格式：LOD 模型格式。

PLY 格式：非 LOD 模型格式。

OBJ 格式：非 LOD 模型格式。

S3MB 格式：超图 LOD 模型格式。

I3S 格式：LOD 模型格式。

LOD（Level Of Detail）为多层次细节模型，它以金字塔形式存储模型，会将模型用若干很小的瓦片进行存储。一般情况下，LOD 形式的模型浏览起来会更快。

设置相关参数后，单击开始重建，即可进行三维重建。

6）三维重建文件格式以及储存路径。三维重建结果文件默认存储在以下路径，可在设置中更改缓存目录，也可在重建页面使用快捷键 <Ctrl+Alt+F> 打开当前任务的文件夹，如图 6-3-45 所示。

.temp	2022/2/1 15:05	文件夹
report	2022/2/1 15:05	文件夹
terra_b3dms	2022/2/1 15:05	文件夹
terra_las	2022/2/1 15:05	文件夹
terra_osgbs	2022/2/1 15:05	文件夹
terra_pnts	2022/2/1 15:05	文件夹

图 6-3-45 三维重建结果文件

一般成果文件夹就会以 terra_XXX（XXX 表示模型格式）命名一个文件夹存放该格式的成果。

成果文件夹中还会有一个 .temp 文件夹，体积较大，该文件夹存放的是模型重建过程中的中间文件。如果处于重建过程中，或重建完成后还想要进行新增格式、修改坐标系等额外操作，则需保留该中间文件。如果重建完成后不需要进行其他操作，则可以手动删除该文件夹释放磁盘空间，不会对成果产生影响。

7）三维重建质量报告。模型重建完成后，可单击"质量报告"查看整体情况。可从报告中查看模型重建各项参数设置信息，如图 6-3-46 所示。需要注意的是，三维重建包括空三和 MVS 两大步骤，如果要统计三维建模的时间，需要把空三和 MVS 时间相加。

图 6-3-46 三维重建质量报告

拓展课堂

实景三维模型的应用价值和意义

1. 实景三维模型有哪些有价值的信息

常用的影像数据大多只有地物顶部的信息特征，缺乏地物侧面详细的轮廓及纹理信息，不利于全方位的模型重建。实景三维建模技术能够根据一系列二维相片，或者一组倾斜影像，自动生成高分辨的、带有逼真纹理贴图的三维模型。如果倾斜像片带有坐标信息，那么模型的地理位置信息也是准确的。这种模型效果逼真、要素全面，而且具有测量精度，不仅带给人身临其境之感，还可用于测量学，是现实世界的真实还原。

2. 实景三维建模效率和精度如何

实景三维建模通过飞行器采集倾斜影像，通过软件计算自动生成模型，极大减少了人工的投入，成本大大降低，大致为人工建模的 1/3~1/2。倾斜摄影在获取了倾斜影像之后，主要是通过计算机实现自动化建模，其生产效率可以达到每平方千米费时 3h，即 50km^2 可以在一周之内生产完毕。单建模阶段，同人工建模（1人／月，0.2~0.3km^2）相比较，两者生产效率可达到 1：600。

实景三维建模由于飞行器航摄时可搭载高精度的定位设备，以及通过地面控制点的辅助，其平面和水平误差可控制在 20~30 cm，甚至在 15 cm 之内，达到大比例尺地图的精度要求。对比人工建模依赖底图的平面精度和人工判断误差高达数米的高程精度，具备明显的优势。

3. 实景三维建模可以应用于哪些领域

实景三维模型的应用领域包括数字城市、城市规划、交通管理、数字公安、消防救护、应急安防、防震减灾、国土资源、地质勘探、矿产冶金等，覆盖建筑设计、工程与施工、制造业、娱乐及传媒、电商、科学分析、文物保护、文化遗产等各方面。

实景三维模型应用在城市规划中对于各设计单位可产生可观的经济效益，能对数据进行实时的智能化处理，可缩短测量时间，减少测量资金，提高经济效益。实景三维模型可用于城市规划建设项目、道路状况建模以完成对道路状况的检测、地下管线建模以完成对地下管线的检测和维修，还可以用于矿山的体积测量，可以测量山体表面积、体积、长度、经纬度高程等。

技能考核工单

考核工作单名称		ContextCapture 软件应用			
编号	6-1	场所 / 载体	实验室（实训场）/ 实装（模拟）	工时	2
项目	内容	考核知识技能点		评价	
1. 计算机集群的建设	1. 主机共享盘设置	将主机上的 D 盘设置为共享盘： 1. 右键单击属性→共享→高级共享 2. 勾选共享文件夹，单击应用，单击确定			
	2. 从机设置	1. 选择计算机→单击右键→映射网络驱动器 2. 设置好后，从机即会显示和主机共享盘相同的盘符			
	3. CC 任务路径设置	选择"ContextCapture Center Settings"，所有节点的任务路径均设置和主机相同，可为主机共享盘文件夹下的任一文件夹			
	4. CC 集群运行	1. 主机启动 2. 启动从机的 CC Engine 3. 将数据复制到主机共享盘上，启动主机上的"ContextCapture Center Master"，进行 CC 创建工程，并进行数据处理的相关设置 4. 当提交空三（特征点提取步骤会并行）及三维建模任务时，多个节点就会同时运行。单击提交任务下的"Monitor job queue"，可以查看到有几个节点在运行			
2. ContextCapture 倾斜摄影测量数据处理流程	1. ContextCapture 软件的安装	1. 安装 ContextCapture Center 2. 程序汉化			
	2. 准备影像数据	1. 输入数据文件格式 2. 支持的文件格式 3. 定位信息 4. 影像预处理 5. 照片存储到网络路径下面			
	3. 新建项目	1. 双击运行 ContextCapture Master 2. 单击"新工程"新建项目。输入项目名称、存储路径等信息，勾选"创建空区块"			
	4. 导入照片	选择"影像"选项卡，然后单击"添加影像"按钮，可以选择"添加影像选择…"，在弹出的文件对话框中选择所要添加的照片；可以选择"添加整个目录…"，按目录添加要建模的无人机照片。添加选择的影像文件使用 Shift 键或 Ctrl 键执行多选 （1）以导入区块的方式导入照片 直接单击导入区块选择文件存储路径即可。导入照片后设置采样率、检查航片完整性、输入相机参数			

（续）

项目	内容	考核知识技能点	评价
	4. 导入照片	（2）手工导入影像位置 选择要导入的 POS 文件，加载输入文件之后，ContextCapture 会尝试对该文件的内容进行第一次推测。可以调整导入参数，使"数据预览"表中的每列都包含有意义的信息 ①定义导入数据；②定义空间参考系统；③指定对应于导入数据的列	
2. Context Capture 倾斜摄影测量数据处理流程	5. 第一次空三加密	1. 通过空中三角测量计算创建新区块。从区块"概要"选项卡或从工程树视图的上下文菜单中，单击"提交空中三角测量"可通过空中三角测量计算创建新区块 （1）区块名称 （2）影像组件：根据影像组件选择空中三角测量计算需要处理的影像 （3）定位 / 地理参考：选择空中三角测量计算放置和定位区块的方式 （4）设置：选择空中三角测量估算方法和高级设置 ①关键点密度；②像对选择模式；③影像组件构造模式；④估计方法；⑤光学属性评估模式；⑥评估小组 2. 空中三角测量计算。在定义空中三角测量计算向导的最后一页中，单击"提交"，可创建输出区块并提交空中三角测量计算任务，系统开始计算 3. 空中三角测量计算结果 （1）结果显示 （2）空中三角测量计算报告 （3）自动连接点检查 （4）控制点检查 4. 导入像控点并进行刺点 （1）单击"测量"，然后单击"编辑控制点"按钮，系统弹出"控制点编辑器"对话框 （2）在文件菜单选择导入控制点向导，找到控制点文件，并导入 ①指定控制点文件坐标分隔方式以及是否忽略文件内前几行；②选择控制点文件对应的投影坐标系；③指定控制点文件列数对应方向，其中 Y 带表北，X 带表东 （3）标记控制点（刺点）。首次选择显示全部影像，在像控点所在的照片上找到像控点标记，精确对准标志中心后，单击左键，单击确定，标记中心显示"+"	

（续）

项目	内容	考核知识技能点	评价
2. Context Capture 倾斜摄影测量数据处理流程	6.第二次空三加密与空三报告	1.单击第一次空三加密所建的块，重新回到"概要"界面，再次单击"提交空中三角测量"，在系统弹出的"定义空中三角测量计算"对话框中，按照第一次空三加密的设置填写，由于输入了像控点，所以"地理参考"这栏中要选择"使用控制点进行严格配准"，最后单击"提交"，程序就开始执行第二次空三加密计算 2.空三加密完成后，在界面上方显示"影像信息完整""区块可进行三维重建"等信息，表示可以进行模型生产	
	7.模型重建	1.在空三结果中开启一个重建，可使用"概要"选项卡右下角的"新建重建项目"按钮 2.模型参数设置 （1）空间框架的设置、编辑兴趣区域 （2）重建辅助设置 ①多边形的 KML 文件（仅限具有地理参考的重建项目）；②包含三维网格的 OBJ 文件 （3）参考三维模型设置 （4）处理设置 ①匹配像对选择；②几何精度；③孔洞填充；④几何简化；⑤色彩均衡模式；⑥无纹理区域表示；⑦分辨率限制；⑧低级别设置 3.设置完成后单击右下角"提交新的生产项目" （1）定义重建区块名称 （2）设置重建目的 （3）根据不同的重建目的设置格式/选项 （4）空间参考系统选择正确的坐标系 （5）范围在前面已经定义好，但是这里可以单击编辑选项对需要进行模型生产的瓦片进行选择 （6）提交生产	

考核工作单名称			Mirauge3D+ContextCapture 的作业模式			
编号	6-2	场所/载体	实验室（实训场）/实装（模拟）		工时	2
项目	内容		考核知识技能点			评价
1. Mirauge 3D 工作流程	1. 安装并打开 Mirauge 3D	1. 安装 Mirauge3D 2. 双击主程序 Mirauge3D.exe 打开软件				
	2. 新建工程	1. 单击菜单：工程→新建工程，或者单击工具栏"新建工程"按钮 2. 添加影像 （1）如果只有一组影像（同一相机未变焦状态下拍摄的影像建议分成一组），则直接单击"添加影像"按钮添加影像。如果有多组影像（建议同一个文件夹内仅包含同一组的影像），单击"添加组"按钮添加影像组，为每一组添加影像时，先选中该组，然后单击"添加影像"按钮添加影像。有时同一个相机拍摄的像片放在了不同的文件夹下，应尽量将这几个文件夹的影像导入到同一个分组中 （2）添加完毕后，检查每组的影像参数，如需要修改，直接双击该分组，系统弹出相机参数设置对话框，输入的焦距、像素大小（其余参数不需要设置，程序会进行自检校）的单位一致即可 3. 设置 POS 信息 （1）如果影像 Exif 信息里面有 GPS 信息，软件会自动读取并显示在对话框中。若不想采用 Exif 里的 GPS 信息，可以单击"清空地理坐标"按钮清空 GPS 信息 （2）若想采用更准确的外部 POS 文件，可单击"从文件导入…"按钮从外部读取 POS 数据。可以导入 .csv 格式的 Excel 文件，或者文本文件 4. 设置工程参数 （1）在"特征点密度"选项里，可选"Lowest，Low，Normal，High，Ultrahigh"，快拼模式推荐 Lowest，高精度空三推荐 High，原始影像幅面大小超过 10000 的高精度空三推荐 Ultrahigh （2）在"空三方法"中可选快速空三"FastAT"或正常空三"NormalAT"模式 （3）"特征点提取方法"和"特征点匹配方法"可选"CPU"和"Cuda"模式 （4）空三融合方式可选"一步式融合"和"分步融合" （5）可选"快速 AT"或"正常 AT"模式。"快速 AT"可满足一般生产精度要求 （6）可选"CPU"和"Cuda"模式。也可根据计算机配置（处理器性能和显卡性能）进行选择			

（续）

项目	内容	考核知识技能点	评价
1. Mirauge 3D 工作流程	2. 新建工程	（7）可选"整体融合"或"分步融合"。整体融合不会生成融合过程文件，速度较分步融合更快、精度更高。其他参数默认即可	
	3. 智能空三	1. 新建或打开工程后，选择"处理"→"空三"，自动进行空三 2. 由于软件支持多机并行空三，在有 POS 数据的情况下，会自动划分多个空三任务 3. 单击主界面上的"节点管理"按钮，开启计算节点。在 BranchNode 内选择工作路径。等待几秒，任务接收成功。主界面实时更新节点状态 4. 可继续在其他计算机打开共享路径下软件安装目录中的 M3Engine.exe，进行同样操作，增加节点 5. 用鼠标在右边的三维显示窗口浏览空三结果	
	4. 控制点编辑及平差	主界面菜单，"工具"→"控制点编辑" 1. 控制点导入 单击"导入"导入外部控制点 *.gct/*.gci，也可逐一添加控制点 2. 像点编辑 选中某一像点记录后，按下键盘"A""S""F"键可分别对影像进行放大、缩小及适应屏幕操作。 当某一像点记录无用时，选中该记录，单击上方的"－"按钮将其删除；当某张影像上有控制点，但未成功预测时，在上方的输入框输入影像名，单击"＋"按钮添加像点。刺过的像点记录最后一列的 reserve 值将由 0 变为 1，表示该像点已经确认。依次对每一个控制点进行"检测"操作及调整它的每一个像点 3. 像点量测 导入控制点时注意选对控制点源坐标系和目标坐标系，其中目标坐标系必须为投影系或者 ENU 4. 控制点导出 单击"导出"按钮，以默认路径和文件名（*.gct/*.gci）导出控制点	
	5. 区域网平差	1. 在添加了控制点后，单击"平差"，进行控制点平差 2. 系统弹出"平差设置"对话框，可在其中设置控制点和 GPS 精度（单位为 m），以达到较好的平差结果 3. 单击菜单"工具"→"控制点分布"，可查看控制点分布图 4. 单击菜单"工具"→"平差报告"，可查看平差报告	

（续）

项目	内容	考核知识技能点	评价
1. Mirauge 3D 工作流程	5. 区域网平差	5. 控制点校正 （1）首先把所有控制点类型"1"改为"2"，由控制点改为检查点，单击提交 （2）然后根据点位分布图选取三四个点，将控制点类型改为"1" （3）对控制点类型为"1"或"2"的点进行预测，并在影像上对控制点对应像点进行确认 （4）最后单击平差，控制点校正完成	
	6. 导出空三结果和空三报告	1. 导出空三结果 单击"工程"→"导出"→"导出空三结果" 2. 导出空三报告 单击"工程"→"导出"→"导出空三报告"	
	7. 三维模型重建	1. 利用 ContextCapture 软件进行三维模型重建 2. 利用 M3D 软件进行三维模型重建 （1）调整建模范围 （2）在主界面菜单单击"处理"→"自动建模" （3）设置建模参数 ①影像质量 ②重叠度 ③填充孔洞 ④平面简化 ⑤点云匀光色彩均衡 ⑥精细化等级 ⑦建模目标	
2. Mirauge 3D 重新导入 POS 数据的流程	1. 导入新的 POS 文件	1. 打开工程 2. 单击工程→导入→导入 POS 3. 单击"清空地理坐标"，清除掉旧的 POS 数据 4. 单击"从文件导入"，导入新的 POS 文件 5. 自定义导入的 POS 文件的格式 6. 设置导入的 POS 数据的空间参考系统信息，以及设置目标坐标系信息，将 POS 数据转换至目标坐标系 7. 导入成功，查看列表显示结果，单击"应用"	
	2. 重新进行 POS 辅助区域网平差	1. 关闭软件 2. 打开工程目录下的 Adjustment 文件夹，删除 XBundleResult 目录，以及 _ori.m3c、_ori.m3t、_ori.db 文件 3. 重新打开软件，并打开工程，单击空三按钮，等待计算完毕后，重新进行控制点编辑工作。可在控制点编辑界面通过"导入 GCT"菜单导入以前量测的 .gct 文件	

考核工作单名称		大疆智图倾斜摄影测量数据处理流程		
编号	6-3	场所 / 载体	实验室（实训场）/ 实装（模拟）	工时	2
项目	内容	考核知识技能点		评价
大疆智图倾斜摄影测量数据处理流程	1. 软件下载及安装	1. 下载大疆智图 2. 安装大疆智图	
	2. 新建任务	打开大疆智图 DJI Terra →重建任务→新建任务→可见光→输入任务名称，然后单击"确定"	
	3. 数据导入	1. 数据预处理 （1）使用大疆无人机及大疆负载（如 P4R、P1 等）采集的数据，无需进行数据预处理 （2）使用第三方五相机 / 三相机负载，如果这些相机未区分相机型号（即所有照片的相机型号属性都是一样的），且相机内参没有以 XMP 形式写入照片，则需要对照片做以下预处理：①将采集的照片以每个镜头为单位分别存放在五个文件夹内，在每个文件夹中全选影像，右键单击"属性"，单击"详细信息"，下拉找到照相机型号，双击右侧参数值框进入编辑模式，输入数字或字母，分别在五个文件夹内修改所有照片的照相机型号，不可重复。②对于第三方设备采集的"35mm 焦距"参数未定义的影像，可定义该参数以提升重建效率和效果。将所有影像储存在一个文件夹下，全选照片，右键单击"属性"，单击"详细信息"，下拉找到"35mm 焦距"参数项，双击右侧参数值框进入编辑模式，输入正确的 35mm 焦距参数 2. 添加影像 （1）可通过两种方式添加原始影像 （2）相机位姿展示 添加完成后，地图界面右上角显示图标，打开拍照点显示，影像对应的地理位置将以圆点形式显示在 2D 地图上 （3）影像管理 单击影像右侧的">"来管理影像。影像按照所在文件夹进行分组显示，打开各个分组的列表以查看并管理影像 （4）选择指定范围影像 ①添加区域边界点 ②编辑边界点 ③选定区域后，单击鼠标右键，在弹出的菜单中选择删除框内或框外照片 3. 导入 POS 数据 （1）根据影像 POS 数据导入格式要求准备 POS 数据文件	

（续）

项目	内容	考核知识技能点	评价
大疆智图倾斜摄影测量数据处理流程	3. 数据导入	（2）在"影像POS数据"右侧单击"导入POS数据"按钮，选择需要导入的POS数据文件 （3）在"文件格式"中按导入数据的格式分别设置"忽略文件前几行""小数分隔符""列分隔符" （4）在"数据属性"中设置"POS数据坐标系统"及"高程设置" （5）"高度偏移"可整体增加或降低高度，小范围椭球高与海拔高的高程异常可视为固定值，可通过该参数设置快速将椭球高调整为海拔高 （6）"姿态角"可选择影像姿态信息，大疆智图支持Yaw、Pitch、Roll以及Omega、Phi、Kappa格式的姿态信息，如没有姿态信息可选择无 （7）"POS数据精度"可设置影像POS数据的精度，如选择使用Terra默认精度，大疆智图将根据影像的XMP信息自动判断每张照片是否为RTK状态采集的，如是，则默认水平精度为0.03m，垂直精度为0.06m；如不是，则默认水平精度为2m，垂直精度为10m （8）"数据列定义"可选择每列数据的对应项 （9）导入完成后，可在"影像POS数据"右侧单击"查看POS数据"按钮，检查POS数据是否正常导入	
	4. 空三	（1）场景。不同的场景对应不同的匹配算法，可根据拍摄方式的不同选择合适的场景 （2）计算模式。如果计算机有集群权限，此处可选择单机计算或集群计算。如果计算机仅有单机权限，则看不到"计算模式"选项 （3）高级设置 ①特征点密度 ②被摄地物距离 ③XML格式	
	5. 像控点	1. 像控点文件准备 2. 像控点导入 （1）导入像控点文件前，应先选择像控点的坐标系统及高程系 （2）在像控点列表单击"导入像控点文件"按钮，将像控点文件导入 3. 像控点编辑 （1）如需添加或删除像控点，可单击像控点列表的"+"/"−"按钮进行操作 （2）在像控点列表选中一个像控点，可在下方编辑该像控点信息，如设置像控点为控制点或检查点，编辑水平精度、垂直精度以及符合像控点坐标系的坐标值	

（续）

项目	内容	考核知识技能点	评价
大疆智图倾斜摄影测量数据处理流程	5. 像控点	（3）在进行刺点操作前，先单击"空三"按钮，对影像进行空三处理，处理完成后将在左侧区域显示空三解算结果，包括相机位姿和点云 4. 刺点优化 （1）在进行刺点操作前，建议先单击"空三"按钮，对影像进行空三处理，做完空三后像控点预测位置将更加准确 （2）选中任一像控点，在照片库右方开启"仅展示带控制点的"选项，单击照片库中包含此像控点的某张影像，左侧区域将出现刺点视图，其上的蓝色准星表示所选像控点投影到此影像中的预测位置 （3）在刺点视图的影像上，按住鼠标左键可拖动影像，滑动滚轮可缩放影像。单击影像使用黄色准星进行刺点，标记像控点在影像上的实际位置。刺点在刺点视图和照片库缩略图中显示为绿色十字，同时照片库缩略图右上角将显示对勾标记，表示此为刺点影像 （4）单击刺点视图上方的"删除"图标，可删除该影像上的刺点信息 （5）对于同一像控点，在第三张影像刺点完成后，蓝色准星的预测位置会根据刺点位置变化实时更新，像控点信息下方的刺点"重投影误差"和"三维点误差"亦会更新 （6）"重投影误差"及"三维点误差"可用于判断刺点精度与原始POS精度的误差，依据误差不同，数字颜色会呈绿色、黄色、红色变化，如果刺完某张照片之后该误差突然变大，应核查是否刺错了位置 （7）如果开启"使用影像POS约束"，则RTK照片初始POS的平面精度0.03m，高程精度0.06m，此初始POS会与像控点同时对空三起到约束的功能 （8）所有像控点刺点完成后，单击"优化"按钮，进行空三优化解算，完成后将生成空三报告，左侧区域的空三也将更新为优化后结果 （9）选中像控点，可在下方的像控点信息查看优化后的重投影误差和三维点误差	
	6. 导出空三结果和空三报告	等待空三处理完成，单击"质量报告"，可查看空三成果质量 （1）已校准影像 （2）地理配准均方根误差 （3）影像RTK状态 （4）相机校准信息	

（续）

项目	内容	考核知识技能点	评价
大疆智图倾斜摄影测量数据处理流程	7. 二维重建	单击"二维地图"按钮，设置相关参数： （1）选择重建分辨率 （2）选择建图场景 （3）选择计算模式 （4）兴趣区域 （5）其他信息设置 （6）输出坐标系 ①已知坐标系设置：用户可通过导入 PRJ 文件和在大疆智图坐标系库中搜索两种方式设置已知坐标系 ②高程设置。大疆智图目前支持 Default（椭球高）、EGM96、EGM2008、NAVD88、NAVD88（ftUS）、NAVD88（ft）、JGD2011（vertical） （7）分幅输出 （8）二维地图文件格式以及储存路径 （9）二维质量报告	
	8. 三维重建	单击"三维重建"按钮，设置相关参数： （1）选择重建分辨率 （2）选择合适的建图场景 （3）选择计算模式 （4）高级设置——兴趣区域 （5）成果格式 （6）三维重建文件格式以及储存路径 （7）三维质量报告	

07
模块七

DEM、DOM 制作
及技术总结编写

　　本模块首先介绍了 DEM 相关基础知识、影像匹配、单模型的 DEM 生成和多模型 DEM 拼接及编辑等内容，然后介绍了数字正射影像的相关概念、制作原理以及使用 MapMatrix 和 EPT 制作数字正射影像图的详细过程，最后介绍了技术总结编写的一般要求与内容。通过对本模块的学习，你要掌握 DEM 的制作原理、方法，MapMatrix 下制作数字高程模型（DEM）的生产流程，特征点、线的采集方法以及 DEM 格网点的编辑方法；掌握 DOM 生成的方法、匀光方法、DOM 镶嵌方法和 DOM 修补；能在不同的数字摄影测量系统下完成 DEM、DOM 的制作；另外要掌握技术总结编写的方法，项目完成后能编写技术总结。

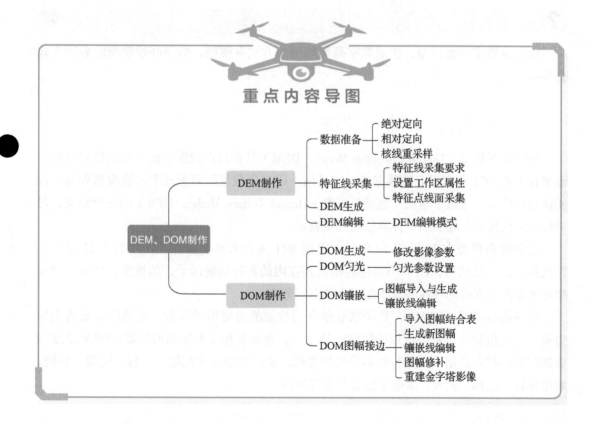

重点内容导图

DEM、DOM制作
- DEM制作
  - 数据准备
    - 绝对定向
    - 相对定向
    - 核线重采样
  - 特征线采集
    - 特征线采集要求
    - 设置工作区属性
    - 特征点线面采集
  - DEM生成
  - DEM编辑 —— DEM编辑模式
- DOM制作
  - DOM生成 —— 修改影像参数
  - DOM匀光 —— 匀光参数设置
  - DOM镶嵌
    - 图幅导入与生成
    - 镶嵌线编辑
  - DOM图幅接边
    - 导入图幅结合表
    - 生成新图幅
    - 镶嵌线编辑
    - 图幅修补
    - 重建金字塔影像

学习任务 1　数字高程模型（DEM）制作

知识目标

- 掌握 DEM 的制作流程、DEM 生成的方法。
- 掌握特征点、线的采集以及 DEM 格网点的编辑方法。

技能目标

- 能用 MapMatrix 软件生成 DEM。
- 能采集特征点、线以及编辑 DEM 格网点。

素养目标

- 培养学生严谨认真的工作态度。
- 培养学生数据安全意识。
- 培养学生的综合学习能力。

? 引导问题 1

什么是数字高程模型，生成数字高程模型的方式有哪些，数字高程模型的表达方式有哪些？

知识点　数字高程模型概述

数字高程模型（Digital Elevation Model，DEM）是在地图投影平面上规则格网点的平面坐标（X，Y）和高程 Z 的数据集。它是用一组有序数值阵列形式表示地面高程的一种实体地面模型，是数字地面（地形）模型（Digital Terrain Model，DTM）的一个分支，是对地球表面地形、地貌的一种离散的数字表示。

数字地面模型在 20 世纪 50 年代由美国 MIT 摄影测量实验室主任米勒（C.L.Miller）首次提出，一般认为，DTM 是描述包括高程在内的各种地貌因子，如坡度、坡向、坡度变化率等因子在内的线性和非线性组合的空间分布。

数字高程模型（DEM），是国家基础空间数据的重要组成部分，在测绘领域占主导力量，它是摄影测量最终生成的数字产品之一，也是制作正射影像的基础。DEM 是地理数据库中的核心数据，是进行地形分析的基础，被广泛应用于测绘、遥感、资源、环境、城市规划、农林、灾害、水电工程及军事等领域。

1. DEM 的数据获取

DEM 的生成有多种途径与方式，主要依据工作目的及信息源和数据采集的软硬件来决定采用的方式，常用的方法有：利用航空或航天遥感图像通过摄影测量途径获取建立 DEM 的数据源；使用地面测量数据源，如利用 GPS、全站仪等设备与计算机在野外观测获取地面点数据；用地形图生产 DEM 数据，即用现有地形图矢量化；随着科技的发展，还可以利用各种空间传感器进行数据采集。

（1）数字摄影测量法

数字摄影测量法是 DEM 数据采集较常用的一种方法。它以数字影像为基础，利用数字摄影测量系统，通过计算机进行影像匹配，自动进行相关运算识别同名像点，得其像点坐标，并根据少量的野外像控点进行空三加密，建立各像对的立体模型。这种方法具有精度高、效率高、劳动强度低等优点，适用于国家范围内较高精度 DEM 的数据采集。

（2）地面测量数据采集

利用全球定位系统（GPS）、全站仪配合袖珍计算机在野外进行观测获取地面点数据，经过适当变换处理后建成数字高程模型，一般用于小范围大比例尺（如比例尺大于 1:2000）的 DEM。以地面测量的方法直接获取的数据能够达到很高的精度，但是，其作业方法效率比较低且成本较高。因此，此种采集方法常常用于有限范围内各种大比例尺、高精度的地形建模，如土木工程中的道路、桥梁、隧道、房屋建筑等。

（3）现有地形图数字化

几乎世界上所有的国家都拥有地形图，这些地形图是 DEM 的主要数据源之一。从既有地形图上采集 DEM 涉及两个问题，一是地形图符号的数字化，再就是这些数字化数据往往不满足现势性要求。因为对于经济发达地区，由于土地开发利用使得地形地貌变化剧烈而且迅速，既有地形图往往也不宜作为 DEM 的数据源；但对于其他地形变化小的地区，既有地形图无疑是 DEM 物美价廉的数据源。此种数据采集方法作业效率高、成本低，但是精度与底图精度相关，一般较低，适用于国家范围内的中低精度 DEM 的数据采集。

（4）空间传感器数据采集

这是指利用合成孔径雷达干涉测量、机载激光扫描系统等进行数据采集。随着测绘科学技术的发展和进步，现代地形图的大量艰巨的测绘工作也已由传统的野外白纸测图转向室内的航空摄影测绘和航天遥感测绘，影像成为 DEM 的一种重要的数据源。影像是地形测绘与更新的主要手段，具有效率高、精度好的特点，是 DEM 生产最有价值的数据源。利用影像，可快速地获取或更新大面积 DEM 数据，并具有现势性强的特点。遥感影像也能作为 DEM 的数据来源，但所获高程数据的相对精度和绝对精度都太低，只适合于小比例尺的 DEM，对大比例尺 DEM 生产并没有太多的价值。但是，近年来出现的高分辨率遥感图像如 1m 分辨率的 IKONOS 图像、合成孔径雷达技术和激光扫描仪等新型传感器数据被认为是快速获取高精度、高分辨率 DEM 最有希望的数据源。还可以利用其他数据源，如用气压测高法、航空测高法、重力测量等方法，得到地面系数分布的高程数据，主要用于大范围且高程精度要求较低的研究。

2. 数字摄影测量获取 DEM 数据

数字摄影测量是空间数据采集最有效的手段，它具有效率高、劳动强度低等优点。利用计算机辅助系统可进行人工控制的采样，即 X、Y、Z 三个坐标的控制全部由人工操作；利用解析测图仪或机控方式的机助测图系统可进行人工或半自动控制的采样，其半自动控制一般是由人工控制高程 Z，而由计算机控制平面坐标 X、Y 的驱动；利用自动化测图系统则是利用计算机立体视觉代替人眼的立体观测。

（1）沿等高线采样

在地形复杂及陡峭地区，可采用沿等高线跟踪的方式进行数据采集，而在平坦地区，则不易采用沿等高线的采样。沿等高线采样可按等距离间隔记录数据或按等时间间隔记录数据方式进行。当采用后者时，由于在等高线曲率大的地方跟踪速度较慢，因而采集的点较密集，而在等高线较平直的地方跟踪速度较快，采集的点较稀疏，故只要选择恰当的时间间隔，所记录的数据就能很好地描述地形，又不会有太多的数据。

（2）规则格网采样

这是指利用解析测图仪在立体模型中按规则矩形格网进行采样，直接构成规则格网 DEM。当系统驱动测标到格网点时，会按预先选定的参数停留一短暂的时间（如 0.2s），供作业人员精确量测。该方法的优点是方法简单、精度较高、作业效率也较高；缺点是特征点可能丢失，基于这种矩形格网 DEM 绘制的等高线有时不能很好地表示地形特征。

（3）沿断面扫描

这是指利用解析测图仪或附有自动记录装置的立体测图仪对立体模型进行断面扫描，按等距离方式或等时间方式记录断面上点的坐标。由于量测是动态进行的，因而此种方法获取数据的精度比其他方法要差，特别是在地形变化趋势改变处，常常存在系统误差。该方法作业效率是最高的，一般用于正射影像图的生产。对于精度要求较高的情况，应当从动态测定的断面数据中消去扫描的系统误差。

（4）渐近采样

为了使采样点分布合理，即平坦地区样点较少，地形复杂地区的样点较多，可采用渐近采样的方法。先按预定的比较稀疏的间隔进行采样，获得一个较稀疏的格网，然后分析是否需要对格网加密。判断方法可利用高程的二阶差分是否超过给定的阈值；或利用相邻三点拟合一条二次曲线，计算两点间中点的二次内插值与线性内插值之差，判断该差值是否超过给定的阈值。当超过阈值时，则对格网进行加密采样，然后对较密的格网进行同样的判断处理，直至不再超限或达到预先给定的加密次数（或最小格网间隔），然后再对其他格网进行同样的处理。这种方法在量测过程中不断调整取样密度，优点是使得数据点的密度比较合理，合乎实际的地形；缺点是在取样过程中要进行不断的计算与判断，且数据存储管理比简单矩形格网要复杂。

（5）选择采样

为了准确地反映地形，可根据地形特征进行选择采样，例如沿山脊线、山谷线、断裂线进行采集以及离散碎部点（如山顶）进行采集。这种方法获取的数据尤其适合于不规则三角网 DEM 的建立，但显然其数据的存储管理与应用均较复杂。

（6）混合采样

为了同时考虑采样的效率与合理性，可将规则采样（包括渐近采样）与选择采样结合起来进行，即在规则采样的基础上再进行沿特征线、点的采样。为了区别一般的数据点与特征点，应当给不同的点以不同的特征码，以便处理时可按合适的方式进行。利用混合采样可建立附加地形特征的规则矩形格网 DEM，也可建立沿特征附加三角网的 Grid-TIN 混合形式的 DEM。

（7）自动化 DEM 数据采集

上述方法均是基于解析测图仪或机助测图系统利用半自动化的方法进行 DEM 数据采集，目前，还可以利用自动化测图系统进行完全自动化的 DEM 数据采集。此时可按像片上的规则格网利用数字影像匹配进行数据采集。若利用高程直接解求的影像匹配方法，也可按模型上的规则格网进行数据采集。

3. DEM 主要表达方法

DEM 有多种表达方法，最主要的三种表示模型是规则格网模型（如 GRID）、不规则三角网模型（TIN）和等高线模型。

规则格网模型是目前 DEM 常用的形式，它将离散的原始数据点依据插值算法归算出规则形状格网的结点坐标，每个结点的坐标有规律的存放在 DEM 中，最常见的是正方形或矩形格网。规则网格将区域空间切分为规则的格网单元，每个格网单元对应一个数值。数学上可以表示为一个矩阵，在计算机实现中则是一个二维数组。GRID 数据结构为典型的栅格数据结构。其优点是：数据结构简单，便于管理；有利于地形分析，以及制作立体图。其缺点是：格网点高程的内插会损失精度；格网过大会损失地形的关键特征，如山峰、洼坑、山脊等。

不规则三角网模型表示的 DEM 由连续的相互连接的三角形组成，三角形的形状和大小取决于不规则分布的高程点的位置和密度。不规则三角网是另外一种表示数字高程模型的方法，它既可以减少规则格网带来的数据冗余，同时在计算效率方面又优于纯粹基于等高线的方法。其优点是：利用原始数据作为格网结点，不改变原始数据及其精度，保存了原有的关键地形特征；利用 TIN 追踪等高线的算法相对简单；TIN 能较好适应不规则形状区域，因为 TIN 可根据地形的复杂程度来确定采样点的密度和位置，能充分表示地形特征点和线，从而减少了地形较平坦地区的数据冗余。其缺点是：数据结构较为复杂，构建时计算量大。

等高线模型是指将等高线先离散再内插，在离散的过程中使原有的等高线位置信息丢失，这样再从 DEM 返回等高线时不能保证原始等高线的还原。等高线模型的不足之处是等高线经过不同的高程面进行水平切割的过程中丢失了大量详细的地表信息，这些地表信息是不可能从等高线中恢复的，亦即等高线重构的地球表面是近似的；其次单条等高线无法直接反映地貌形态，必须通过等高线组间接地表示地貌形态。

4. DEM 的应用

随着科技的发展，DEM 应用范围越来越广泛，在测绘、水文、气象、地貌、地质、土壤、工程建设、通信、气象、军事等国民经济和国防建设以及在国土、农业、林业、水利、石油等人文和自然科学领域中，具有重要的应用前景。

DEM 是对地貌形态的虚拟表示，描述的是地面高程信息，可派生出等高线、坡度图等信息，也可用于各种线路选线（铁路、公路、输电线）的设计以及各种工程的面积、体积、坡度计算，任意两点间的通视分析判断及任意断面图绘制。DEM 在测绘中被用于绘制等高线、坡度坡向图、立体透视图，进行土方量计算，制作正射影像图以及地图的修测等；在遥感应用中可作为分类的辅助数据；它还是地理信息系统的基础数据，可用于土地利用现状的分析、合理规划及洪水险情预报等。

在军事上 DEM 可用于导航（包括导弹及飞机的导航）、通信、作战任务的规划、观察哨所的设定等；在环境与规划中，DEM 可用于土地现状的分析、各种规划及洪水险情预报等；还可将 DEM 作为背景叠加各种专题信息，如土壤、土地利用及植被覆盖数据等，以便进行显示与分析；在防洪减灾方面，DEM 是进行水文分析如汇水区分析、水系网络分析、降雨分析、蓄洪计算、淹没分析等的基础。

5. 数字摄影测量系统 MapMatrix 下 DEM 制作流程

在数字摄影测量系统下生成 DEM，首先是利用数字影像和相关外业控制点成果进行空中三角测量、自动内定向、相对定向、绝对定向和平差计算，获取空三加密成果；之后利用空三加密成果创建立体模型，对创建的立体模型进行核线影像匹配并采集特征点、线，构建三角网创建 DEM。具体制作流程如图 7-1-1 所示。

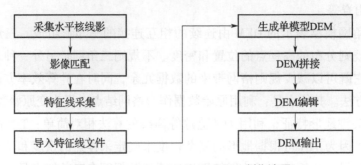

图 7-1-1　MapMatrix 下 DEM 制作流程

生成数字高程模型（DEM）的方式有多种，那么如何用 MapMatrix 制作 DEM？

技能点 1　DEM 生成

开始制作 DEM 之前，数据要完成相对定向、绝对定向、核线重采样以及影像匹配等过程。本节制作 DEM 所使用的软件是 MapMatrix，使用数据为 DATMatrix 空三加密后的数据。

1. MapMatrix 工作界面简介

MapMatrix 系统界面中每个区域窗口均可根据操作习惯自由拖放。还可以任意调整窗口的大小和任意显示或隐藏暂时不需要的区域，以便合理利用有限的屏幕，通过鼠标左键单击工具栏上视图栏的图标即可显示或隐藏对应窗口，从而使操作界面更简洁。

1）系统主界面的八大功能区，如图 7-1-2 所示。

图 7-1-2　MapMatrix 工作界面

①主菜单和工具条栏。只有当前可以进行操作的工具图标才会高亮显示，不可以进行操作的工具图标是灰的。

②工程浏览窗口。它采用直观的树状结构对项目中涉及的目录进行管理，其目录结构分为四个层次。第一层是项目名称，第二层包括三个节点，依次为影像、立体像对和产品。单击 图标，可以显示或隐藏该窗口。

③主作业区域。该窗口显示方式与 Windows 浏览器中的多任务（同时打开多个页面）显示方式类似，即同时打开的多个窗口将以层叠的方式显示。单击作业窗口上方相应的任务栏标签即可显示所需窗口。

④对象属性显示和编辑窗口。在工程浏览窗口中单击任何一个对象，该对象对应的属性将实时显示在属性窗口中，可以在此检查和编辑对象的属性参数。单击 图标，可

以显示或隐藏该窗口。

⑤左右影像工具窗口（影像放大显示）。可以在这两个影像精细小窗口中（分别显示左右影像）分别对左右影像上的控制点和加密点等进行编辑。单击 图标，可以显示或隐藏左窗口。单击 图标，可以显示或隐藏右窗口。

⑥任务列表窗口。可以通过任务列表窗口方便地浏览自己的任务情况，下载作业任务和上传作业成果，并且提供任务锁定功能（即该任务只能由该任务的分配者执行）。单击 图标即可显示或隐藏该窗口。

⑦输出显示窗口。系统会在该窗口中显示操作进展状况，可以在这个窗口中实时获知数据处理的进展情况。单击 图标，可以显示或隐藏该窗口。

⑧动态帮助区域。单击帮助主菜单中的动态帮助选项，可以显示或隐藏该窗口。

注意：系统提供快速恢复默认界面布局的按钮。即如果在使用过程中觉得自己当前的界面窗口布局不满意，可以单击工具栏上的 图标，系统自动将窗口重新设置为默认的布局形式。如果要保存当前所设置的界面，可以单击工具栏上的 图标即可保存界面，使其变为默认界面。

2）主界面菜单。主界面菜单包括文件菜单、视图菜单、工具菜单、窗口菜单和帮助菜单，如图 7-1-3 所示。

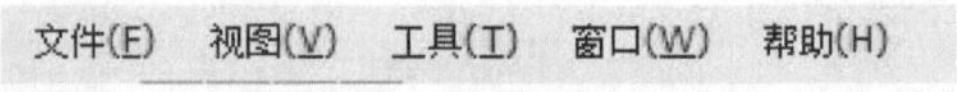

文件(F)　视图(V)　工具(T)　窗口(W)　帮助(H)

图 7-1-3　主界面菜单

①文件菜单如图 7-1-4 所示。鼠标左键单击新建工程菜单，可以新建一个工程；单击加载工程菜单，可以加载一个已经存在的工程文件；单击关闭菜单，即可关闭作业窗口；单击全部保存菜单，可以保存当前所打开的文件及所做的修改。单击退出菜单，可以退出系统。

②视图菜单如图 7-1-5 所示。用鼠标左键单击视图中相应的选项，即可显示或隐藏对应的窗口。

③工具菜单如图 7-1-6 所示。工具菜单从上之下依次为：调用Windows的记事本；调用 Windows 的画图工具；调用 Windows 的浏览器；在线连接 VisionTek 网站；影像重采样工具；影像匀光工具；显示影像；DEM 转换；RPC 重整；数码相机影像校正；裁切 DEM/DOM 工具；利用 IGN 公司的R3D 产品（DEM、DOM）匹配同名点；ADS 文件生成 ofs 文件；LAS 数据处理；

图 7-1-4　文件菜单

图 7-1-5　视图菜单

图 7-1-6　工具菜单

用户自定义工具栏。

④窗口菜单如图 7-1-7 所示。窗口菜单从上至下依次为：打开一个新作业窗口；关闭所有文档；层叠窗口；显示作业区起始页；单击图中的 Windows 选项，系统将弹出一个对话框，如图 7-1-8 所示。

图 7-1-8 中，单击右边"激活（A）"按钮，可以激活选中的页面；单击"确定（O）"按钮，确认所选窗口为默认的；单击"保存（S）"按钮，保存该窗口；单击"关闭窗口（C）"按钮，可以关闭所选窗口。还可以通过按住 Ctrl 键，然后按住鼠标左键来选中多个页面，然后单击该按钮即可全部关闭。

注意：至少应保留一个页面。如果不小心将所有窗口都关闭，可以单击帮助菜单中的显示开始页选项重新调出作业区窗口。

⑤帮助菜单如图 7-1-9 所示。帮助菜单从上至下依次为：动态帮助信息；快捷键映射表；显示起始页面；程序信息。

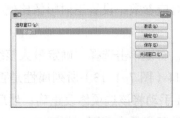

图 7-1-7 窗口菜单　　　　　　图 7-1-8 窗口　　　　　　图 7-1-9 帮助菜单

2. 数据准备

打开航天远景软件 MapMatrix，单击工具栏打开按钮打开 MapMatrix 空三成果，如图 7-1-10 所示。进入文件选择对话框，选择空三成果文件，如图 7-1-11 所示。

加载测区成功后在"影像"节点右键单击，选择绝对定向，进行绝对定向运算，如图 7-1-12 所示。

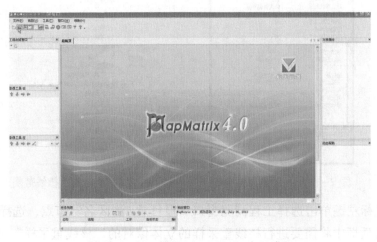

图 7-1-10 打开 MapMatrix 空三成果

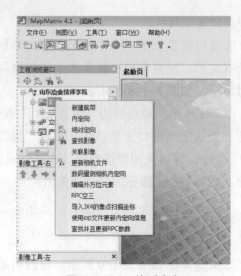

图 7-1-11　选择 MapMatrix 空三成果文件　　　图 7-1-12　绝对定向

左键单击测区目录节点，设置对应参数，设置正射影像比例尺为 500，最大核线范围为最大重叠范围。

左键单击选择需要的立体像对，右键单击选择"确定最大核线范围"。然后逐个选择立体像对检查右侧"对象属性"窗口（图 7-1-13）所列属性是否正确，尤其注意"核线类型"应为"大地"，若不正确需要手动将该选项修改正确；然后右键单击进入"相对定向"检查是否有超限点，核线范围是不是最大范围，如图 7-1-14 所示。

图 7-1-13　对象属性窗口　　　图 7-1-14　确定最大核线范围

然后，鼠标左键单击选择工程浏览窗口"根目录/测区名"节点，选择"批处理"，然后在右边对话框中将需要进行核线重采样的立体像对的"核线重采样"选项对应的方框选上，单击左上角"运行"按钮即可对需要的立体像对进行重采样，如图7-1-15所示。核线重采样结束后，就可以进行DEM/DOM的制作。

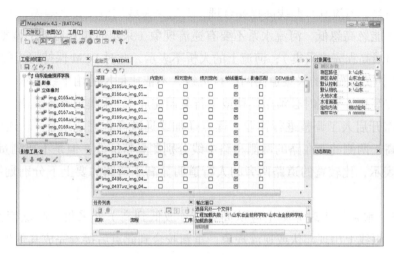

图7-1-15　批处理核线重采样

3. 特征线采集

航空摄影测量是目前获取DEM数据比较常用的方法。虽然MapMatrix、PIX4D等数字摄影测量系统都有自动匹配生成数字地面模型的功能，但是匹配结果都不尽如人意，而且数字地面模型（DSM）并非数字高程模型（DEM）。所以，高精度的DEM数据采集仍然依靠人工。采集DEM数据效率较高的一种方法是采集特征线，然后利用特征线提取特征点构建TIN，再利用TIN生成DEM数据。本节所述特征线采集使用的是MapMatrix系统中特征采集专家FeatureOne模块。

（1）特征线采集要求

1）特征线主要采集地形变化的地方，如山脊线、沟谷线、等高线、断裂线、地形突变线、道路边线、水域界限等地形突变线；特征点主要采集反映地面凸出或深凹的地方，如山顶点、谷底点、凹地点、鞍部点等高程变化点；人工修建地物不表示，人工修建的影像地形起伏的地貌要表示；特征线上的节点要有一定的密度。

2）地形较平坦的地面不建议使用均布高程点的方式来表示，可沿坡度变化平行方向采集适当密度的平行线将地表起伏表示出来；凡是坎上、坎下大于等于25cm的坎、均要加测特征线，宽度大于等于1m沟渠、田埂、道路且高程与周围地物差0.25m的均要反映出来。

3）丘陵、山地等地形起伏比较大的地区分情况表示特征线：山形比较规整，可以通过特征变换线进行表示；若山形比较破碎，建议使用等高线反映地形变化。

4）居民地应尽量在能够看到地表的地方测量特征线，密集的居民区要适当加测特征线、特征点，特别注意居民区地基和道路不同的地形，应尽量真实反映地表起伏变化情况；小区中、道路两旁的植被密集区要注意适当加测特征点。

5）水系中池塘、湖泊、大海等闭合水面其水涯线是同一高程，需用锁定高程采集水边线，使其处于同一水平面。河流采集水涯线，依比例尺的用双线表示，不依比例尺的用单线表示。沟渠、河流其水涯线高程要合理，两边采集线的节点要么等高，要么是从高处往低处流，不能忽高忽低，河流水系不要有逆流现象（采集时需开启人工调整进行作业，逐点递加或递减高程完成采集）；河流上的大桥不表示，此时 DEM 保持河流的整体性。

6）道路中依比例尺的采集道路两平行边线，不依比例尺的用单线表示。道路两边采集线的节点应等高（采集时必须用偏移或平行复制完成），采集道路不要出现忽高忽低现象（采集时需开启人工调整进行作业，逐点递加或递减高程完成采集）。道路中铺装路面中间明显高于两侧的要在路的两侧和路中线分别测量特征线，但是不要测量过分琐碎，路中花坛不表示；比较宽的道路两旁的人行道明显高于道路的要上下分别划线表示，方法同坎。

7）道路、水系采集时原则上应从高到低（或低到高）处采集，高低变换处时需断开，不要同一根线上出现起伏或逆流现象，重新咬合到此点后接着完成其他地方采集。

8）所有临时修建地物不表示。

9）模型比例尺在采集时一般放大两倍左右，不允许在 1:1 的模型比例尺下采集，以保证立体采集的精度。

10）所测特征线不允许交叉和自相交，特征线文件要导出 DXF 文件保留，并随最终成果分幅上交。

11）数据采集时须分层，没有具体指明时，以国标为基础进行归层。

12）特征线采集必须在立体模型上精确切准地面，所有三维线相连都需用三维咬合捕捉到位。接边数据须三维咬合，完全接边。

（2）特征采集专家 FeatureOne 简介

FeatureOne 的工作界面如图 7-1-16 所示。

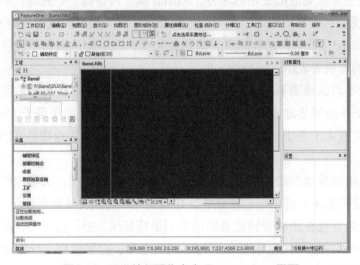

图 7-1-16 特征采集专家 FeatureOne 界面

（3）特征采集专家 FeatureOne 特征采集步骤

1）DLG 文件创建。在 MapMatrix 工程浏览窗口的"产品"节点下的"DLG 节点"处，单击鼠标右键，在弹出的右键菜单中选择"新建 DLG"命令，系统弹出图 7-1-17 所示的对话框。

图 7-1-17　DLG 文件创建

在该对话框的文件名文本框处输入 DLG 文件名，例如 sdyjjsxy.fdb。单击"打开"按钮，此时在 DLG 节点下会自动添加一个数据库节点，如图 7-1-18 所示。

在 E:\yjxy\DLG\sdyjjsxy.fdb 节点处单击鼠标右键，在弹出的右键菜单中选择"加入立体像对"命令，系统弹出图 7-1-19 所示的对话框。

图 7-1-18　DLG 节点

在该对话框右边的立体像对列表中，单击需要添加到模型中的立体像对，单击"确定"按钮。此时，工程浏览窗口的 DLG 节点下会列出 DLG 数据库（*.gdb）文件目录，以及该模型下所有的立体像对。选中 DLG 节点下的 DLG 数据库（*.gdb）文件目录节点，例如 E:\yjxy\DLG\sdyjjsxy.fdb 节点。单击工程浏览器窗口的加载到特征采集按钮 ，或在该节点处单击鼠标右键，在弹出的右键菜单中选择"数字化"按钮，系

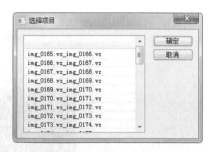

图 7-1-19　加入立体像对

统调出特征采集界面并且弹出文件不存在是否新建的对话框，单击"是"，系统便会自动创建该文件。

在 FeatureOne 中打开或新建 DLG 文件：

●打开 DLG 文件

可通过以下三种方式打开一个已有的 DLG 文件：选择文件菜单下的"装载工程"命令，打开一个工程（*.xml）；选择文件菜单下的"打开 DLG 数据文件"命令；单击工具栏的打开按钮，打开一个 *.gdb 数据库。

●新建 DLG 文件

选择文件菜单下的"新建 DLG 数据文件"命令，系统弹出一个对话框。在该对话框的文件名文本框中输入文件名，单击"保存"按钮便可创建一个新的 *.gdb 数据库文件。

2）设置工作区属性。创建一个 DLG 文件时，系统会自动弹出一个对话框，默认工作区起始坐标为（0，0），大小为 1000×1000，需要对其属性进行设置。如果忘了设定，也可以通过以下操作重新设置：选择"工作区"菜单下的"工作区属性"命令，选择子菜单中的"手工设置边界"命令，系统弹出图 7-1-20 所示的"设置工作区属性"对话框。

在该对话框中可以对工作区的边界属性进行设置，其参数说明如下：

比例尺：在该文本框中输入新建工作区的比例尺分母。

范围坐标：在范围坐标的四个文本框中分别输入工作区四个角点的坐标，此处的范围坐标为大地坐标。

自动对齐：输入左下角（X4，Y4）及右上角（X2，Y2）坐标，单击自动对齐按钮将自动对齐第一个点和第三个点，从而构成一个矩形区域。

图 7-1-20 设置工作区属性

导入范围：单击"导入范围"按钮，在弹出的资源浏览对话框中选择一个已经存在的 GDB 文件，系统会将该文件的工作区参数设置为新建工作区的参数。

完成以上操作，便可打开或新建一个工作区开始具体的测图工作，如图 7-1-21 所示。

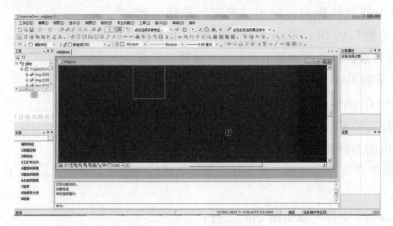

图 7-1-21 新建工作区

3）打开立体像对。立体上采集矢量时，需要打开立体像对，鼠标右键单击 E:\yjxy\DLG\sdyjjsxy.fdb 节点下的任一立体像对，弹出图 7-1-22 所示的下拉菜单，根据需要进行选择。

4）特征点、线、面的提取。在采集前先输入或选择需要的特征码，即可进行点、线、面特征的采集。采集中可以实时生成三角网并检查是否贴合地面，若不贴合需要补测特征线或点，直到与地面贴合为止。

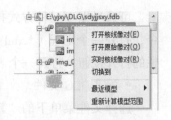

图 7-1-22 打开立体像对

5）检查特征线。采集完一个模型应及时生成三角网检查所测特征线是否正确，检查无误后方可进入下一个模型的采集。采集过程中特征线间咬合应该设置为三维咬合，避免出现交叉以及飞点。

6）导出矢量文件。编辑完成后，可将该矢量信息导出为其他格式（如：dwg、dxf 等格式）。将采集好的特征线转换为 DXF：在特征采集专家下单击"工作区 / 导出 DXF/DWG"，进入导出 DXF 界面，如图 7-1-23 所示。

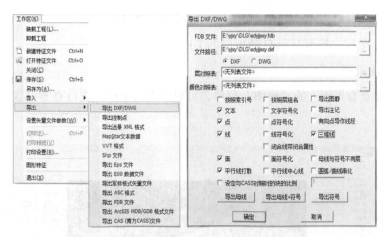

图 7-1-23　导出矢量文件

选择需要的选项，特别强调"三维线"选项卡必须选择，应指定好存放目录，便于查找。特征线采集结束后，就可以转化生成 DEM，并对 DEM 进行编辑。

4.DEM 生成

（1）使用特征点、线、面采集文件生成 DEM

进入 MapMatrix 起始页，选择"工具 /DEM 转换"，然后单击 加入转化成 DXF 格式的特征线文件，进入图 7-1-24 所示的对话框，单击 图标，即可生成相应的 DEM。

图 7-1-24　DEM 转换

（2）自动生成 DEM

1）在工程浏览窗口中选中一个立体像对。

2）单击工程浏览窗口上生成 DEM 的图标 ，或在右键菜单中单击"新建 DEM"选项，系统自动在工程浏览窗口中"产品"里面 DEM 节点下创建一个 DEM 的名称。该名称与模型名称一样。

3）单击 图标，系统自动完成 DEM 生成，并将处理过程和结果显示在主界面下部的"输出窗口"中。成功完成 DEM 生成后，该输出窗口给出"DEM 内插完成"的提示。

如果前面的步骤有问题，缺乏必要的数据，系统也会给出提示。

4）单击 图标，即可显示自动生成的DEM。

（3）DEM查看

单击DEM查看界面上的"视图"菜单，可对弹出的菜单项进行查看设置，如图7-1-25所示。

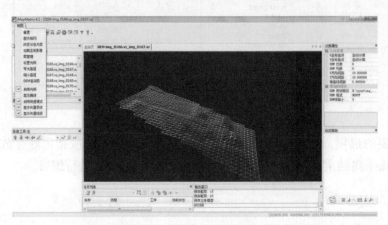

图7-1-25　DEM查看

1）旋转DEM。用鼠标选中作业区中的DEM图像，然后按住鼠标左键上下、左右移动，可以实现DEM的前后、上下、左右方向的旋转。如果同时按住Shift键，则围绕DEM坐标系的Z轴旋转；如果同时按住Ctrl键，则围绕垂直于屏幕方向的轴旋转。

2）缩放DEM。用鼠标选中作业区中的DEM图像，滚动鼠标中键，可以缩放DEM。

3）移动DEM。用鼠标选中作业区中的DEM图像，按住鼠标右键上下左右移动，可以实现DEM的上下左右移动。如果同时按住Ctrl键，则前后移动DEM（垂直于屏幕方向）。

引导问题3

数字摄影测量系统自动生成的DEM难免会有一些错误，那么如何用MapMatrix人工编辑DEM？

技能点2　DEM编辑

目前，使用数字摄影测量系统自动生成的DEM会有一些不可避免的错误，如匹配过程中错误地用了房顶上的点；大片树林常常遮住了地面，使等高线浮在树顶上而没有反映地面的高程等；使用特征点、线、面转化生成的DEM也不可避免地存在匹配不准确问题等。所以在DEM生成后需要进行人工编辑。本节详细讲解了在MapMatrix下进行DEM编辑的具体操作步骤。

1. 进入 DEM 编辑状态

在 MapMatrix 工程浏览窗口内选中需要编辑的 DEM，单击工程浏览窗口上的编辑 DEM 图标，进入 DEM 编辑状态，如图 7-1-26 所示。

图 7-1-26　DEM 编辑界面

在该界面下进行 DEM 编辑之前要对绘图环境进行设置。输入设备的设置：选择"文件"菜单下的"输入设备"选项，在弹出的对话框中将 MapMatrix 手轮脚盘激活，滚轮脚盘步距设置为合适的值；对象属性设置：右侧"对象属性"窗口中等高线间距设置为合适的值（1:1000 比例尺下一般设置为 0.25），DEM 路径设置为需输出到的文件夹。

2.DEM 编辑

（1）DEM 编辑模式

1）面编辑模式。在 DEM 编辑主界面上，使用鼠标左键单击量取若干个节点（鼠标中轮或脚盘可调整高程），鼠标右键单击结束范围线节点的选取，范围线自动封闭（若再单击鼠标右键会取消面范围线）。该模式是对范围线内部的所有格网点进行编辑操作。该模式下可按住 Ctrl 键使用鼠标左键拉框选择编辑范围。

若按了 <Ctrl+B> 键，以后该模式下只能拉框选择编辑范围，可不必按 Ctrl。

注意：原始影像立体上暂时不支持拉框选择编辑区域。

2）线编辑模式。在编辑主界面上，用鼠标左键单击量取若干个节点后，鼠标右键单击结束一条特征线的量取，用户还可以继续量取若干条特征线（若鼠标右键单击结束特征线量取后再单击鼠标右键会取消所有特征线）。该模式是对所有特征线间的格网点进行编辑。该编辑模式下按 T 键，可切换三个特征状态：

- 一般默认线编辑（线特征）状态。
- 线编辑（面特征）状态时，绘制的每条特征线都当作面特征处理。
- 线编辑（点特征）状态时，DEM 编辑窗口中单击左键一次就绘制一个单点。

注意： 该编辑模式下，可以拉框编辑，但不支持绘制若干条特征线后使用拉框选择，否则刚才绘制的特征线会消失。

3）点编辑模式。对单个格网点编辑。参见编辑方式中点编辑的操作说明。

在主编辑界面下方的信息栏里可看到当前的模式状态，如图 7-1-27 所示。

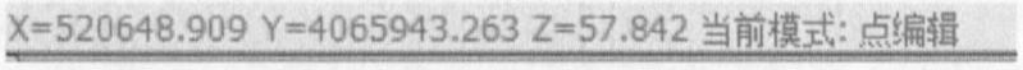

X=520648.909 Y=4065943.263 Z=57.842 当前模式: 点编辑

图 7-1-27　点编辑模式状态

（2）DEM 编辑方式

1）内插方式。内插方式有两种，分别是量测点内插和匹配点内插。量测点内插是指根据用户量测的点的高程来内插出所选闭合区域里的点的高程。匹配点内插是指根据选中区域周围的点的高程来内插出所选闭合区域里的点的高程。

具体操作为在面编辑模式下单击鼠标左键，选出几个节点，将需要进行编辑的地方包围起来，然后单击鼠标右键，系统自动将节点包围区域包围并封闭起来。再单击 ◈ 或 ◈ 图标，系统自动对选定区域进行内插处理。注意，用匹配点内插要保证所选区域周围的点切准地表，而量测点内插要保证所选的点应该切准地面。

2）加载外部矢量数据。单击 ╬ 按钮，在"选择 DXF 文件"对话框中选择要加载的矢量数据来辅助参与编辑，单击"打开"会出现图 7-1-28 所示的对话框。

该界面左侧区域显示选择的 DXF 文件中矢量数据的分层情况，根据需要将矢量数据层码加入点层、线层或面层，一般所有矢量数据可都加入线层。对于加入面层的矢量数据，内插时是对该矢量范围内的格网数据进行处理。比如等高的池塘，若将其加入线层，该池塘线范围内的格网数据不会内插处理，加入面层就可以进行处理了。点特征层的矢量数据必须加入点层，否则将不被导入。设置完毕后单击"确定"，进入 DEM 编辑界面。

在"对象属性"设置窗口，根据编辑需要设置与等高线不同的颜色以便区分，如图 7-1-29 所示。

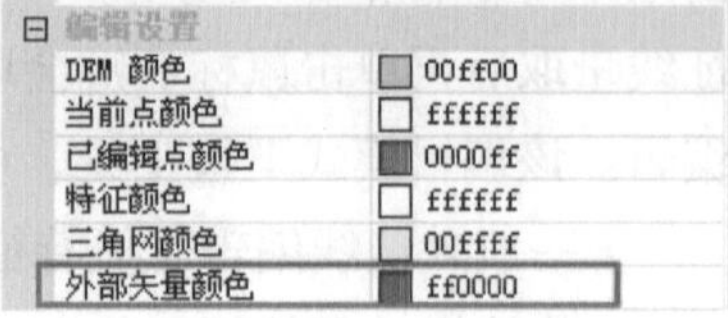

3）平均高程。面编辑模式下单击鼠标左键，选出几个节点圈定范围，然后单击鼠标右键，系统自动将节点包围区域包围并封闭起来。再单击 ╬ 图标，系统自动对选定区域赋予平均高程值。当编辑区域的点匹配效果较好时，可用该功能。一般用于湖面等需要置平的地方。

图 7-1-28　DXF 特征分类

4）定值高程。面编辑模式下单击鼠标左键，选出几个节点圈定范围，然后单击鼠标右键，系统自动将节点包围区域包围并封闭起来。然后单击工具栏上 ⌐ 图标，在弹出的对话框中输入要指定的高程，单击"确定"，则所选区域被自动赋予同一高程值。

图 7-1-29　颜色设置

5）平滑。面编辑模式下单击鼠标左键，选出几个节点，将需要进行编辑的地方包围起来，然后单击鼠标右键，系统自动将节点包围区域包围并封闭起来。再单击 Ⓢ 图标，系统自动对选定区域进行平滑处理。如果单击 Ⓢ 图标，则是对整个区域进行平滑处理。平滑的等级分为 4 级，值越大，平滑程度越高，作业时可在编辑设置窗口中的平滑度参数处设置。

6）从参考 DEM 导入格网点。面编辑模式下单击鼠标左键，选出几个节点，将需要进行编辑的地方包围起来，然后单击鼠标右键，系统自动将节点包围区域包围并封闭起来；在编辑设置列表区域单击"参考 DEM"栏后面的对应内容，选择参考 DEM 文件；再单击 图标，系统自动将参考 DEM 中的格网点导入该区域。

7）道路推平。在线编辑状态下，用鼠标左键沿道路中线量测一条线（使用鼠标滚轮或脚盘调节高程），然后在道路的一边按下鼠标左键，最后右键单击结束量测。再单击 图标，系统自动对该处做推平处理。

8）点编辑。单击点编辑图标 （或使用快捷键 P），系统即进入点编辑状态。此状态下，将鼠标移到需要编辑的 DEM 格网点上，使用鼠标滚轮或脚盘调节高程切转后，按下鼠标左键，即将该格网点调整到测标所在的高程（可使用 Page Up、Page Down 键实时调整格网点高程）。

9）裁切。单击鼠标左键，选出几个节点，将需要进行编辑的地方包围起来，然后单击鼠标右键，系统自动将节点包围区域包围并封闭起来。再单击 图标，系统自动将该区域内的 DEM 格网点裁掉，若单击 图标，则系统自动将该区域外的 DEM 格网点裁掉。

10）加载误差报告。一般误差报告文件（*.dem.error）与拼接结果（*.dem）文件在同一路径下，可以单击 DEM 编辑界面工具栏上的加载误差报告图标 ，系统将弹出一个文件选择对话框，在此可以打开 DEM 误差报告、在 DEM 编辑中检查、参考问题点修改误差大的点。

在操作中可以使用快捷键 E 将问题点进行显示和隐藏，如果觉得误差点过小或过大可以通过"DEM 编辑"菜单下的"点位调整"中的"误差点变大"或"误差点变小"来进行调节，也可以自由定义相应的快捷键来使用。

注意：在整个过程中，鼠标左键用来选节点，右键用来结束选点，中键滚轮可以调整所选点与地面的高度，有利于更好的切准地面。可以在属性栏对滚轮的步距进行调整。

3. 属性修改

单击属性图标 ，系统在属性窗口中显示图 7-1-30 所示的属性信息。在编辑 DEM 时，需要据此设置相应的参数。

单击"首曲线颜色"行，系统弹出一个色板，用鼠标左键单击目标颜色，即可定义选定的首曲线颜色。

单击"计曲线颜色"行，系统弹出一个色板，用鼠标左键单击目标颜色，即可定义选定的计曲线颜色。

单击"等高线宽度"行，可输入不同的值定义等高线宽度。

单击"等高线间距"行，可输入不同的值定义等高线间距。

单击"DEM 颜色"行，系统弹出一个色板，用鼠标左键单击目标颜色，即可定义选定的 DEM 颜色。

单击"当前点颜色"行，系统弹出一个色板，用鼠标左键单击目标颜色，即可对选定的点定义颜色。

单击"已编辑点颜色"行，系统弹出一个色板，用鼠标左键单击目标颜色，即可对选定的点定义颜色。

单击"特征颜色"行，系统弹出一个色板，用鼠标左键单击目标颜色，即可对选定的点定义颜色。

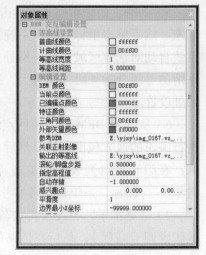

图 7-1-30　属性设置

单击"三角网颜色"行，系统弹出一个色板，用鼠标左键单击目标颜色，即可对选定的点定义颜色。

单击"外部矢量颜色"行，系统弹出一个色板，用鼠标左键单击目标颜色，即可对选定的点定义颜色。

单击"参考 DEM"行，在右边出现一个文件浏览按钮。单击该按钮，系统弹出一个文件选择对话框。在此可为 DEM 修补选择一个参考文件。

单击"关联正射影像"行，在右边出现一个文件浏览按钮。单击该按钮，系统弹出一个文件选择对话框。在此可选择关联的正射影像。

单击"输出的等高线"行，在右边出现一个文件浏览按钮。单击该按钮，系统弹出一个文件选择对话框。在此可为等高线文件选择一个存储路径。

"滚轮/脚盘步距"行，可以在此输入鼠标滚轮步距长度。

"指定高程值"行，可以定义指定的高程值。

"自动存储"行，可以定义自动保存的时间间隔，以分钟为单位。如果不用自动存储功能，可以设置成默认值 -1。

"感兴趣点"行，可以在此激活需要编辑的点。在该行依次输入需要编辑的点的 X、Y、Z 坐标值，中间用空格隔开即可。系统会根据输入的坐标值自动指向目标位置。

"平滑度"行，可以设置 DEM 平滑处理的程度。

"边界最小 X/Y 坐标"行，可以设置需要编辑的范围的左下角坐标值。系统默认为 -99999.00000，即最大范围。

"边界最大 X/Y 坐标"行，可以设置需要编辑的范围的右上角坐标值。系统默认为 -99999.00000，即最大范围。

注意：所有的个性化定制结果将自动保存，下次进入系统就不需要再重新设置了。因为系统默认修改后的区域点线等显示为绿色，因此定制颜色时应避免使用绿色。

"DEM 删除"，在工程浏览窗口选中目标 DEM，然后单击 ✕ 图标即可。

4. 常用实例处理

（1）房屋的处理

通常处理房屋都是在"面"模式下进行。先将测标调整为贴于地面（可以使用鼠标滚轮或是脚盘调整），调整好后单击鼠标左键（调整后的测标处于被锁定状态，如果需要继续自动匹配的话单击快捷键 G），同样添加第二个点，依此方法选择一个范围将欲处理的房屋包围，最后单击右键一次结束选取，范围线自动闭合。

选取完毕后程序会将框选的区域特殊显示处理（颜色的设置可以在属性栏中修改）。此时只需单击 ◇ 按钮或快捷键 I 便可，执行后的成果会按照属性栏中的设置单独显示一种颜色。执行后的效果如图 7-1-31 所示。

完毕后再次单击右键，范围线会自动取消。如果想恢复范围线的显示可以直接使用快捷键 Q 恢复刚才自动取消的范围线，若觉得刚才内插后的点整体偏高或偏低，可以恢复显示范围线，该区域点自动激活后使用 Page Up\Page Down 整体调整该区域点。

图 7-1-31　区域高程点编辑

（2）道路的处理

先将编辑模式切换到"线编辑模式"下，然后找到道路的中心线，沿着道路的中心线量测，如果高程不能自动贴于地面使用鼠标滚轮或脚盘调整，当量测到最后的时候，需要将最后一个点落在道路的边缘上，此段距离就是所要处理的宽度，如图 7-1-32 所示。

图 7-1-32　道路推平量测

绘制完毕后单击鼠标右键一次结束量测，单击工具栏中的 ◢ 按钮，程序就会按照指定的宽度沿着道路的中心线向道路两侧平推，效果如图 7-1-33 所示。

完毕后再次单击鼠标右键一次结束道路推平的处理。通常使用该功能也可以处理类似河流等条状规则区域。

图 7-1-33　道路推平效果

（3）平坦区域的处理

由于比较平坦的区域匹配效果较好，一般会出现部分区域高，四周贴于地面的情况。故采用以下两种方式进行处理都能取得较好效果。

1）先将编辑模式切换到"面编辑模式"，然后拖动鼠标左键，框选选中需处理的区域，然后单击 ◈ 图标或快捷键 O。处理前后效果对比如图 7-1-34 所示。

图 7-1-34　框选 DEM 点编辑前后对比

2）直接使用鼠标右键的流线方式进行编辑。在处理区域外侧按住鼠标右键，拖动鼠标围绕需处理的区域一圈，然后单击 ◈ 或快捷键 O。

注：在面编辑模式下，使用流线绘制范围线的时候无需使用任何键进行结束的操作，松开鼠标右键程序就自动闭合了。在山腰平缓地段使用流线也是很方便的。特别是区域比较小的范围使用流线方式进行选取比单点进行量测快得多。

（4）水面的处理

由于通常情况下水面的匹配效果都不是很理想，所以处理起来都比较麻烦，但是因为水面通常都是个平面，所以在处理的时候，可以采用如下的方法：先将编辑模式切换到"面模式"，在绘制水域范围的时候如果出现点线妨碍视线的，可以先使用快捷键 C 和 D 将格网点和等高线隐藏起来再绘制范围线，效果如图 7-1-35 所示。

由于水面通常为平面，所以一般在量测好第一个点后程序就自动将高程锁定，因此不需要再进行高程调整。量测完毕后单击鼠标右键结束量测程序会将选择区域自动闭合。如果要指定水域的高程就可以直接单击空格键，调出输入高程的界面确定便可。不知道高程的情况下直接使用量测点内插即可。

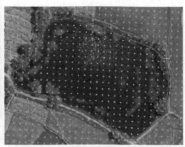

图 7-1-35　水面 DEM 点处理

（5）山区树林密集区域

1）绘制特征线处理。先关闭 DEM 格网点和等高
线，将编辑模式切换到"线编辑模式"下，将测标切
准地面，单击鼠标左键，然后移动鼠标到另一个地方，
也是同样先将测标切准地面再单击鼠标左键，一根线
量测完毕后单击右键一次，结束当前线的绘制。再绘
制第二根线，采用同样的方法，要求每个点都必须切
准地面，且每一根线应尽量绘制在地形变化的地方。
全部采集完毕后单击◈按钮或快捷键 I，完成后的效
果如图 7-1-36 所示。

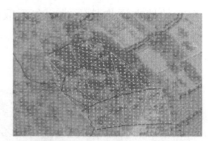

图 7-1-36　小区域内特征线绘制

采用该方法需要特别注意的是在构网时网的形态，图 7-1-36 中上方部分存在问题，
遇到这样的情况时，无需右键单击取消这些线，可以直接在有问题的地方添加新的特征
线就可以重新构网。如果发现所构的网不正确可以使用快捷键 U 回退。

如图 7-1-37 左所示，只需要在黄线区域内添加两根新的线后，再次单击"I"就可
以了，如果在添加特征线后不想对数据进行操作只是查看的话，可以直接使用 F 键切换
即可，达不到预期效果就继续修改，可以再次单击"I"。如果添加的线依然无法满足细
节部分的微小变化，还可以在现有的结果中添加一些特征点来参与构网。使用快捷键 T
切换编辑模式为线编辑（点特征），然后在需要添加点的位置单击即可。添加完毕后同样
单击"I"即可。结束后的效果如图 7-1-37 右所示。

完成后单击鼠标右键就可以取消全部的特征线和点。这种方法适用于任何一种复杂
的地形，编辑的精度较高，可以大面积的进行处理，但是在处理过程中需多加注意。

注意：在使用这种方法编辑的时候一定要注意前一次绘制的特征线和点，如果没有
什么用一定要取消掉。

2）导入现有的矢量文件处理。在已有某地区 DEM 矢量文件的情况下，可以采用导
入现有的矢量文件构建三角网处理。首先将矢量文件转换为 *.dxf 文件，然后单击编辑界
面中的 图标，将相应的 dxf 文件导入，加载外部矢量数据文件。

图 7-1-37　添加特征线前后构网效果

注：通常情况下房屋等地物层是不需要导入的，否则会影响正确结果。

如果发现导入的矢量在部分地区构成的三角网依然不能正确表示地貌的话，可以在相应的地方添加特征线。在不取消三角网显示的情况下（此时程序自动切换到"线编辑模式"），在需要添加的地方添加新的特征线或点，单击快捷键 I 便可。前后效果如图 7-1-38 所示。

图 7-1-38　增加特征线前后

如果希望将后来添加的矢量保存下来，可以直接单击 按钮，再到立体上绘制，当两次右键单击后所绘制的线或点和外部矢量文件变为同一个颜色，退出 DEM 编辑后程序会自动将记录的矢量外部特征线保存在 *.dem_f.dxf 文件内。

注：在按下 按钮后无论是按下前或之后绘制的线只要没有被取消，都将被记录在 *.dem_f.dxf 文件内。

（6）拼接后 DEM 的修改

当几个模型都编辑完毕后，就可以进行 DEM 拼接，完毕后通常需要对 DEM 进行修改。打开 DEM 编辑界面，单击 打开 *.error 文件，将拼接的误差点加载到立体中，如图 7-1-39 所示。

在立体中，误差点所显示的位置就是两个相邻 DEM 高程的中间值。如果发现 DEM 点有问题可以对问题点进行相应修改。修改方法是：先将编辑模式切

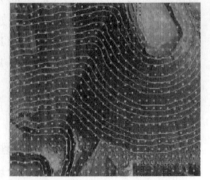

图 7-1-39　误差点

换到"点编辑模式",然后将测标移动到地面上单击鼠标左键,所对应的 DEM 格网点就会自动将高程调整到鼠标所处的高程,也可以采用 Page Up\Page Down 在需要调整的 DEM 点上进行调整。

? 引导问题 4

　　一个完整的测区或一幅完整的图幅一般都是由多个相邻模型组成的,所以实际生产任务中需要将多个单模型 DEM 拼接起来,生成整个区域的 DEM,那么如何用 MapMatrix 拼接 DEM 及进行模型精度评定?

技能点 3　多模型 DEM 拼接与精度评定

　　一个完整的测区或一幅完整的图幅一般都是由多个相邻模型组成的,所以实际生产任务中需要将多个单模型 DEM 拼接起来,生成整个区域的 DEM。而模型的拼接也是有条件的,首先需要多个相邻的模型及其影像,并且相邻模型间必须有重叠;其次是拼接前整个拼接区域每个模型的 DEM 都已建立。

1. 多模型 DEM 拼接

　　MapMatrix 系统下 DEM 拼接的具体步骤如下:

　　在工程浏览窗口"产品 /DEM"节点下,选择需要拼接的 DEM,右键单击"拼接 DEM",系统弹出图 7-1-40 所示的对话框。

　　单击图 7-1-40 中的"新建"按钮,可以打开一个"文件浏览"对话框,选择一个 DEM 保存路径。输入保存的文件名,然后单击"打开"即可指定一个保存路径。此时作业区会显示选中的 DEM 的拼接轮廓。"在 stereo 列表中加入输入 DEM 的立体像对"是指新建的 DEM 在加入工程列表中时也将模型加入该立体像对列表中。单击"确定"按钮,系统接受当前设置。此时作业区显示选中的 DEM 轮廓线,如图 7-1-41 所示。

图 7-1-40　DEM 拼接输出路径

　　另外可以拉框选择需要拼接的范围,同时界面左边的左下角 X、左下角 Y、右上角 X、右上角 Y 编辑框中显示拼接范围线的左下角、右上角坐标,编辑框里的值可以手工输入编辑,下次拼接时,若选取该 DEM 路径输出名,该范围坐标值将自动保留使用。也可以不选拼接范围线,系统默认最大范围拼接。"对齐到格网"是指拼接后的 DEM 的格网点与最左边模型 DEM 的格网点是对齐的,一般默认勾选。

　　然后单击图 7-1-41 中的执行图标 🔧 ,系统自动开始影像拼接处理。处理完成后,系统会将不同误差分布的情况用不同颜色表示出来,如图 7-1-42 所示。图中左上角 RMS 颜色分布指示图可以获知不同误差的颜色表示情况。

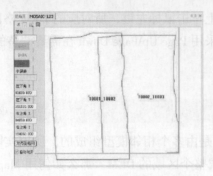

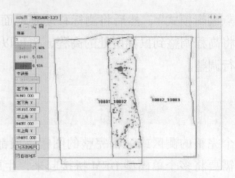

图 7-1-41 DEM 拼接　　　　　　　图 7-1-42 拼接中误差显示

注意：可以选择单独显示某个误差范围的点。在
RMS 下的文本框中输入需要显示的 RMS 值，然后单
击执行图标 ，系统自动将不属于用户需要的范围的
点隐藏起来。这给检查拼接质量提供很大方便。同时，
在"输出窗口"中会给出图 7-1-43 所示的提示。

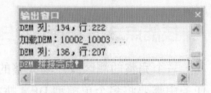

图 7-1-43 输出窗口显示

当图 7-1-42 界面中"误差"值较小时，可以单击该拼接界面上的回写 工具按钮，
程序将有误差的点取中值后替换所有误差点，不必进入模型 DEM 中手工编辑。当再次拼
接时会发现没有误差点了。若拼接的几个 DEM 的格网间距不一致，不能进行回写操作。

2. DEM 质量检查

在项目浏览器中单击 按钮，系统将在"输出窗口"实时显示控制点信息和 DEM 信
息，并给出控制点中误差和 DEM 平均值，如图 7-1-44 所示。

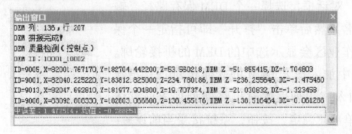

图 7-1-44 质量检查输出窗口

程序是将测区参数"默认控制点文件路径"中的文件点信息（图 7-1-45）与 DEM
点信息差值进行比较，得出的质量报告。

控制点文件的点信息较少，可以在立体上采集若干点，用导出的点信息文件检验
DEM 编辑质量。此时，可如下操作：在工程浏览器"DEM"节点下选中一个或多个 DEM
文件，单击鼠标右键，在快捷菜单中（图 7-1-46）选中"检查点评估精度"，输出窗口
中将实时显示质量检查数据。

在输出窗口上单击鼠标右键，出现图 7-1-47 所示的菜单，单击"复制"，可以将质
量检查信息复制到文本文件中保存。

图 7-1-45 默认控制点
文件路径

图 7-1-46 检查点
评估精度

图 7-1-47 复制输出
窗口信息

拓 展 课 堂

测绘成果安全保密（一）

1. 哪些测绘成果是涉密的

2020 年，自然资源部和国家保密局共同印发《测绘地理信息管理工作国家秘密范围的规定》，明确了测绘成果的秘密范围。

2. 涉密测绘成果如何管理

《中华人民共和国测绘法》第四十七条规定，"地理信息生产、保管、利用单位应当对属于国家秘密的地理信息的获取、持有、提供、利用情况进行登记并长期保存，实行可追溯管理。从事测绘活动涉及获取、持有、提供、利用属于国家秘密的地理信息，应当遵守保密法律、行政法规和国家有关规定。"

3. 涉密测绘成果如何保密

有人说把涉密测绘成果锁起来不应用不就能保密了？密是保住了，但它的价值也丧失了。如何既服务于经济建设又安全保密呢？涉密测绘成果通过严格审核、谨慎提供来确保知悉范围可控，从而达到安全保密的目的。比如要申请涉密测绘成果必须满足以下条件：一是申请人必须是中国境内的法人或其他组织，个人和境外机构不能申请；二是要有明确、合法的使用目的；三是申请的成果范围、种类、精度与使用目的相一致；四是符合保密法律法规规定，应当具备涉密测绘成果保管的条件与基本设施，签订涉密基础测绘成果安全保密责任书。

学习任务 2　数字正射影像图（DOM）制作

知识目标

- 掌握 DOM 制作流程及方法。
- 掌握 DOM 匀光、镶嵌和修补的方法。

技能目标

- 能用 MapMatrix 软件制作 DOM。
- 能对 DOM 进行匀光、镶嵌和修补等编辑操作。

素养目标

- 培养学生严谨认真的工作态度。
- 培养学生数据安全意识。
- 培养学生的综合学习能力。

? 引导问题 1

什么是数字正射影像图，制作数字正射影像图的方法有哪些，数字正射影像图有何特点及应用？

知识点　数字正射影像图概述

数字正射影像（Digital Orthophoto）是将地表航空航天影像经垂直投影而生成的影像数据集，而数字正射影像图（Digital Orthophoto Map，DOM）是指对航空（或航天）像片进行数字微分纠正和镶嵌，按一定图幅范围裁剪生成的数字正射影像集，它是同时具有地图几何精度和影像特征的图像，是我国基础地理信息数字产品的重要组成部分之一。

1. 数字正射影像图制作原理

航空摄影所得到的像片是中心投影的，由于航片不一定平行于地面，而且地面上存在高差，所以航片会存在几何形变和误差，但是如果航片经过一定的纠正，便可以当作具备准确几何精度的地图来使用了。正射影像制作最基本的理论基础就是构象方程，通过构象方程式计算地面坐标、计算像点坐标，然后再进行灰度内插、灰度赋值进而获得纠正的正射影像。

正射影像地图是以数字高程模型为基础，对航空像片进行数字微分纠正、数字镶嵌，根据图幅范围裁切生成的带有公里格网、图廓内外整饰并附有等高线的影像数据的地图。

目前制作数字正射影像图主要是利用全数字摄影测量系统，根据影像纹理配成立体像对，生成数字高程模型，然后对每一个像元根据其高程进行数字微分纠正，生成正射影像图。

2. 数字正射影像图制作方法

由于获取制作正射影像的数据源不同，以及技术条件和设备的差异，数字正射影像图的制作有多种方法，其中，主要包括下述三种方法。

1）全数字摄影测量法。此方法是使用数字摄影测量系统来实现，即对数字影像进行内定向、相对定向、绝对定向后，生成 DEM，按反解法做单元数字微分纠正，将单片正射影像进行镶嵌，最后按图廓线裁切得到一幅数字正射影像图，并进行地名注记、公里格网和图廓整饰等，之后经过修改，绘制成 DOM 或刻录光盘保存。

2）单片数字微分纠正。如果一个区域内已有 DEM 数据以及像片控制成果，就可以直接使用该成果数据 DOM，主要流程是对航摄负片进行影像扫描后，根据控制点坐标进行数字影像内定向，再由 DEM 成果做数字微分纠正，其余后续过程与上述方法相同。

3）正射影像图扫描。若已有光学投影制作的正射影像图，可直接对光学正射影像图进行影像扫描数字化，再经几何纠正就能获取数字正射影像的数据。几何纠正是直接针对扫描变换进行数字模拟，扫描图像的总体变形过程可以看作是平移、缩放、旋转、仿射、偏扭、弯曲等基本变形的综合作用结果。正射影像图多采用全数字摄影测量的方法。

3. 数字正射影像图的特点及其作用

数字正射影像图具有精度高、信息丰富、直观逼真、获取快捷等优点，可作为地图分析背景控制信息，也可从中提取自然资源和社会经济发展的历史信息或最新信息，为防治灾害和公共设施建设规划等应用提供可靠依据；还可从中提取和派生新的信息，实现地图的修测更新。

数字正射影像图可以加上居民地、道路、水系、地貌等要素的名称数据，配以合适的花边和图名，就可以作为电子版的影像地图使用，也可以彩喷或印刷成纸图。由于其有层次和色彩，更形象生动、直观、有立体感。

数字正射影像图还可以用来修测地形图，更新 DLG 和 DRG 成果。以数字正射影像图为主要数据源，采集地物信息。参考调绘资料，对建筑物根据高度和距离像主点的远近进行投影差改正。此方法不需要立体测图，易于操作和掌握，DLG 与 DOM 套合精度好，适用于地势较为平坦、建筑物不是很密集的城郊和农村地区。

随着航空和航天技术的飞速发展，航摄影像和卫星遥感数据更加丰富多彩。数字正射影像图可作为 GIS 的数据源，从而丰富地理信息系统的表现形式，为数字城市和数字地球提供可靠的数据资源保障，正射影像将得到更广泛的应用，有着美好的发展前景。

4. MapMatrix 与 EPT 结合制作 DOM 作业流程

使用编辑好的 DEM 对原始影像进行正射纠正，其主要步骤是：生成单片正射影像、单片正射影像整体匀光、正射影像镶嵌拼接和分幅、图片处理软件下对正射影像进行处理、图幅整饰。具体流程如图 7-2-1 所示。

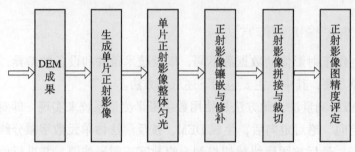

图 7-2-1 正射影像生产流程图

? 引导问题 2

如何用 MapMatrix 生成数字正射影像图？

▌ 技能点 1 DOM 生成

MapMatrix 下生成 DOM 有两种途径：一是先利用多个单模型 DEM 生成多个单模型 DOM，然后进行 DOM 拼接；另一种方式是直接生成多模型的 DEM，然后利用多模型 DEM 直接生成多模型 DOM。正射影像生成的操作步骤如下：

1）制作各个模型的 DEM。

2）创建正射影像。在主界面的工程浏览窗口中，用鼠标左键单击选中"产品"节点下需要用来生成 DOM 的 DEM 文件。然后单击鼠标右键，系统弹出图 7-2-2 所示的右键菜单。

单击"新建正射影像"选项，系统会自动在"产品"节点下的 DOM 子节点里面创建一个 DOM 的保存路径及 DOM 文件名，其名字与 DEM 一样，系统自动在该节点下列出对应的 DEM 和影像。

单击创建 DOM 路径名，该正射影像文件参数将显示在右边的对象属性窗口中，如图 7-2-3 所示。可以在此

图 7-2-2 新建正射影像

图 7-2-3 对象属性

对生成正射影像的参数进行修改，程序自动保存修改结果。

当 DEM 比较大（远远超过原始影像列表中影像的覆盖范围），需要将"沿影像边缘生成"设置成"是"，否则生成的正射影像边沿会有白边。

当 DOM 文件节点下有多个原始影像时，需要将"原始影像单独生成 DOM"设置成"是"，程序会按单个原始影像范围生成多个 DOM，名字与原始影像名一样，然后将多个 DOM 拼接成大的。否则，虽然会生成一个大 DOM，但原始影像范围交界处一定会出现变形。

3）生成正射影像。单击工程浏览窗口上的 🖼 图标，系统自动生成相应的 DOM。

4）正射影像查看。在生成的"DOM"的右键快捷菜单中选择"显示"，或单击图标 🖥，则在主界面显示该 DOM。在主界面单击右键，出现快捷菜单，如图 7-2-4 所示。

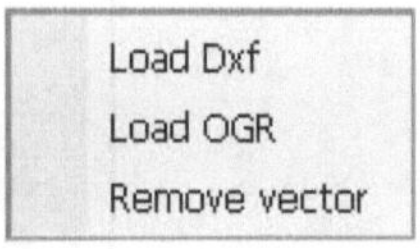

| Load Dxf |
| Load OGR |
| Remove vector |

图 7-2-4　正射影像查看加载项

Load Dxf：可在显示的 DOM 上叠加矢量数据，检查 DOM 的精度。

Remove vector：卸载叠加的矢量。

? 引导问题 3

由于拍摄时间不同等原因，整个测区每张影像之间的色调会出现不一致的情况，而在镶嵌成图幅后我们希望得到色调一致的影像图，那么如何进行 DOM 匀光与镶嵌？

技能点 2　DOM 匀光与镶嵌

1. 单片正射影像整体匀光

由于拍摄时间不同等原因，整个测区每张影像之间的色调会出现不一致的情况，而在镶嵌成图幅后我们希望得到色调一致的影像图。所以在进行拼接之前，应对原始影像或者正射影像进行匀光操作。本节使用 EPT 中的匀光、匀色功能。影像匀光时需要选取参考影像，参考影像可以在单片正射影像中选取一张地物要素全面的影像，使用影像处理软件进行处理，将其色调调整为期望的符合实际摄影季节的色调。

（1）匀光参数设置

进入 EPT 主界面，选择菜单栏中"影像匀色 / 影像匀色批处理"会弹出菜单，如图 7-2-5 所示。

单击"添加"按钮添加需要匀光的影像，选择相应的参考影像（参考影像的选取，应包括匀光影像中具有代表性的地物，且尽量不要包含太多的水域）。

"设置"输出文件的路径（匀光输出的路径应与被匀光的影像存储路径不同，避免混淆）。"匀色方法"选项建议选择默认方式。Wallis 整体匀光效果较好，是 EPT 默认方式。

单击"选项"按钮会弹出对话框，如图 7-2-6 所示，可以对匀光的对比参数做相应设置。

图 7-2-5　影像匀色批处理　　　　图 7-2-6　匀光参数设置

"亮度""对比度"调整输出影像的亮度和对比度，这两项值越大，输出影像的亮度、对比度也就越大。一般情况下，此值为默认值即可，对于特殊影像，可以调整此参数。

"背景设置"中，需要设置影像的背景色。特别是对单片正射影像进行匀光的情况下，由于单片正射影像一般存在黑/白色背景，在此一定要设置影像的背景色，否则受背景干扰，直接导致匀光失败。一般情况下，可以选择白色作为背景色。

（2）整体匀光

参数设置完毕后单击界面中的处理按钮，程序就开始根据所指定的参考片，进行整体的匀光运算。若匀光的影像比较多，像素较高，匀光时间可能比较长，需耐心等待。

2. DOM 镶嵌

（1）创建镶嵌工程

1）导入 MapMatrix 工程生成 DOM 镶嵌工程。单击"文件"菜单下的导入"MapMatrix 测区"命令，弹出选择界面，单击选中需要处理的 MapMatrix 工程，确定后弹出的界面如图 7-2-7 所示。

在"DEM 文件"列表窗口中将多余的 DEM 数据删除，可以按住 Ctrl 键和鼠标左键选取，然后在右键菜单中选中删除命令。指定相应的成果输出路径，GSD 参数为地面分辨率，如果 MapMatrix 已经设置好，这里是可以直接读取到正确值的。完毕后，单击"生成单片正射影像并添加至镶嵌工程"按钮，程序就会根据 DEM 的范围将所涉及的影像全部纠正为单片的正射影像文件。

如果在这里已经由 MapMatrix 生成好了正射影像文件，可以直接选择"将已有单片正射影像添加至镶嵌工程",程序就会自动切换到创建工程的界面并自动将参数设置好,如果需要改变可以进行相应的修改。

如果所有的正射影像都生成完毕,程序就会自动切换到创建工程的界面,并自动填好所有的参数,效果如图7-2-8所示。

图7-2-7 MapMatrix工程属性

图7-2-8 创建正射影像工程

设置完成后单击"确定",影像就被加载在工程中进行DOM镶嵌,镶嵌完成后会显示镶嵌效果图。

注:"镶嵌工程"输出路径与DOM目录在同一路径下,不可更改。

2)新建镶嵌工程。如果已经有生成好的DOM单片影像,可以直接单击文件菜单下的"新建正射影像镶嵌工程",弹出的界面如图7-2-9所示。

"MapMatrix工程文件"和"DEM文件"后的 ··· 按钮分别可以选取相应的MapMatrix工程和相应的DEM文件。设置要求与"导入MapMatrix工程生成DOM镶嵌工程"中的相同,设置完成后,单击"确定"键,完成镶嵌并显示镶嵌效果图。

(2)图幅的导入与生成

1)导入图幅。

①导入图幅接合表,单击工具栏中的 按钮,弹出图7-2-10所示的界面。

在弹出的界面中单击 ··· 按钮,选取接合表dxf文件,然后分别指定图廓层名称和图名层,完毕后单击"确定"。需要注意的是,dxf图廓层和图名一定要一一对应,不要有其他无关的内容,否则可能读取

图7-2-9 新建正射影像镶嵌工程

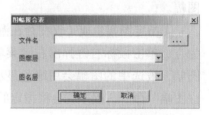

图7-2-10 导入图幅接合表

失败。

②导入图幅列表。单击工具栏中的  按钮，选取带有图幅信息的 .txt 文件，文件格式如下：

图幅名称　左下 x　左下 y　右上 x　右上 y

③批量划分图幅。单击工具栏中的 ▦ 按钮，弹出的界面如图 7-2-11 所示。

根据图幅的实际情况进行相应的参数设置，设置完毕后单击"确认"完成设置。程序就会在视图窗口中将所有的图幅全部绘制出来。

2）图幅设置。以上操作完毕后程序会在视图窗口中生成相应的图幅范围，并在图幅列表中将所有的图幅显示在列表中，如果无法看到图幅列表的话，可以单击界面中的 ▦ 按钮来开启列表，效果如图 7-2-12 所示。

图 7-2-11　划分图幅

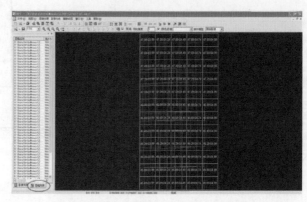

图 7-2-12　图幅显示

选取图幅并进行图幅设置。选取图幅有两种方式：一是在图幅列表中选取，单击界面中的▦按钮，打开图幅列表直接在图幅列表框中选择，右键单击弹出设置菜单；另一种是在视图窗口中选取，将鼠标状态置为空（即取消镶嵌线编辑、修补、标记线、放大、缩小、漫游等功能），在右键单击弹出的菜单选中"选择图幅"，再在视图窗口中用鼠标左键或拉框选取相应的图幅。选中的图幅显示为绿色边框。

在视图窗口中单击选中图幅，右键单击弹出图幅设置菜单如图 7-2-13 所示。

选择"设置图幅"菜单命令后弹出图 7-2-14 所示的"图幅属性"对话框，在这里可以设置影像外扩，以及像素起点等参数。

3）图幅生成。图幅生成时可以指定需要的部分生成图幅，也可以全部批量生成所有图幅。

①指定图幅生成（仅在存在镶嵌线的情况下有效）。在视图窗口中，将鼠标状态设置为空，单击鼠标右键弹出右键菜单，选择"选择图幅"命令，然后左键单击需要生成的图幅，被选中的图幅会用绿色显示出来，这时再使用右键单击弹出右键菜单，选择"镶嵌图幅"命令，程序就会将指定的图幅进行镶嵌并输出。

图 7-2-13　设置图幅　　　　　　图 7-2-14　图幅属性

②批量生成。单击工具栏中的⊞按钮，程序就会根据每个图幅进行镶嵌生成图幅。图幅生成完毕后，效果如图 7-2-15 所示。

（3）镶嵌线编辑

由于初始化的镶嵌线是根据正射影像之间的相对位置关系自动搜索出来的，故不可避免地会出现镶嵌线跨越房屋、道路等问题。进行镶嵌线编辑，可以解决这些问题。当检查生成的图幅没有错误后，进入镶嵌线编辑步骤。

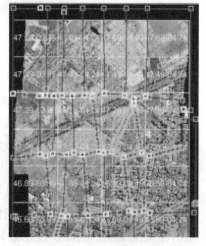

图 7-2-15　图幅镶嵌

1）替换部分镶嵌线。首先确认■是否被按下（快捷键 T），如果没有就按下，进入到镶嵌线编辑状态。单击 ⬛（快捷键 A）按钮并确认按钮被按下后，将鼠标移动到需要修改的线上，这时在线上会显示黄色的捕捉框。单击鼠标左键，程序会显示一个红色的点，说明点已经被成功添加。

绘制完第一个点后，从第二个点开始可以不受限制，只要绘制的线不跨越相关影像的重叠区域（即红色矩形框范围）即可。

若在添加替换线的过程中，对新添加的点不满意，则单击⬛（快捷键 D），可删除最后添加的一个点，若要删除整个替换线，则单击✕（快捷键 <Shift+D>）即可。与第一个点相同，替换线的最后一点，一定要捕捉到被替换的线上，然后单击鼠标右键，绘制的线会将原镶嵌线的相应部分替换掉，并实时刷新相关的影像区域。替换过程如图 7-2-16 所示。

a）替换前　　b）咬合第一个点　　c）选择替换线　　d）咬合结束点　　e）替换结束后　f）隐藏镶嵌线后效果图

图 7-2-16　镶嵌线替换过程

替换完成后，可使用"显示 / 隐藏"镶嵌线按钮（快捷键 R），隐藏 / 显示镶嵌线，并沿镶嵌线检查替换后的结果，查看镶嵌线两边是否过渡自然。若对编辑结果不满意，可撤销（快捷键 <Ctrl+Z>）刚才的操作，并重新选择镶嵌线路径。

刷新完成后，程序会自动沿着当前编辑的镶嵌线，对图幅进行羽化，使镶嵌线两边的影像在镶嵌线处能够自然地过渡。对于不同地物的区域，镶嵌线的羽化值可能要求不一样。例如，对于城镇街道处的拼接线，羽化值小一些会更好，这样不容易引起镶嵌线处图幅模糊不清，而对于森林、草地处的镶嵌线，则羽化值应稍大一些，这样使得镶嵌线两边色调不一致的正射影像，在图幅上过渡得更自然一些。故在镶嵌线编辑的过程中，应根据不同的地物类别，来更改当前拼接工程的羽化值（快捷键 <Ctrl+F>，羽化值设置对话框中，支持鼠标滚轮更改羽化值的大小）。羽化值更改之后，将对下一条编辑的镶嵌线起作用。

替换镶嵌线注意事项：

①在头一个点和最后一个点的添加过程中，一定要将鼠标捕捉到镶嵌线上（即在镶嵌线上一定要看见黄色的捕捉框显示出来），否则程序不进行任何的操作。如果在添加第一个点的过程中出现总是捕捉到相邻线上的现象，可以尝试放大影像显示倍率（快捷键 Z），以更精确地将点捕捉到镶嵌线上。

②程序在添加第一个点的同时，会锁定当前编辑的镶嵌线，同时将当前编辑的镶嵌线所涉及的影像的重叠区（若只涉及一张影像，则显示该影像的边界）显示在影像窗口中，并用红色粗线表示出来，在修改或移动点、线的时候可以参考该范围线进行，不得超出重叠范围线。同时，程序会显示出当前编辑的镶嵌线对应的影像的名称。

③窗口中显示的白色节点为关键点，替换镶嵌线时，替换线不得跨越关键点，否则替换不会成功。关键点只能通过移动的方式，对其进行编辑。

④在右键替换时，由于涉及影像的读写操作以及其他相关运算，刷新区域会略有延迟，特别是当要刷新的区域过大时，延迟会明显一些，此时请耐心等待。

2）移动、插入节点。首先确认 ![icon]（快捷键 T）是否被按下，如果没有就按下，进入到镶嵌线编辑状态。

单击工具栏中的 ![icon]（快捷键 F）按钮，选中需要移动的节点，按住鼠标左键不放然后移动鼠标到指定位置，松开鼠标左键，程序会根据移动的点实时刷新相关影像区域。

插入点方法：单击 ![icon]（快捷键 S）按钮，移动鼠标靠近需要插入点的线，当线上显示黄色的框后按住鼠标左键，然后拖动鼠标到指定位置后松开鼠标左键，这样一个点就被成功插入了。插入点后程序会实时刷新相关影像区域。

3）删除点。移动和插入点后，被移动 / 插入的点为活动点（显示为红色节点），活动的节点可以被删除，单击 ![icon]（快捷键 D）则删除当前活动点。

4）撤销和恢复。对于替换、移动、插入、删除镶嵌线的操作，均可使用撤销（快捷键 <Ctrl+Z>）和恢复（快捷键 <Ctrl+Y>），撤销上一步操作或者恢复上一个撤销动作。

5）镶嵌线编辑的原则与技巧。编辑镶嵌线时，应尽量回避直接穿越地物，尽量沿着地物的边缘轮廓或是有明显分界线的地方前进。应尽量让镶嵌线沿着田地中的田埂、道路的边缘、房屋的边角、地物的阴影等各种色彩交界处，而不要直接从中间穿越，特别是河水、池塘和房屋、树木等很容易让镶嵌成果中出现明显的镶嵌痕迹。如遇到无法回避的情况，要尽量选择好处理的地方绘制镶嵌线。具体处理方式可以分为下面几种。

①因 DEM 原因造成地物扭曲。用原始影像修补可以解决此类问题，若能保证正射影像窗口中的点，与原始影像细节窗口中的相应点为同名点，则可以修补得到正确的、没有扭曲的图幅影像。

②因地物面积过大无法绕行。可以尽量让镶嵌线在阴影、河流等颜色比较一致的地方绕行，这样方便后面使用其他工具来处理。

③因地物投影过大无法绕行。尽量保证大的、级别较高的地物的完整性，对其他的地物可以做些相应合理的取舍，针对房屋等地物，可以沿着较为高大的房屋的边缘线绘制镶嵌线，这样即可以保证高大房屋的完整，又可以保证图幅的合理性。原则上只要保证镶嵌线不自交、互交、不跨越范围（即程序中红色的区域）、不跨越关键点（即程序中白色的存在多度重叠的点），即认为该线为合法的线，就可以生成正确的图幅。

④镶嵌线的折角不要过小。镶嵌线的折角不要过小，因为需要考虑羽化效果对折角处的影响，在对镶嵌效果检查的时候也要重点考虑检查这样的地方。总之在处理地物的时候尽量按照：就高不就低，就下不就上；镶嵌线两侧颜色要保持一致；拐角不要过小；镶嵌线要不交不跨；先镶嵌再修补；确认无误后再保存的原则。

3. DOM 修补

在编辑镶嵌线时，对于图幅中存在的问题区域，利用标记线进行标记。在镶嵌线编辑完成之后，可以进入图幅编辑模式，参照标记线所对应的区域，对问题区域进行修补。

EPT 提供了两种修补方式：一是正射影像修补，另一个是原始影像修补。正射影像修补是指对于当前选中的修补区域，利用单片正射影像对图幅进行修补；原始影像修补是指对于当前选中的修补区域，利用 MapMatrix 工程文件中指定的原始影像，通过其内外方位元素的解算，利用 DEM 进行三角网纠正后，用纠正后的影像替换现有的问题区域，解决问题区域影像不正确的问题。此种方式适用于因 DEM 不正确，引起的房屋扭曲等问题。这两种方式的选择，可以在"修补模型"的结合框中自由切换。

（1）正射影像修补

首先按下 按钮，进入图幅修补状态。

单击工具栏中的 按钮，在影像窗口中单击鼠标左键添加第一个控制点，依次添加其他的控制点将需要修补的区域包围住，最后右键单击闭合。闭合多边形的同时，程序会对绘制区域进行修补。如果发现程序默认修补的影像效果不合适，可以通过 0831043147.tif 按钮选取其他的影像。

在修补的同时，程序会根据当前设置的修补羽化值 羽化宽度 5 ，沿修补范围线进行羽化过渡，如有需要可更改羽化值的大小，针对不同区域，设置不同羽化值。羽化值设置后，将对下一修补操作起效。

进行正射影像修补后，若修补区域影像来源于其他正射影像，则可能会存在修补区域颜色同周边地区不一致的问题。此时，可调用"图像处理"菜单下面的命令，对当前修补区域进行调色。EPT中提供的调色功能有三个，分别为"亮度 / 对比度""色彩平衡""曲线"。调整完成后保存（快捷键 <Ctrl+S>）当前修补区域。

（2）原始影像修补

首先按下 ⚙ 按钮，进入图幅修补状态。

单击"图幅编辑细节窗口" 🔲 按钮，原始影像细节窗口被打开，然后在修补模型组合框中，选择"原始影像"，进入原始影像编辑模式。

按下 ↘ 按钮，在影像窗口中单击鼠标左键，这时程序会自动根据原始影像外方位参数，将当前坐标转换为相应原始影像的像点坐标，并在原始影像细节窗口中显示相应位置（窗口中心）。

如果发现原始影像细节窗口中的位置和所添加的范围控制点的位置不大一致，可以直接在原始影像细节窗口中，用鼠标单击的方式，移动范围控制点在原始影像上的位置，直至一致。完成后，继续添加下一个点，将要修补的区域圈起来，并右键单击闭合。

闭合后，对于当前选中的修补区域，程序会利用 MapMatrix 工程文件中指定的原始影像，通过其内外方位元素的解算，利用 DEM 进行三角网纠正后，用纠正后的影像替换现有的问题区域，解决问题区域影像不正确的问题。图 7-2-17 所示为扭曲的房屋，经原始影像修补前后的对比。

在修补的同时，程序会根据当前设置的修补羽化值，沿修补范围线进行羽化过渡，如有需要可更改羽化值的大小，针对不同区域，设置不同羽化值。羽化值设置后，将对下一修补操作起效。

进行原始影像修补后，若修补区域影像来源于其他原始影像，则可能会存在修补区域颜色同周边地区不一致的问题。此时，可调用"图像处理"菜单下面的命令，对当前修补区域进行调色。程序中提供的调色功能有三个，分别为"亮度 / 对比度""色彩平衡""曲线"。调整完成后保存（快捷键 <Ctrl+S>）当前修补区域。

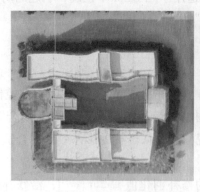

图 7-2-17　修补前后对比

（3）图幅修补中应注意的问题

1）在镶嵌线没有编辑完成之前，不要进入图幅修补模式。若镶嵌线的编辑和图幅修补交替进行，有可能会使图幅修补的成果被覆盖掉，带来不必要的损失。

2）镶嵌线编辑过程中，若已经对问题区域做了标记，则在进入标记线编辑模式时，会自动显示标记线，当进入其他模式并退出标记线编辑模式后，会自动隐藏标记线。在对问题区域修补完毕后，应同时将该区域所对应的标记线删除，避免重复修补。

3）在"新建正射影像拼接工程"时，没有指定对应的 MapMatrix 工程文件及 DEM 文件，则在进行图幅修补时，无法启用原始影像修补功能。若此时想启用原始影像修补功能，可在工程设置 ↗（快捷键 <Ctrl+P>）中，重新指定对应的 MapMatrix 工程文件以及 DEM 文件。

4）原始影像修补涉及对修补区域进行三角网纠正，故纠正速度可能相比于正射影像修补要慢一些，特别是当修补区域比较大的时候，修补的速度会更慢。当范围控制线选择完成并右键单击后，需耐心等待修补完成，状态栏中会有修补完成与否的状态提示。

？ 引导问题 4

和 DEM 一样，DOM 也需要拼接，那么如何用 MapMatrix 进行图幅接边并评定接边精度？

技能点 3　DOM 图幅接边与精度评定

1. 图幅接边

一般情况下，在完成较大工程生产任务时，为了提高工作效率，顺利完成工程项目的实施建设，通常要把每一个工程项目划分成若干个工序，由若干作业员同时进行生产，每一个作业员都有一个或者数个数据成果，在这个工序完成后，需要把这些数据成果拼接并根据需要进行成果裁切的操作。在拼接的过程中，仍然可以使用编辑拼接线、修补等图幅编辑功能对图幅进行修改。

1）创建接边工程。单击"文件"菜单下的"新建正射影像镶嵌工程"命令，在弹出的界面（图 7-2-18）中单击"添加"按钮，将刚才每个小工程镶嵌好的影像添加进来。

添加 MapMatrix 工程文件和 DEM 文件，并且根据实际的情况设置好羽化宽度、背景色，以及采样方式。设置参数时，建议和前面的工程设置保持一致。

设置"镶嵌工程名称和路径"后就可以单击"确定"按钮，完成工程的设置。

图 7-2-18　创建接边工程界面

2）图幅镶嵌。单击界面中的 按钮，将事先准备好的图幅接合表文件导入。

图幅导入成功后，单击界面中的 按钮，开始生成新的图幅文件，完成后的效果如图 7-2-19 所示。

3）镶嵌线编辑。

4）图幅修补。

5）接边完成。

当上面所有的操作均完成后，就可以关闭接边工程，将各自的图幅复制到

图 7-2-19　图幅镶嵌

原工程目录中，覆盖掉原图幅文件（最好在覆盖前做好备份工作）。打开各自的工程，在这里需要人工采集一次金字塔影像，以便让金字塔影像和实际图幅影像保持一致。

单击工具栏中的 按钮，会弹出第一个对话框窗口，如图 7-2-20 所示。

在图 7-2-20 所示对话框中选择"否"，然后程序会自动弹出第二个对话框，如图 7-2-21 所示。

在该对话框中依然单击"否"，这时程序就会开始重新采集金字塔影像了。

图 7-2-20　是否初始化拼接线

当程序采集完金字塔影像后，再仔细查看接边完成后的图幅是否存在问题，特别留意一下接边处，图幅内如果存在问题可以通过修补的方式进行简单的调整，但一定不要再去修改与其他图幅接边的位置，否则可能需要重新接边。

图 7-2-21　是否重生图幅

2. DOM 精度评定

在正射影像图上，精度主要反映在像对之间的镶嵌误差、图幅之间的接连差是否超过一定的限度、影像是否存在局部模糊、影像是否重影、地物是否扭曲变形（主要看大房屋的边线和直线道路）等。

出现这些问题的原因是多方面的，一般外业所作控制点的精度会直接影响到绝对定向的精度，而定向精度（包括内定向、相对定向、绝对定向）达不到要求，会导致像对间和图幅间存在拼接差。

可以使用 AutoCAD 中提供的精度检核工具，将数字线划图套合正射影像进行检查，主要检核地面上的明显地物，如道路角、电杆的底部等，精度统计结果会以报告形式显示出来。

具体精度指标参见测绘行业标准基础地理信息数字成果 1∶500、1∶1000、1∶2000 数

字正射影像图》（CH/T 9008.3 — 2010）。

（1）平面位置精度

数字正射影像图明显地物点的平面位置中误差不应大于表 7-2-1 规定，平面位置中误差的两倍为其最大误差。

表 7-2-1　平面位置中误差　　　　　　　　　　　　　　　　（单位：mm）

比例尺	平地、丘陵地	山地、高山地
1:500、1:1000、1:2000	0.6	0.8

（2）接边精度

数字正射影像图应与相邻影像图接边，接边误差不应大于 2 个像元。

（3）影像质量

1）色彩模式。根据生产使用的数据源不同，数字正射影像图的色彩模式分为全色和彩色两种形式，全色影像为 8 位（比特），彩色影像为 24 位（比特）。

2）色彩特征。整个图幅内的影像都应反差适中，色调均匀，纹理清楚，无明显失真，灰度直方图一般呈正态分布。

3）影像缺损。避免因影像缺损（如影像的纹理不清、噪声、影像模糊、影像扭曲、错开、裂缝、漏洞、污点、划痕等）而出现无法判读影像信息和精度的损失。

拓展课堂

测绘成果安全保密（二）

1. 涉密测绘成果如何安全使用

《中华人民共和国保密法》第七条规定，"机关、单位应当实行保密工作责任制，健全保密管理制度，完善保密防护措施，开展保密宣传教育，加强保密检查。"

结合测绘法和测绘成果管理条例相关要求，涉密测绘成果使用单位应具备如下条件：依据保密管理制度进行指导，健全的保密管理机构及保密人员进行监管和登记，在合格的保密场所、设备设施中安全使用涉密测绘成果，还要有相应保密措施。其中保密管理制度、保密场所、设施设备、保密机构、人员都在保密法中有明确规定。

2. 违法责任

《中华人民共和国测绘法》第六十五条规定，"违反本法规定，地理信息生产、保管、利用单位未对属于国家秘密的地理信息的获取、持有、提供、利用情况进行登记、长期保存的，给予警告，责令改正，可以并处二十万元以下的罚款；泄露国家秘密的，责令停业整顿，并处降低测绘资质等级或者吊销测绘资质证书；构成犯罪的，依法追究刑事责任。违反本法规定，获取、持有、提供、利用属于国家秘密的地理信息的，给予警告，责令停止违法行为，没收违法所得，可以并处违法所得二倍以下的罚款；对直接负责的主管人员和其他直接责任人员，依法给予处分；造成损失的，依法承担赔偿责任；构成犯罪的，依法追究刑事责任"。

3. 如何破解涉密测绘成果安全保密与社会化应用之间的矛盾

随着社会经济的发展，对测绘成果的社会化需求前所未有的强烈，上面讲到个人和外国组织不得申请涉密测绘成果，但是公众的出行、旅游、打车、订外卖等行为都离不开测绘成果，如何解决涉密测绘成果的保密要求与社会化应用之间的矛盾，让公众安全放心地使用测绘成果呢？地理信息保密处理技术是现阶段保障涉密地理信息安全应用的关键技术，对维护国家地理信息安全、促进地理信息产业健康发展具有重要意义。

《中华人民共和国测绘法》第三十四条规定，"县级以上人民政府测绘地理信息主管部门应当积极推进公众版测绘成果的加工和编制工作，通过提供公众版测绘成果、保密技术处理等方式，促进测绘成果的社会化应用"。目前公众版成果的主要形式有地理信息公共服务平台（天地图）、自然资源主管部门提供的全国各省区各地市标准地图下载，还有市场上能买到的各类纸质地图集、地图册等。

学习任务 3　技术总结编写

知识目标

● 掌握技术总结编写的一般要求与内容。

技能目标

● 能编写倾斜摄影测量项目的技术总结。

素养目标

● 培养学生善于总结、勇于改进的能力。
● 培养学生的移情能力和他人视角。
● 培养学生的写作能力、沟通交流能力。

测绘项目开始前要进行技术设计，测绘项目结束后要进行技术总结。那么技术总结编写的一般要求与基本内容有哪些?

知识点　技术总结编写的一般要求及内容

1. 测绘技术总结的基本规定

(1) 测绘技术总结的概述

测绘技术总结是在测绘任务完成后，对测绘技术设计文件和技术标准、规范等的执行情况，技术设计方案实施中出现的主要技术问题和处理方法，成果（或产品）质量、新技术的应用等进行分析研究、认真总结，并做出的客观描述和评价。测绘技术总结为用户（或下工序）对成果（或产品）的合理使用提供了方便，为测绘单位持续质量改进提供了依据，同时也为测绘技术设计、有关技术标准、规定的制定提供了资料。测绘技术总结是与测绘成果（或产品）有直接关系的技术性文件，是长期保存的重要技术档案。

(2) 测绘技术总结的分类

测绘技术总结分为专业技术总结和项目总结。

1）专业技术总结。专业技术总结是测绘项目中所包含的各测绘专业活动在其成果（或产品）检查合格后，分别总结撰写的技术文档。专业技术总结由具体承担相应测绘专业任务的法人单位负责编写。

2）项目总结。项目总结是一个测绘项目在其最终成果（或产品）检查合格后，在各专业技术总结的基础上，对整个项目所做的技术总结。项目总结由承担项目的法人单位负责编写或组织编写；对于工作量较小的项目，可根据需要将项目总结和专业技术总结合并为项目总结。

技术总结具体的编写工作通常由单位的技术人员承担；完成后，单位总工程师或技术负责人应对技术总结编写的客观性、完整性等进行审核并签字，并对技术总结编写的质量负责。技术总结经审核、签字后，随测绘成果（或产品）、测绘技术设计文件和成果（或产品）检查报告一并上交和归档。

(3) 测绘技术总结编写的主要依据

1）测绘任务书或合同的有关要求，客户书面要求或口头要求的记录，市场的需求或期望。

2）测绘技术设计文件以及相关的法律、法规、技术标准和规范。

3）测绘成果（或产品）的质量检查报告。

4）以往测绘技术设计、测绘技术总结提供的信息以及现有生产过程和产品的质量记录及有关数据。

5）其他有关文件和资料。

（4）测绘技术总结编写的要求

1）测绘技术总结要内容真实、全面，重点突出。说明与评价技术要求的执行情况时，不应简单抄录设计书的有关技术要求；应重点说明作业过程中出现的主要技术问题和处理方法、特殊情况的处理及其达到的效果、经验、教训和遗留问题等；对应用的新技术、新方法、新材料和生产的新品种要认真细致地加以总结。

2）文字要简明扼要，公式、数据和图表应准确，名词、术语、符号、代号和计量单位等均应与有关法规和标准一致。

3）测绘技术总结的幅面、封面格式、字体、字号应符合相关要求（见 CH/T 1001—2005）。

（5）测绘技术总结的组成

测绘技术总结（包括项目总结和专业技术总结）通常由概述、技术设计执行情况、成果（或产品）质量说明和评价、上交和归档成果（或产品）及资料清单四部分组成。

1）概述。概要说明测绘任务总的情况，如任务来源、目标、工作量等，任务的安排与完成情况，以及作业区概况和已有资料利用情况等。

2）技术设计执行情况。主要说明与评价测绘技术设计文件和有关的技术标准、规范的执行情况，内容主要包括生产所依据的测绘技术设计文件和有关的技术标准、规范，设计书执行情况以及执行过程中技术性更改情况，生产过程中出现的主要技术问题和处理方法、特殊情况的处理及其达到的效果等，新技术、新方法、新材料等应用情况，经验、教训、遗留问题、改进意见和建议等。

3）成果（或产品）质量说明和评价。简要说明和评价测绘成果（或产品）的质量情况（包括必要的精度统计）、产品达到的技术质量指标，并说明其质量检查报告的名称和编号。

4）上交和归档成果（或产品）及资料清单。分别说明上交和归档成果（或产品）的形式、数量等，以及一并上交和归档的资料文档清单。

2. 专业技术总结的主要内容

专业技术总结是测绘项目中所包含的各测绘专业活动在其成果（或产品）检查合格后，分别总结撰写的技术文档，由概述、技术设计执行情况、成果（或产品）质量说明和评价、上交归档成果（或产品）及资料清单四部分组成。

（1）概述

1）测绘项目的名称、专业测绘任务的来源，专业测绘任务的内容、任务量和目标，产品交付与接收情况等。

2）计划与实际完成情况、作业率的统计。

3）作业区概况和已有资料的利用情况。

（2）技术设计执行情况

1）说明专业活动所依据的技术性文件，内容包括：专业技术设计书及其有关的技术设计更改文件，必要时还包括本测绘项目的项目设计书及其设计更改文件，有关的技术标准和规范。

2）说明和评价专业技术活动过程中，专业技术设计文件的执行情况，并重点说明专业测绘生产过程中，专业技术设计书的更改情况（包括专业技术设计更改内容、原因的说明等）。

3）描述专业测绘生产过程中出现的主要技术问题和处理方法、特殊情况的处理及其达到的效果等。

4）当作业过程中采用新技术、新方法、新材料时，应详细描述和总结其应用情况。

5）总结专业测绘生产中的经验、教训（包括重大的缺陷和失败）和遗留问题，并对今后生产提出改进意见和建议。

（3）成果（或产品）质量说明和评价

说明和评价测绘成果（或产品）的质量情况（包括必要的精度统计）、产品达到的技术指标，并说明测绘成果（或产品）的质量检查报告的名称和编号。

（4）上交归档成果（或产品）及资料清单

1）测绘成果（或产品）：说明其名称、数量、类型等；当上交成果的数量或范围有变化时，需附上交成果分布图。

2）文档资料：专业技术设计文件、专业技术总结、检查报告，必要的文档簿（图历簿）以及其他过程中形成的重要记录。

3）其他须上交和归档的资料。

技术总结样例扫描二维码

拓 展 课 堂

PDCA

PDCA 循环是美国质量管理专家休哈特博士首先提出的，由戴明采纳、宣传，获得普及，所以又称戴明环。PDCA 是全面质量管理的思想基础和方法依据。

1. PDCA 的 4 个阶段

阶段①：P（Plan），计划阶段，包括方针和目标的确定，以及活动计划的制定。

阶段②：D（Do），执行阶段，实现计划中的内容。

阶段③：C（Check），检查阶段，对比分析计划与实际情况，明确效果，找出问题，分析偏差。

阶段④：A（Act），处理阶段，处理检查的结果（差异）；总结成功经验和失败教训；思考可复用的或者可改进的方法、标准、工具；为解决的问题，提交给下一个 PDCA 循环待解决。

2. PDCA 的 8 个步骤

步骤①：分析现状、找出问题。解决问题前，要先界定问题，这是第一步。

步骤②：分析问题的原因。知道了问题，逐个分析产生问题的原因。

步骤③：找出主因。找出问题的主因，解决问题的关键。

步骤④：设定目标、制定计划。以终为始，以目标为导向，以结果为标准，制定解决问题的措施和计划。

步骤⑤：实施计划。按计划执行，才能结果可见、过程可控、质量得以保证。

步骤⑥：检查效果。对比分析实际与计划情况，检查是否达到预期，分析偏差原因，制定纠偏方案，不断纠正，保持计划与实际一致。

步骤⑦：标准化，固化成果。对经验进行归纳总结，提取可复用的方法，制定行动标准，固化成果，以便指导后续的活动。

步骤⑧：问题总结。总结出现的问题和失败的教训，为新一轮的 PDCA 提供依据和参考。

技能考核工单

考核工作单名称			数字高程模型（DEM）制作		
编号	7-1	场所 / 载体	实验室（实训场）/ 实装（模拟）	工时	2
项目	内容		考核知识技能点		评价
1. DEM 生成	1. MapMatrix 认识		八大功能区： （1）主菜单和工具条栏 （2）工程浏览窗口 （3）主作业区域 （4）对象属性显示和编辑窗口 （5）左右影像工具窗口 （6）任务列表窗口 （7）输出显示窗口 （8）动态帮助区域		
	2. 数据准备		1. 单击工具栏打开按钮打开 MapMatrix 空三成果 2. 进入文件选择对话框，选择空三成果文件 3. 加载测区成功后在"影像"节点右键单击，选择绝对定向，进行绝对定向运算 4. 左键单击测区目录节点，设置对应参数，设置正射影像比例尺为 500，最大核线范围为最大重叠范围 5. 左键单击选择需要的立体像对，右键单击选择"确定最大核线范围"。然后逐个选择立体像对检查右侧"对象属性"窗口所列属性是否正确，尤其注意"核线类型"应为"大地"，若不正确需要手动将该选项修改正确；然后右键单击进入"相对定向"检查是否有超限点，核线范围是不是最大范围 6. 鼠标左键单击选择工程浏览窗口"根目录 / 测区名"节点，选择"批处理"，在右边对话框中将需要的立体像对核线重采样的方框选上，单击左上角"运行"按钮即可对需要的立体像对进行重采样。核线重采样结束后，就可以进行 DEM/DOM 的制作		
	3. 特征线采集		1. 特征线采集要求 2.FeatureOne 特征采集步骤 （1）DLG 文件创建 ①在 MapMatrix 的工程浏览窗口的"产品"节点下的"DLG 节点"处，单击鼠标右键，在弹出的右键菜单中选择"新建 DLG"命令 ②在该对话框的文件名文本框处输入 DLG 文件名，例如 sdyjjsxy.fdb。单击"打开"按钮，此时在 DLG 节点下会自动添加一个数据库节点 ③在 E:\yjxy\DLG\sdyjjsxy.fdb 节点处单击鼠标右键，在弹出的右键菜单中选择"加入立体像对"命令		

（续）

项目	内容	考核知识技能点	评价
1. DEM 生成	3. 特征线采集	④在该对话框右边的立体像对列表中，单击需要添加到模型中的立体像对，单击"确定"按钮 ⑤选中 DLG 节点下的 DLG 数据库（*.gdb）文件目录节点，单击工程浏览器窗口的加载到特征采集按钮，或在该节点处单击鼠标右键，在弹出的右键菜单中选择"数字化"按钮，系统调出特征采集界面并且弹出文件不存在是否新建的对话框，单击"是"，系统便会自动创建该文件 （2）设置工作区属性 选择"工作区"菜单下的"工作区属性"命令，选择子菜单中的"手工设置边界"命令 ①比例尺；②范围坐标；③自动对齐；④导入范围 （3）打开立体像对 （4）特征点、线、面的提取 在采集前先输入或选择需要的特征码，即可进行点、线、面特征的采集。采集过程中可以实时生成三角网并检查三角网是否贴合地面，若不贴合地面需要补测特征线或点，直到与地面贴合为止 （5）检查特征线 采集完一个模型应及时生成三角网检查所测特征线是否正确，检查无误后方可进入下一个模型的采集量测。采集过程中特征线间咬合应该设置为三维咬合，坚决避免出现交叉以及飞点 （6）导出矢量文件 编辑完成后，可将该矢量信息导出为其他格式（如：dwg、dxf 等格式）。将采集好的特征线转换为 DXF：在特征采集专家下单击"工作区 / 导出 DXF/DWG"，进入导出 DXF 界面	
	4. DEM 生成	1. 使用特征点、线、面采集文件生成 DEM 进入 MapMatrix 起始页，选择"工具 /DEM 转换"，然后加入转化成 DXF 格式的特征线文件，单击 图标，即可生成相应的 DEM 2. 自动生成 DEM （1）在工程浏览窗口中选中一个立体像对 （2）单击工程浏览窗口上生成 DEM 的图标，或在右键菜单中单击"新建 DEM"选项，系统自动在工程浏览窗口中"产品"里面 DEM 节点下创建一个 DEM 的名称 （3）单击 图标，系统自动完成 DEM 生成 （4）单击 图标，显示自动生成的 DEM 3. DEM 查看 ①旋转 DEM；②缩放 DEM；③移动 DEM	

（续）

项目	内容	考核知识技能点	评价
	1. 进 入 DEM 编辑状态	1. 在工程浏览窗口内左键单击"产品 /DEM（右键）/加入 DEM"，选择上一步中 DEM 保存的路径，将新生成的 DEM 加载到 MapMatrix 2. 右键单击新生成的"DEM 节点 / 加入立体像对"，将所有相关的立体像对都加载到该 DEM 下 3. 右键单击新生成的"DEM/ 编辑"，进入 DEM 编辑界面 4. 绘图环境设置 （1）输入设备的设置：选择"文件"菜单下的"输入设备"选项，在弹出的对话框中将 MapMatrix 手轮脚盘激活，滚轮脚盘步距设置为合适的值 （2）对象属性设置：右侧"对象属性"窗口中等高线间距设置为合适的值（1∶1000 比例尺下一般设置为0.25），DEM 路径设置为需输出到的文件夹	
2. DEM 编辑	2. DEM 编辑	1. DEM 编辑模式 （1）面编辑模式 （2）线编辑模式 （3）点编辑模式 2. DEM 编辑方式 （1）内插方式 面编辑模式下单击鼠标左键，选出几个节点，将需要进行编辑的地方包围起来，然后单击鼠标右键，系统自动将节点包围区域包围并封闭起来。再单击 ◇ 或 ◆ 图标，系统自动对选定区域进行内插处理 （2）加载外部矢量数据 单击 按钮，在"选择 DXF 文件"对话框中选择要加载的矢量数据来辅助参与编辑 （3）平均高程 面编辑模式下单击鼠标左键，选出几个节点，圈定范围，然后单击鼠标右键，系统自动将节点包围区域包围并封闭起来。再单击 图标，系统自动对选定区域赋予平均高程值 （4）定值高程 单击工具栏上 图标，在弹出的对话框中输入要指定的高程，单击"确定"，则所选区域被自动赋予同一高程值 （5）平滑 单击 图标，系统自动对选定区域进行平滑处理	

（续）

项目	内容	考核知识技能点	评价
2. DEM 编辑	2. DEM 编辑	（6）从参考 DEM 导入格网点 在编辑设置列表区域单击"参考 DEM"栏后面的对应内容，选择参考 DEM 文件；再单击 图标，系统自动将参考 DEM 中的格网点导入该区域 （7）道路推平 在线编辑状态下，用鼠标左键沿道路中线量测一条线（使用鼠标滚轮或脚盘调节高程），然后在道路的一边按下鼠标左键，最后右键单击结束量测。再单击 图标，系统自动对该处做推平处理 （8）点编辑 单击点编辑图标 （或使用快捷键 P），系统即进入点编辑状态。此状态下，将鼠标移到需要编辑的 DEM 格网点上，使用鼠标滚轮或脚盘调节高程切转后，按下鼠标左键，即将该格网点调整到测标所在的高程 （9）裁切 单击鼠标左键，选出几个节点，将需要进行编辑的地方包围起来，然后单击鼠标右键，系统自动将节点包围区域包围并封闭起来。再单击 图标，系统自动将该区域内的 DEM 格网点裁掉，若单击 图标，则系统自动将该区域外的 DEM 格网点裁掉 （10）加载误差报告 单击 DEM 编辑界面工具栏上的加载误差报告图标	
	3. 属性修改	单击属性图标 ，系统在属性窗口中显示属性信息，在编辑 DEM 时，根据需要在此设置相应的参数	
	4. 常用实例处理	（1）房屋处理 （2）道路处理 （3）平坦区域的处理 （4）水面处理 （5）山区树林密集区域处理	
3. 多模型 DEM 拼接与精度评定	1. 多模型 DEM 拼接	1. 在工程浏览窗口"产品 /DEM"节点下，选择需要拼接的 DEM，右键单击"拼接 DEM" 2. 单击"新建"按钮，可以打开一个"文件浏览"对话框，选择一个 DEM 保存路径。输入保存的文件名，然后单击"打开"即可指定一个保存路径。此时作业区会显示选中的 DEM 的拼接轮廓。"在 stereo 列表中加入输入 DEM 的立体像对"是指新建的 DEM 加入工程列表中时也将模型加入该立体像对列表中。单击"确定"按钮，系统接受当前设置。此时作业区显示选中的 DEM 轮廓线	

（续）

项目	内容	考核知识技能点	评价
3. 多 模 型 DEM 拼 接 与 精 度 评定	1. 多模型 DEM 拼接	3. 拉框选择需要拼接的范围，同时界面左边的左下角 X、左下角 Y、右上角 X、右上角 Y 编辑框中显示拼接范围线的左下角、右上角坐标，编辑框里的值可以手工输入编辑，下次拼接时，若选取该 DEM 路径输出名，该范围坐标值将自动保留使用。也可以不选拼接范围线，系统默认最大范围拼接。"对齐到格网"是指拼接后的 DEM 的格网点与最左边模型 DEM 的格网点是对齐的，一般默认勾选 4. 然后单击执行图标 ，系统自动开始影像拼接处理。处理完成后，系统会将不同误差分布的情况用不同颜色表示出来	
	2. DEM 质量检查	1. 在项目浏览器中单击 按钮，系统将在"输出窗口"实时显示控制点信息和 DEM 信息，并给出控制点中误差和 DEM 平均值 2. 控制点文件的点信息较少，可以在立体上采集若干点，用导出的点信息文件检验 DEM 编辑质量 操作：在工程浏览器"DEM"节点下选中一个或多个 DEM 文件，单击鼠标右键，在快捷菜单中选中"检查点评估精度"，输出窗口中将实时显示质量检查数据	

考核工作单名称			数字正射影像图（DOM）制作		
编号	7-2	场所/载体	实验室（实训场）/实装（模拟）	工时	2
项目	内容		考核知识技能点		评价
1. DOM生成	1. 制作各模型的DEM		方法见上个任务数字高程模型（DEM）制作		
	2. 创建正射影像		1. 在主界面的工程浏览窗口中，用鼠标左键单击选中"产品"节点下需要用来生成DOM的DEM文件 2. 单击鼠标右键，单击"新建正射影像"选项，系统会自动在"产品"节点下的DOM子节点里面创建一个DOM的保存路径及DOM文件名，其名字与DEM一样，系统自动在该节点下列出对应的DEM和影像 3. 单击创建DOM路径名，该正射影像文件参数将显示在右边的对象属性窗口中。可以在此对生成正射影像的参数进行修改，程序自动保存修改结果 （1）当DEM比较大（远远超过原始影像列表中影像的覆盖范围），需要将"沿影像边缘生成"设置成"是"，否则生成的正射影像边沿会有白边 （2）当DOM文件节点下有多个原始影像时，需要将"原始影像单独生成DOM"设置成"是"，程序会按单个原始影像范围生成多个DOM，名字与原始影像名一样，然后将多个DOM拼接成大的		
	3. 生成正射影像		单击工程浏览窗口上的 图标，系统自动生成相应的DOM		
	4. 正射影像查看		1. 在生成的"DOM"的右键快捷菜单中选择"显示"，或单击图标，则在主界面显示该DOM 2. 在主界面单击右键，出现快捷菜单 Load Dxf：可在显示的DOM上叠加矢量数据，检查DOM的精度 Remove vector：卸载叠加的矢量		
2. DOM匀光与镶嵌	1. 单片正射影像整体匀光		1. 匀光参数设置 进入EPT主界面，选择菜单栏中"影像匀色/影像匀色批处理"会弹出菜单 2. 单击"添加"按钮添加需要匀光的影像，选择相应的参考影像 3. "设置"输出文件的路径（匀光输出的路径应与被匀光的影像存储路径不同，避免混淆）。"匀色方法"选项建议选择默认方式。Wallis整体匀光效果较好，是EPT默认方式 4. 单击"选项"按钮会弹出对话框，可以对匀光的对比参数做相应设置 （1）"亮度""对比度"调整输出影像的亮度和对比度，这两项值越大，输出影像的亮度、对比度也就越大。一般情况下，此值为默认值即可，对于特殊影像，可以调整此参数		

（续）

项目	内容	考核知识技能点	评价
2. DOM 匀光与镶嵌	1. 单片正射影像整体匀光	（2）"背景设置"中，需要设置影像的背景色。特别是对单片正射影像进行匀光的情况下，由于单片正射影像一般存在黑 / 白色背景，在此一定要设置影像的背景色，否则受背景干扰，直接导致匀光失败。一般情况下，可以选择白色作为背景色 5. 整体匀光 参数设置完毕后单击界面中的处理按钮，程序就开始根据所指定的参考片，进行整体的匀光运算	
	2. DOM 镶嵌	1. 创建镶嵌工程 （1）导入 MapMatrix 工程生成 DOM 镶嵌工程 （2）新建镶嵌工程 2. 图幅的导入与生成 （1）导入图幅 ①导入图幅结合表。单击工具栏中的 ▦ 按钮，在弹出的界面中单击 … 按钮，选取结合表 dxf 文件 ②导入图幅列表。单击工具栏中的 ▥ 按钮，选取带有图幅信息的 .txt 文件 ③批量划分图幅。单击工具栏中的 ▦ 按钮，根据图幅的实际情况进行相应的参数设置，设置完毕后单击"确认"完成设置 （2）图幅设置 在视图窗口中单击选中图幅，右键单击弹出图幅设置菜单，设置影像外扩，以及像素起点等参数 （3）图幅生成 ①指定图幅生成。在视图窗口中，将鼠标状态设置为空，单击鼠标右键弹出右键菜单，选择"选择图幅"命令，然后左键单击需要生成的图幅，被选中的图幅会用绿色显示出来，这时再使用右键单击弹出右键菜单，选择"镶嵌图幅"命令，程序就会将指定的图幅进行镶嵌并输出 ②批量生成。单击工具栏中的 ▦ 按钮，程序就会根据每个图幅进行镶嵌生成图幅 3. 镶嵌线编辑 （1）替换部分镶嵌线 ①首先确认 ▦ 是否被按下（快捷键 T），如果没有就按下，进入到镶嵌线编辑状态。单击 ▧（快捷键 A）按钮并确认按钮被按下后，将鼠标移动到需要修改的线上，这时在线上会显示黄色的捕捉框。单击鼠标左键，程序会显示一个红色的点，说明点已经被成功添加 ②绘制完第一个点后，从第二个点开始可以不受限制，只要绘制的线不跨越相关影像的重叠区域（即红色矩形框范围）即可	

（续）

项目	内容	考核知识技能点	评价
2. DOM 匀光与镶嵌	2. DOM 镶嵌	③若在添加替换线的过程中，对新添加的点不满意，则单击 （快捷键 D），删除最后添加的一个点，若要删除整个替换线，则单击 （快捷键〈Shift+D〉）即可。与第一个点相同，替换线的最后一点，一定要捕捉到被替换的线上，然后单击鼠标右键，绘制的线会将原镶嵌线的相应部分替换掉，并实时刷新相关的影像区域 ④替换完成后，可使用"显示 / 隐藏"镶嵌线按钮（快捷键 R），隐藏 / 显示镶嵌线，并沿镶嵌线检查替换后的结果，查看镶嵌线两边是否过渡自然。若对编辑结果不满意，可撤销（快捷键〈Ctrl+Z〉）刚才的操作，并重新选择镶嵌线路径 （2）移动、插入节点 单击 （快捷键 S）按钮，移动鼠标靠近需要插入点的线，当线上显示黄色的框后按住鼠标左键，然后拖动鼠标到指定位置后松开鼠标左键，这样一个点就被成功插入了 （3）删除点 移动和插入点后，被移动 / 插入的点为活动点（显示为红色节点），活动的节点可以被删除，单击 （快捷键 D）则删除当前活动点 （4）撤销和恢复 对于替换、移动、插入、删除镶嵌线的操作，均可使用撤销（快捷键〈Ctrl+Z〉）和恢复（快捷键〈Ctrl+Y〉），撤销上一步操作或者恢复上一个撤销动作	
3. DOM 图幅接边与精度评定	1. 图幅接边	1. 创建接边工程 （1）单击"文件"菜单下的"新建正射影像镶嵌工程"命令，在弹出的界面中单击"添加"按钮，将刚才每个小工程镶嵌好的影像添加进来 （2）添加 MapMatrix 工程文件和 DEM 文件，并且根据实际的情况设置好羽化宽度、背景色，以及采样方式。设置参数时，建议和前面的工程设置保持一致 2. 图幅镶嵌 （1）单击界面中的 按钮，将事先准备好的图幅结合表文件导入 （2）图幅导入成功后，单击界面中的 按钮，开始生成新的图幅文件 （3）镶嵌线编辑 （4）图幅修补 （5）接边完成 （6）关闭接边工程，将各自的图幅复制到原工程目录中，覆盖掉原图幅文件（最好在覆盖前做好备份工作）。打开各自的工程，在这里需要人工采集一次金字塔影像，以便让金字塔影像和实际图幅影像保持一致。单击工具栏中的 按钮，会弹出第一个对话框窗口，在这个对话框中选择"否"，然后程序会自动弹出第二个对话框。在这个对话框中依然单击"否"，这时程序就会开始重新采集金字塔影像了	

（续）

项目	内容	考核知识技能点	评价
3. DOM 图幅接边与精度评定	2. DOM 精度评定	1. 平面位置精度 2. 接边精度 数字正射影像图应与相邻影像图接边，接边误差不应大于2 个像元 3. 影像质量 ①色彩模式。根据生产使用的数据源不同，数字正射影像图的色彩模式分为全色和彩色两种形式，全色影像为 8 位（比特），彩色影像为 24 位（比特） ②色彩特征。整个图幅内的影像都应反差适中，色调均匀，纹理清楚，无明显失真，灰度直方图一般呈正态分布 ③影像缺损。避免因影像缺损（如影像的纹理不清、噪声、影像模糊、影像扭曲、错开、裂缝、漏洞、污点、划痕等）而出现无法判读影像信息和精度的损失	

参考文献

［1］张祖勋，张剑清.数字摄影测量学［M］.武汉：武汉大学出版社，2001.

［2］赵国梁.无人机倾斜摄影测量技术［M］.西安：西安地图出版社，2019.

［3］郭学林.无人机测量技术［M］.郑州：黄河水利出版社，2018.

［4］张丹，刘广社.摄影测量［M］.郑州：黄河水利出版社，2021.

［5］吴献文.无人机测绘技术基础［M］.北京：北京交通大学出版社，2019.

［6］刘仁钊，马啸.无人机倾斜摄影测绘技术［M］.武汉：武汉大学出版社，2021.